BASTEI
LÜBBE
TASCHENBUCH

Über den Autor:

Klaus Barber hat als Journalist für verschiedene Zeitungen und TV-Sender gearbeitet. Als Redakteur beim SWR-Fernsehen in Stuttgart ist er für Informationssendungen, aber auch unterhaltende Formate verantwortlich.
Viele Jahre hat er Kabarettprogramme geschrieben und aufgeführt.

Biografie in Zahlen:
09.10.1959
49° 25' N, 08° 42' O
70374
7
1,89
102
44½ H
13
9
5015
200516

Klaus Barber

007 IST AUF 17

Berühmte Zahlen und ihre Geschichten

BASTEI
LÜBBE
TASCHENBUCH

BASTEI LÜBBE TASCHENBUCH
Band 60821

Dieser Titel ist auch als E-Book erschienen.

Originalausgabe

Copyright © 2015 by Bastei Lübbe AG, Köln
Textredaktion: Dr. Matthias Auer, Bodman-Ludwigshafen
Titelillustration, Umschlaggestaltung und Illustrationen im Innenteil:
Dipl. Des. Christina Hucke, Frankfurt
Satz: hanseatenSatz-bremen, Bremen
Gesetzt aus der Minion Pro
Druck und Verarbeitung: CPI books GmbH, Leck – Germany
Printed in Germany
ISBN 978-3-404-60821-8

2   4   5   3   1

Sie finden uns im Internet unter
www.luebbe.de
Bitte beachten Sie auch: www.lesejury.de

In Erinnerung an meine Mutter
Marianne Tremmel-Barber,
die immer ein Buch aus dem Regal zog,
wenn sie es genau wissen wollte.

Inhalt

6 Fragen als Vorwort 19

00 23
Tabu Toilette

Love 25
Merkwürdigkeiten beim Tennis

003½ 27
James Bond für die Jugend

007 29
Die Lizenz zum Töten

0 20 100 0 32
Das rätselhafte Hotelzimmer

05 34
Fußball, Fernsehen, Frauen

0,5:0 37
Das halbe Tor

08/15 39
MG für geistlosen Drill

Uno 41
Mau-Mau für Millionen

Unaone 43
Signal für Segel-Single

1:1 45
Manager-Gerede

ONEeins 46
Modelmarkt für Mädchenträume

1 + 1 = 2 48
Die wichtigste mathematische Formel

Eins, Zwei, Drei 50
Billy Wilders schnellste Komödie

¼ 54
Das Viertel in Bremen

¼ 56
Horst Szymaniaks Gehaltserhöhung

1:824633702411 58
Computerchip mit Rechenschwäche

1:87 62
Maßstab der Modellbau-Spießer

Die 2 65
TV-Kult mit flotten Sprüchen

⅔ 66
Hoffnung für artige Gefangene

2 + 4 68
Gespräche zur Deutschen Einheit

Dreier 70
Altes Kleingeld

3^1 71
Pinkelnde Rüden

3,14159265… 72
Die Quadratur des Kreises

3 x 9 77
Wim, Wum und eine TV-Lotterie

Four 79
Miles Davis und die Ideale des Lebens

IIII 81
Die Symmetrie des Zifferblatts

4:20 83
Das Ende des Essens

4´33˝ 85
Cages musikalisches Schweigen

5 90
Synästhesie: Bescheidenes Grün

5 93
Respektvolles Abklatschen

№ 5 95
Das schnörkelfreie Parfum der Coco Chanel

5-0 97
Populäre Polizisten im Pazifik

5 à 7 99
Französische Feierabendaffäre

6 aus 49 100
Zahlen für potenzielle Millionäre

7 104
Der Goldene Schuss

Sieben 106
Todsünden-Thriller

Seven 109
Premium-Jeans für sexy Pos

7, 8, 9, 10 110
Griechischer Lebensgenuss

7 Eleven 112
Tante Emma weltweit

Acht 114
Fahrradpanne und Fahrradtour

Achter 115
Knoten, Ösen, Schellen

8x4 116
Das erste Deodorant

9 117
Verräterische Ziffer

10 119
Von der Traumfrau zur Null

X 121
Die betrügerische Verdoppelung

$10^2 + 11^2 + 12^2 = 13^2 + 14^2$ 122
Botschaft an Außerirdische

10 + 5 124
Der vermeidbare Gott

10, 9, 8, 7, 6, 5, 4, 3, 2, 1, 0 125
Countdown aus Deutschland

10:10 127
Da lacht die Uhr

11 128
Die närrische Zahl

11 132
Rückennummern beim Fußball

Elf Drei Nullneun 139
Trauma-Therapie in Winnenden

11 + 2 − 1 = 12 141
Sprachliche Gleichung

12 142
Bessere Basis fürs Zahlensystem

Zwölf-Elf 144
Morgensterns Zeremonienmeister

Vierzehn 146
Ein mysteriöser Ortsteil

17 148
Dringendes Bedürfnis im Kaufhaus

18 149
Seife aus der Tube

19 151
Vietnamkrieg auf dem Dancefloor

20/20 153
Durchschnittlich scharfes Sehen

21 154
Sommerloch-Quiz mit Skandalgeschichte

21 157
Stallorder in der Formel 1

21, 22, 23 158
Das Sekundenmaß

24 159
Echtzeit-Krimi mit Sucht-Charakter

39,90 162
Skandalroman aus der Werber-Welt

40/40 165
Der Pomp des Potentaten

43 168
Likör-Geschmack des Mittelmeers

46 170
Shakespeare und die Bibel

49/98 171
Kürzbarer Bruch

'54, '74, '90, 2006 172
WM-Song der Sportfreunde Stiller

55 174
Apfelwein-Zahl

57 174
Amerikas revolutionäre Zahl

66 176
Kartenspiel aus Paderborn

69 179
Oralverkehr mit Hindernissen

73 181
Chuck Norris oder Das Beste für einen TV-Nerd

75 183
Nichts als die Zahl

81 186
Tsunami-Baby mit neun Müttern

81 189
Grabsteintauglicher Biker-Code

88 191
Verschlüsselter Gruß der Neonazis

96 192
Historisches in South Carolina

99 194
Eishockeystar Wayne Gretzky

99 197
Schwingungen in der Brust

102 198
Krümelfreier Kaffeegenuss

112 200
Der lebensrettende Notruf

143 203
I love you

168:1 205
Dresscode der Nazi-Szene

171 207
Brasilianischer Betrüger und Filou

175 208
Gold im Essen – E-Nummern

176-176 210
Die Panzerknacker

187 212
Nicht nur im Film eine tödliche Zahl

212 214
Der Duft der 5th Avenue

213 216
Die Ehrung des Erfolgs

250 217
Chinesischer Trottel

312 219
Der Biergeschmack von Chicago

333 220
Die harmlosen Schlager des Graham Bonney

404 222
Die fehlende Internet-Seite

405 224
Das Mehl aus der Asche

500 226
Volkswagen des Südens

555 232
Telefonieren in Hollywood

555 235
Glimmstängel für Maos Massen

555 236
Asiatische Emotionen im Netz

570 237
Ferkel-Rekord-Halterin

747 238
Der Jumbo Jet von Boeing

808 241
Die groovende Maschine

883 242
Radikale Agitation aus West-Berlin

911 245
Rollende Stilikone

1.002 249
Die versteckte römische Zahl

1337 251
H4ck3r-Schreibe

1414 253
Privatmann als Paparazzo

1435 255
Normalspur und Krimskrams der Bahn

1503 258
Deutschlands höchste Hausnummer

1516 263
In die Jahre gekommenes Bier

1729 265
Taxi zu einem mathematischen Genie

1921 268
Schicksalsjahr für Tommy

2001 271
Zukunftsweisende Bücher und Platten

2467 273
Diktat aus Freuds Unterbewusstem

2468 276
Hungern mit System

2583½ 278
Ehemalige Hausnummer des Kölner Doms

2600 280
Hacker-Zeitschrift mit Geschichte

2.882 282
Starke Schachspieler

2.988 284
Legefreudigste Henne der Welt

4004 285
Erster Mikroprozessor

4147 288
Lennon in the Sky

4711 291
Echt Kölnisch Wasser

5050 294
Gauß und die Summenformel

5254 296
Philippinisches Liebesbekenntnis

7353 297
Taschenrechner-Esel

8020 298
Tarnfarbe für Afrika

10.000 300
Gesellschaftliche Elite

10.001 303
Die Würfel sind gefallen

23701 304
Postleitzahl für eine Eiche

46664 305
Gefängnis-Nummer gegen Aids

102.564 309
Der Parasit und sein Wirt

116 116 310
Karten-Sperren leicht gemacht

111 0 111 312
Hilfe in allen Lebenslagen

2.204.355 314
Tanz mit dem Hähnchenschenkel

5.590.000 316
Lebenszeit in Weiß auf Grau

600 697 10 319
Die kleinste Bank in Deutschland

241.543.903 322
Köpfe im Kühlschrank

1.220.000.016 323
Die Identität der Erika Mustermann

Lumpzig 327
Das vermeintliche Schnäppchen

Fantastilliarde 329
Dagobert Ducks Reichtum

Googol 331
Von der Wortsuche zur Suchmaschine

6 Fragen als Vorwort

»*Wie kommt man denn auf diese Idee?*« war häufig die erste Frage, die mir während der Arbeit an diesem Buch von Freunden oder Bekannten gestellt wurde. Ganz einfach, weil ich irgendwann genau wissen wollte, was hinter bestimmten Zahlen steckt. Fast jeder kennt und benutzt zum Beispiel den Ausdruck »08/15«. Doch wie er entstanden ist, weiß kaum einer. Zahlen bestimmen unser Leben vom Geburtsdatum an. Wo ich genau wohne, sagen Postleitzahl und Hausnummer, erreichbar bin ich unter bestimmten Telefonnummern, und selbst die Größe meines Körpers wird im Personalausweis auf eine Zahl reduziert. Doch schon die Nummer dieses Personalausweises wirft Fragen auf: Was bedeuten all diese Ziffern auf dem Behördendokument, und welche Informationen werden so über mich transportiert? Was verbirgt sich hinter den Nummern für Filtertüten und Mehl? Wie kommen Automodelle zu ihrer Zahl? Warum sind manche Filme, Bücher und Songs nach Zahlen benannt? Der eigentliche Zahlenwert spielt dabei meist keine Rolle. Dahinter stecken ganz andere Geschichten. Spannende, tragische, lustige.

»*Woher weißt du das alles?*« Weil es bisher kein Buch gab, das mir alle meine Fragen zu Zahlen beantworten konnte, habe ich selbst recherchiert. Antworten fand ich ganz klassisch in Büchern, Zeitschriften und im Internet, manches erfuhr ich durch Briefe, Mails und am Telefon – und manchmal kam ich auch gar nicht weiter. Von ein paar Zahlen kenne ich die Geschichte bis heute nicht.

»*Gibt es noch mehr berühmte Zahlen?*« Ja, klar. Wahrscheinlich so viele, wie es Zahlen gibt. Und je länger ich nach berühmten Zahlen gefahndet habe, desto mehr habe ich gefunden. »007 ist auf 17« kann daher nur eine Auswahl sein. Allerdings eine Auswahl, die fast alle Bereiche des Lebens streift. Die Artikel handeln von Politik (2+4; 88; 883) und Wirtschaft (1:1; 7 Eleven), von Medizin (20/20; 99) und Wissenschaft ($10^2 + 11^2 + 12^2 = 13^2 + 14^2$), von Sport (05; ¼; 11) und Sexualität (5 à 7; 69). Manche Zahlen machen Menschen berühmt (81, 99), andere Tiere (570, 2988). Und mit Zahlen kommt man fast durch die ganze Welt, nach Afrika (40/40; 46664) und nach Asien (81; 250; 555), quer durch Europa (43; 7, 8, 9, 10; 1526), nach Nord- und Südamerika (57; 96; 171; 212; 555) und mit dem Countdown sogar auf den Mond.

Schwer fiel die Auswahl besonders bei den kulturell konnotierten Zahlen. Davon gibt es einfach zu viele. Cineasten werden sicher manchen Zahlenfilm vermissen, so wie Leseratten gewisse Zahlenromane und Musikliebhaber viele Pop- und Rocksongs. Genauso zahlen-reich ist der Bereich Technik. Von Autos, Flugzeugen, Computern und anderen Maschinen gibt es hier nur eine Auswahl, doch es sollen Artikel sein, die beispielhaft sind. Auch über einige Nummernsysteme erzähle ich anhand eines Beispiels, über die Bankleitzahlen (600 697 10), die nahrhaften E-Nummern (175) oder die farbigen RAL-Zahlen (8020).

»*Erfahre ich auch, woher die Band 10cc ihren Namen hat?*« Eigentlich nicht. Die Artikel beschränken sich nämlich auf reine Zahlen, nicht auf Zahlen-Buchstaben-Kombinationen wie Sat.1, 1. FC, A3 oder Vitamin B12. Auch Zahlensymbolik, Kabbalistik, Zahlenmagie und Numerologie bleiben weitgehend ausgespart. Allein die Bücher über die Symbolik der Zahl 7 würden viele Regalmeter füllen. Die Artikel in diesem Buch sollen ausschließlich Geschichten aus der realen Welt erzählen, nur wenn die symbolische Bedeutung einer Zahl gegenständlich geworden ist, etwa bei dem Film »Seven«, ist es vielleicht einen Artikel wert.

»*Warst du in der Schule gut in Mathe?*«, bin ich mehrfach gefragt worden, wobei die Fragesteller eine gewisse Ehrfurcht vor dem undurchdringlichen Zahlen-Wirrwarr durchblicken ließen. Ja, ich hatte meist eine gute Mathematiknote, und ich habe keine Angst vor großen Zahlen. Und vor kleinen auch nicht. Ebenso angstfrei sollte auch der Leser an die Artikel dieses Buches herangehen. Die wenigsten Zahlengeschichten haben einen mathematischen Ursprung, und für deren Verständnis reichen in der Regel die vier Grundrechenarten.

»*Hast du eine Lieblingszahl?*« Als Kind war das für mich eindeutig die 9. Sie war meine Geschichte. Ich hatte an einem 9. Geburtstag, und zugleich war es die Hausnummer unserer Wohnung – die 9 musste einfach »meine Zahl« sein. Ich habe die 9 auf Lottoscheinen angekreuzt, mit Leidenschaft die »9te« von Beethoven gehört und mir zum Kicken die 9 als Rückennummer auf eine Trainingsjacke nähen lassen. Weil ich dann aber als Verteidiger spielte, musste ich mit einem Kameraden immer das Trikot tauschen. Mittlerweile haben für mich ganz viele Zahlen eine Geschichte bekommen, und die interessanteste Zahl ist immer die, die ich gerade recherchiere. In der Summe sind die berühmten Zahlen nämlich wie das Leben: eben immer spannend, manchmal tragisch, doch häufiger noch lustig.

Übrigens, für alle die es genau wissen wollen: 10cc ist die englische Schreibweise für 10 Kubikzentimeter, und die Band hat sich einer Legende zufolge so benannt, weil dies angeblich der durchschnittlichen Spermamenge eines Mannes beim Orgasmus entspricht. Medizinisch ist das stark übertrieben. Realistischer wäre eine Mengenbezeichnung wie »Lovin' Spoonful«.

OO

Tabu Toilette

 Die Geschichte der körperlichen Ausscheidungen des Menschen steckt voller Geheimnisse. Von jeher war dem Menschen die Verrichtung der Notdurft unangenehm, er erledigte das Geschäft still und leise und wollte dabei für sich sein. Daran hat sich – trotz aller Aufklärung – bis heute wenig geändert. »Was Menschen auf dem WC tun«, meint Mete Demiriz, der an der Fachhochschule Gelsenkirchen eine Professur für Sanitär- und Bädertechnik innehat, »ist wahrscheinlich das letzte Tabuthema der Welt. Über Sex kann man sprechen, die Tür zum Schlafzimmer ist weit offen, nur die Toilette bleibt verrammelt.«

Kein Wunder also, dass der Ort dieser peinlichen Verrichtung keiner war, dessen Name man gern in den Mund nahm. In mittelalterlichen Klöstern sprach man von »Notwendigkeiten«, in Schlössern von »Garderoben«, Begriffe wie »Abort«, »Toilette« und »Klo« wurden tunlichst vermieden, dafür kennt die deutsche Sprache unzählige weitere Umschreibungen: Man ging ins »Sitzungszimmer« oder »Erleichterungsbüro«, in die »Hauskapelle« oder den »Thronsaal«, aufs »stille Örtchen« oder »für kleine Mädchen«. Selbst die Erfindung des Wasserklosetts 1775 bescherte dem Benutzer mit der verbesserten Hygiene auch gleich eine verbesserte Umschreibung: das Kürzel »WC«.

Die neutralste Bezeichnung ist sicher »00«, denn die zwei Zahlen verweisen weder auf den Ort noch auf die dort ausgeübten intimen Handlungen. Doch die Herkunft dieser Titulierung bleibt geheimnisvoll. So durften Leser der Zeitschrift Stern in einem Internet-Chat Mutmaßungen darüber anstellen, warum 00 für die Toilette verwendet wird, und es kamen erstaunliche Erklärungen dabei heraus: Die simpelste »errechnete« sich Raphael Gruber aus

Frankfurt: »Doppel-Null = 2x leer: Blase und Darm.« Eine Antwort aus Chicago versuchte eine Herleitung über die rudimentären Erinnerungen an den Chemieunterricht: »Vielleicht eine Abkürzung der Formel für Wasser: $H_2O = 2O = OO$.« Ein Dritter konnte das Kleine Latinum vorweisen: »Es sind die Anfangsbuchstaben der Worte ›omittite omittendum‹ (lat.: ›Lasst aus, was auszulassen ist‹).«

Bildlich dachte dagegen Stern-Chatter Frank Lenz aus Hannover: »Wenn man eine Kloschüssel mit hochgeklappter Klobrille von der Seite betrachtet, sieht es aus wie zwei Nullen. Dies hat sich als Bezeichnung für das stille Örtchen durchgesetzt.« Ein anderes Bild hatte Julia Ohlig aus Frankfurt im Kopf: »Die zwei Nullen sehen aus wie zwei Pobacken. Und wo kann man sich bequem mit zwei entblößten Pobacken niederlassen? Auf der Toilette!« Jan Könemann aus Bünde versuchte es schließlich semiotisch-pragmatisch: »Auf Hinweisschildern wurden der Herr und die Dame in Ovalen dargestellt, welche einer 0 gleichen. Die Figuren wurden später weggelassen. Es verblieben die beiden Ovale: 00.«

Tatsächlich taucht der Ausdruck »00« in Deutschland zum ersten Mal in Berlin auf, das wie alle anderen großen Städte mit der massenhaften Entsorgung von Fäkalien zu kämpfen hatte. Medizinische Erkenntnisse führten Mitte des 19. Jahrhunderts in der Hauptstadt zu einer Reform des Latrinenwesens: So verbesserte man die Kanalisation, und es entstanden öffentliche Bedürfnisanstalten, zum Beispiel wurden Pissoirs in Litfasssäulen integriert. Ein solches stilles Örtchen durfte natürlich nicht mehr geheim bleiben, im Gegenteil: Es musste für jeden kenntlich gemacht werden. Daher stand über manchen Berliner Aborttüren »PP« für Pinkelpause, über anderen einfach »00«. Diese schamhafte Bezeichnung entstammte Amtsgebäuden, deren Räume durchnummeriert waren. Mit der Doppel-Null konnte man hier Toiletten als nicht ganz normale Zimmer kennzeichnen, ohne wirklich auf ihre Funktion hinweisen zu müssen. Dasselbe System wurde auch in großen Hotels verwandt, meist mit dreistelligen Zimmernummern, wobei die erste Stelle das Stockwerk angab. Um die Toiletten von den normalen Zimmern abzusetzen, wurde die 00 an die Stockwerksnummer angehängt, also Raum 100 in der ersten, Raum 200 in der zweiten Etage usw. Weil aber die Zimmer im Erdgeschoss nur zweistellige Nummern hatten, erhielt die Toilette im Parterre die 00.

Quellen: Jacob Blume: Von Donnerbalken und innerer Einkehr. Eine Klo-Kulturge-schichte, Die Werkstatt, Göttingen 2002; R. Brasch: Dreimal Schwarzer Kater, Horst Erdmann Verlag, Tübingen/Basel 1968; Ernest Bornemann: Sex im Volksmund. Der obszöne Wortschatz der Deutschen, Pawlak, Herrsching 1984; Warum verwendet man das Zeichen 00 für die Toilette, unter: stern.de; Stefan Becker: Sie wollen doch nur spülen, in: Sonntag aktuell vom 30.7.2006.

Love

Merkwürdigkeiten beim Tennis

Wie im Tennis gezählt wird, haben die Deutschen spätestens zu Zeiten des Becker-Graf-Booms gelernt. Oft genug hieß es beim entscheidenden Aufschlagspiel: 15:0, 30:0, 40:0, Spiel, Satz und Sieg – mal für Boris, mal für Steffi. Doch verstanden hat diese Zählweise kaum einer, und das ging auch den Menschen in den Jahrhunderten zuvor bereits so. Schon in einer Ballade aus dem Jahr 1415 warf der Autor Jan van den Berghe die Frage auf: »Warum rechnet man nicht für einen Schlag eins, für zwei Schläge zwei?«, und suchte die Antwort selbst in göttlicher Mystik: »So wie der Tennisspieler mit einem Schlage fünfzehn gewinnt, so empfangen an Lohn diejenigen, welche Recht und Gerechtigkeit fördern, für eine gute Tat fünfzehnfältigen Lohn oder mehr.«

Doch Gotteslohn für ein sauberes Ass greift etwas zu hoch, um die ungewöhnlichen Zahlen beim Tennis zu erklären. Auch wenn die 15 durchaus richtig ist, die es eigentlich für jeden Punkt gibt. Tennis wurde nämlich schon im Mittelalter und nicht erst seit Einrichtung der ATP-Tour um Geld gespielt. Der Einsatz betrug in Frankreich einen Sol (später Sous), der von den Spielern meist unter dem Netz deponiert werden musste. Und weil die Sous-Münze seit dem 14. Jahrhundert mit 15 Deniers (Pfennigen) bewertet wurde, rechnete man jeweils 15 Punkte an.

Dass ein Spiel bis 60 Punkte ging, hatte auch seine Gründe: Zum einen war der Wert eine wichtige Zählgrenze, überliefert etwa in der Mengeneinheit »Schock« wie in der französischen Sprache, die kein eigenes Zahlwort für 70 besitzt, sondern mit soixante-dix, 60 + 10 zählt. Zum anderen wurden in einigen mittelalterlichen Stadtverordnungen die Glücksspieleinsätze auf 60 Pfennig beschränkt. Folglich spielte man auch »Jeu de Paume«, den Vorläufer des Tennis, bis 60 Punkte, wobei nach und nach die Zahl verschwand und durch das laut gerufene »Jeu« ersetzt wurde.

In England bekam das Tennisspiel im 19. Jahrhundert erstmals ein Regelwerk, und damit wurden auch die Punktwerte festgelegt: 15, 30 und 40 – und nicht mehr 45. Bis dahin hatten sich nämlich die englischen Schiedsrichter offensichtlich etwas maulfaul gegeben und waren dazu übergegangen, das »fourty-five« für den dritten Punkt aus Bequemlichkeit nur noch »fourty« zu nennen.

In England entstand auch der Ausdruck »love«, wenn ein Spieler keinen Punkt erzielt hatte. Eingeführt wurde er wohl von niederländischen Protestanten, die im 16. Jahrhundert über den Kanal geflohen waren, nachdem ihr Land von den katholischen Spaniern besetzt worden war. Auch diese Niederländer spielten, und wenn es nicht um Geld ging, dann spielten sie eben um die Ehre: »omme lof«. Für Engländer klang das so ähnlich wie »love«, und es erinnerte sie an die Redewendungen »to do something for love« (etwas umsonst tun) und »neither for love nor for money« (weder für Liebe noch für Geld).

Es gibt noch eine zweite Erklärung dafür, wie die Liebe ins Tennis kam. Danach stammt der Ausdruck von »l'œuf«, dem französischen Wort für Ei, weil die geschriebene Null auf der Anzeigentafel an die Eiform erinnert. Aber warum sollten sich gerade die Engländer eines französischen Worts erinnern, nur um zu beschönigen, dass sich der Gegenspieler als eine glatte Null herausgestellt hat? Es sei denn, die Tennis-Liebe wäre eine besondere Form des britischen Fairplays.

Quellen: Heiner Gillmeister: Kulturgeschichte des Tennis, Wilhelm Fink Verlag, München 1990; Wissen vor Acht, ARD, Sendung vom 19.3.2008; Tennis, Geschichte der Zählweise, unter: Wikipedia.de.

003½

James Bond für die Jugend

 Als das Jugendbuch »003½ – The Adventures of James Bond Junior« 1967 in Großbritannien erschien (in Deutschland brachte es der Schneider-Verlag zwei Jahre später unter dem Titel »003½ – James Bond Junior« heraus), war bei Alt und Jung für Spannung gesorgt, für die einen durch die Handlung, für die anderen durch das Pseudonym.

Das Buch machte sich die in bisher sechs Filmen entstandene Popularität der 007-Figur zunutze. Dabei war die Handlung selbst ein recht normaler Kinderkrimi: Der Neffe von James Bond, der ebenfalls James Bond heißt und deshalb von seinen Mitschülern 003½ genannt wird, verbringt seine Ferien ohne Eltern in der englischen Provinz. Weil auf dem nahegelegenen Gelände eines Herrenhauses seltsame Dinge geschehen, kundschaftet 003½ es aus. Schließlich klärt er einen Überfall auf einen Geldtransporter auf, der mit Goldbarren im Wert von über zwei Millionen Pfund bestückt ist, muss zuvor aber noch die ganze Verbrecherbande und vor allem mehrere gefährliche Wachhunde überlisten.

007 selbst tritt in dem Buch nicht auf, aber es wird an einigen Stellen auf ihn Bezug genommen. So fragt jemand den jungen Bond: »Wie ist es eigentlich, James, wenn man immer im Schatten von 007 steht? Warum musste dein Vater dich auch ausgerechnet James nennen, er hätte sich doch denken können, wie lästig das für dich wird.«

Den erwachsenen Lesern machte ein anderer Name Sorgen, der des Autors. Auf dem Umschlag prangte nämlich das Pseudonym R. D. Mascott. Aber wer steckte dahinter? Es wurde viel spekuliert. Manche nahmen an, es sei Roald Dahl, von dem das Drehbuch zu dem Bond-Film »Man lebt nur zweimal« stammte, der kurz zuvor in den Kinos angelaufen war. Andere vermuteten als Autor Kingsley Amis, weil er als Erster nach dem Tod des Bond-Vaters Ian Fleming einen eigenen 007-Roman geschrieben hatte. Doch so richtig passte der literarische Stil der beiden nicht zu dem 003½-Jugendbuch. Wieder andere schlossen aus einigen Passagen, dass sich der Autor gut in der Familie Fleming auskennen müsse, und tippten deshalb auf den Neffen Nichol Fleming, vor allem, weil auch 003½ der Neffe von James Bond ist.

Tatsächlich aber lag die Urheberschaft des Buches weniger bei einem Schriftsteller, sondern bei der Produktionsfirma der Bond-Filme, Eon Productions. Sie war im Besitz der 007-Markenrechte und wollte mit Bond-Produkten nun eine junge Käuferschicht ins Visier nehmen. Mit der Abfassung des Buchs wurde Arthur Calder Marshall beauftragt, was Eon Productions über mehrere Jahre geheimhalten konnte. Marshall hatte bis zu diesem Zeitpunkt unter eigenem Namen vier Romane für Erwachsene und die Kindheitserinnerungen »The Magic of My Youth« veröffentlicht. Ob es an dem Autor, dem Stoff oder schlicht an den Verkaufszahlen von 003½ lag, ist unklar, aber der Versuch, den Jugendlichen so James Bond und dessen Merchandising-Produkte näherzubringen, scheiterte. Ursprünglich geplante Fortsetzungen des Kinderkrimis wurden nicht geschrieben.

Quellen: 003½ – James Bond Junior, Schneider, München 1969; Siegfried Tesche: Was sollen wir noch in die Luft sprengen?, in: Die Welt vom 27.5.2004; Welcome to the James Bond, Jr. guide, unter: tvtome.com; Arthur Calder-Marshall, unter: fantasticfiction.co.uk; The Search of RD Mascott, unter: 007forever.com; The name's Bond, young master Bond, unter: thebookseller.com.

007

Die Lizenz zum Töten

Er ist der weltweit bekannteste Geheimagent, ein Mythos. Angesiedelt zwischen Sherlock Holmes und dem Terminator, ist 007 »der vielleicht letzte menschliche – und männliche – Superheld des Films« (K.-P. Walter). Die Zutaten dazu sind: ein echter Mann, der mit körperlicher Kraft, aber auch mit ironisierendem Charme im Einsatz ist gegen Schurken aller Art, die nichts weniger als die Welt beherrschen wollen, ein Kampf, der ausgefochten wird mit teils wundersamen Waffen, an exotischen und luxuriösen Orten, umrahmt von atemberaubenden Girls, die alle Bond zu Füßen liegen.

Mehr als 20 Bücher und ebenso viele Filme lang dauert dieser Kampf nun schon, und er hat bisher sieben Darsteller benötigt. Fans streiten gerne darüber, wer denn der einzig richtige Bond sei: die etwas hölzerne 007-Nullnummer Barry Nelson, der virile Sean Connery, der Verlegenheitskandidat George Lazenby, der jungenhafte Roger Moore, der erotisch-aggressive Shakespeare-Mime Timothy Dalton, der smarte Pierce Brosnan oder der düstere Blonde

Daniel Craig. Darüber hinaus gibt es mittlerweile eine lange Reihe von Bond-Nachahmern und 007-Parodien – bestes Zeichen für das Fortbestehen des Mythos.

Entstanden ist die Bond-Figur eher aus Zufall, behauptete ihr Autor Ian Fleming, er sei nach der Heirat nervös geworden und habe zur Ablenkung begonnen zu schreiben. In diese Ablenkungsübungen flossen Flemings Erfahrungen ein, die er während des Zweiten Weltkriegs beim Aufbau des britischen Marine-Geheimdienstes gesammelt hatte.

Über die Entstehung der Nummer 007 gibt es sehr viele Versionen. Fleming selbst erzählte in einem Interview, er habe einfach den Teil einer Postleitzahl verwendet und zwar die 20007, da in diesem Gebiet um Georgetown viele CIA-Agenten mit ihren Familien lebten. An anderer Stelle führt Fleming die 007 auf die Kriegszeit zurück, sämtliche geheimen Signale der Admiralität hätten zwei Nullen vorab gehabt. Kollegen aus jener Zeit beim Geheimdienst berichten dagegen von einer dritten Entstehungsgeschichte, Fleming sei fasziniert gewesen, wie die Damen der englischen Telefonvermittlung die Nummer der Kriegsabteilung des Arbeitsministeriums ausgesprochen hätten: »double oh seven«. Andere vermuten, Fleming könnte die Kurzgeschichte »007« von Rudyard Kipling gekannt und die Nummer daraus entlehnt haben. Und die filmische Fleming-Biografie von John Pearson schließlich behauptet, Fleming sei auf die Doppel-Null gekommen, als er die Tür eines Hotelzimmers mit der Nummer 1007 erblickt habe. Die 1 habe infolge einer fehlenden Schraube auf dem Kopf gestanden, so dass nur die letzten drei Ziffern, eben 007, zu lesen gewesen seien.

Nicht ganz so umstritten ist die Namensfindung, auch wenn manche behaupten, Fleming habe auf die Namen zweier Klassenkameraden – James Aitken und Harry Bond – zurückgegriffen und nur deren Vor- und Nachnamen neu kombiniert, wobei die Wahl nicht auf »Harry Aitken« gefallen sei, weil es in der Kriminalliteratur schon einmal einen James Bond gegeben habe. So beginnt die Kurzgeschichte »The Rajah's Emerald« von Agatha Christie mit den

Worten: »With a serious effort James Bond bent his attention once more on the little yellow book in his hand ...« Fleming selbst bestätigte in einem Interview mit dem New Yorker, dass er sich einfach den Namen eines Vogelkundlers entlehnt habe, denn es sei »wohl der ödeste und langweiligste Name, der mir je untergekommen ist«. Der echte James Bond hatte das ornithologische Standardwerk über die Karibik mit dem Titel »Birds of the West Indies« verfasst. Er war alles andere als ein Superagent, sondern ein in seinen Forschungsgegenstand vernarrter Gelehrter, vielleicht war er sogar langweilig, aber er hatte Humor und verzichtete darauf, Fleming wegen Rufschädigung zu verklagen. Als die beiden Männer 1964 aufeinandertrafen, schenkte Fleming Bond eine Erstausgabe seines Romans »You Only Live Twice« und signierte die erste Seite mit den Worten: »To the real James Bond – from the thief of his identity.«

007 ist aber in Flemings Agenten-Welt nicht die einzige Doppel-Null. Alle aus Bonds Geheimdienst-Unterabteilung tragen dieses Zeichen, denn es symbolisiert die Erlaubnis der britischen Regierung, Menschen umzubringen, wenn es im Auftrag ihrer Majestät oder zumindest der Vorgesetzten geschieht. Diese Lizenz zum Töten schützt jedoch nicht wirklich, weswegen der Geheimdienst MI6 unter permanentem Mitgliederschwund leidet. Die anderen Träger einer Doppel-Null müssen in Büchern und Filmen meist ein grausames Schicksal erleiden: In »Der Mann mit dem goldenen Colt« stirbt 002 in Kairo beim Liebesrausch mit einer Bauchtänzerin. Der nächste 002 und 004 werden schon im Vorspann von »Der Hauch des Todes« getötet. Auch das Leben von 003 ist schon zu Ende, bevor der eigentliche Film »Im Angesicht des Todes« begonnen hat. 005 hat sich im Roman »Liebesgrüße aus Athen« als Buchhändler niedergelassen, verschwindet dann aber spurlos. 006 wird in »Golden Eye« vor den Augen Bonds scheinbar hingerichtet, doch tatsächlich führt er nun die Terror-Organisation Janus an, bis er im Zweikampf mit Bond später zu Tode stürzt. 008, ein junger Agent namens Bill, kann gerade noch aus der DDR entkommen (Buch »Moonraker«), 009 findet den Tod durch ein messerwerfendes Zwillingspaar (»Octopussy«), während

0011 im Buch »Moonraker« nach Singapur reist, um unterzutauchen. 0012 schließlich wird ein wichtiges Dossier gestohlen und muss bald darauf sterben (»The World is Not Enough«). Die einzige Doppel-Null, die solche Gefahren stets überlebt und wohl noch viele weitere Abenteuer überstehen darf, bleibt 007: James Bond.

Quellen: Erich Kocian: Die James Bond Filme, Heyne, München 1982; Klaus-Peter Walter: Das James-Bond-Buch. Von »Dr. No« bis »Goldeneye«, Ullstein, Berlin 1995; Kingsley Amis: Geheimakte 007. Die Welt des James Bond, Ullstein, Frankfurt/Berlin 1986; Siegfried Tesche: James Bond – Autos, Action & Autoren, Henschel, Berlin 2000; Dietmar Grieser: Sie haben wirklich gelebt. Von Effi Briest bis zu Herrn Karl, von Tewje bis James Bond, Amalthea, Wien/München 2001; Die Entstehung von James Bond, unter: james-bond007.de; Nobody Does It Better, unter: 007bond.de.

0 20 100 0

Das rätselhafte Hotelzimmer

Man sei einmal durch das Elsass gefahren, so wird gerade unter Mathematikern gerne erzählt, und angesichts der späten Stunde in einem kleinen Hotel abgestiegen. Dort habe man das letzte freie Zimmer unterm Dach bekommen. Hinter dem Hotelburschen her, der unter Mühen das Gepäck geschleppt habe, sei man die steile Treppe hochgestiegen und habe dabei an einem der anderen Zimmer, die man passierte, eine äußerst rätselhafte Zahl bemerkt. An der Tür des Raums habe die Nummerierung geprangt:

0 20 100 0

Darauf angesprochen habe der Hotelbursche nur eine brummige Antwort auf Französisch gegeben, die leider nicht zu verstehen gewesen sei. So habe man fast die ganze Nacht wachgelegen und über die Bedeutung der Zimmernummer gegrübelt, sei aber zu keiner Lösung gekommen. Für die Zuhörer dieser Geschichte gilt es nun, die Erklärung für die seltsame Zahl zu erraten, die der Reisende erst am nächsten Morgen beim Frühstück vom Besitzer des Hotels erfahren haben will.

Die Lösung: Die Null ist keine Zahl, sondern ein O, dessen Klang im Französischen noch eine zweite Bedeutung hat, genauso wie die beiden anderen Zahlwörter. Aus »O, vingt, cent, O« wird demnach »au vin sans eau«, eine reine Bestellung, die vielleicht an den Etagenkellner gerichtet ist: Wein ohne Wasser.

Auf diesem System beruht auch eine Anekdote um Friedrich den Großen. Der preußische Monarch ließ seinem Lieblingsphilosophen Voltaire einmal eine Notiz zukommen, auf der nur eine vermeintliche mathematische Formel stand:

$$\frac{p}{a} \quad à \quad \frac{6}{100}$$

Der Philosoph verstand sofort und retournierte:

$$J \ a$$

Auch hier ist die Erklärung in der am Potsdamer Hof bevorzugten französischen Sprache zu suchen: Die Gleichung mit zwei Unbekannten ist zu lesen als: »a unter p wie hundert unter sechs«, auf Französisch: »a sous p à cent sous six«. Ausgesprochen kann das auch heißen: »à souper à Sanssouci«. So lud der König den Philosophen zum abendlichen Mahl ins Schloss ein! Voltaire wiederum antwortete zustimmend in deutscher Sprache. Zugleich schrieb er ein großes J und ein kleines a, in Französisch also: »J grand a petit«. Was so viel hieß wie: »J'ai grand appétit« (Ich habe großen Appetit).

Quelle: Walter Lietzmann: Lustiges und Merkwürdiges von Zahlen und Formen, Vandenhoeck & Ruprecht, Göttingen 1923/1955.

05

Fußball, Fernsehen, Frauen

  Es ist der bemerkenswerteste Versprecher in der Welt des deutschen Fußballs, ein Stück Frauen- und Fernsehgeschichte, selbst das Quiz-Spiel »Trivial Pursuit« hat eine Frage danach auf Lager, und noch über 40 Jahre später wird Carmen Thomas regelmäßig auf die »05« angesprochen.

Man schrieb den 21. Juli 1973. Fünf deutsche Vereine spielten an diesem Tag in der sportlich eher unbedeutenden Intertoto-Runde, unter anderem trat der FC Schalke 04 zum letzten Mal in seinem alten Stadion, der Glückaufkampfbahn, gegen den belgischen Erstligisten Standard Lüttich an. Ein langweiliges Spiel vor gerade mal 6.000 Zuschauern, »bestenfalls biedere Hausmannskost«, meinte der Kommentator. Die »Sensation« folgte erst am Abend im »Aktuellen Sportstudio« des ZDF: Carmen Thomas führt durch die Sendung. Als der Schalke-Beitrag kommen soll, steht auf ihrer Moderationskarte »Fünf Vereine, Intertoto-Runde«, im Kopf aber ist sie schon weiter, sucht noch nach dem Namen des Gegners. So kündigt Carmen Thomas den Spielbericht mit den mittlerweile legendären Worten an: »Schalke

05 gegen ... – Jetzt hab ich es vergessen ... – Standard Lüttich.« Während des Films macht die Regie sie auf den Zahlen-Versprecher aufmerksam, und Carmen Thomas versucht den Fauxpas auszubügeln. In der nächsten Moderation entschuldigt sie sich, bittet um Nachsicht und fügt mit Ironie hinzu: »Die ganz ernsthaften Fußballfans können jetzt wieder aus ihrer Ohnmacht erwachen.« Doch zu spät. Die alte Medien-Weisheit, dass ein kleiner Fehler sich im Fernsehen »versendet«, also von den Zuschauern schnell wieder vergessen wird, bewahrheitete sich nicht, denn die Bild-Zeitung hatte auf einen solchen Aussetzer nur gewartet. Die »05« war der Startschuss für eine einzigartige machistische Medien-Kampagne.

Carmen Thomas war die erste Frau im deutschen Fernsehen, die eine Sportsendung moderierte – bis dahin ein Programm von Männern für Männer. Auch wenn Redaktion und Sender hinter ihr standen, eine weibliche Sportmoderatorin war in den 1970er-Jahren ein Risiko. Die deutsche Fußballwelt war noch nicht reif für ein solches Stück Emanzipation. Doch die damals 26-jährige WDR-Reporterin ging das Wagnis ein. Und schon vor ihrem ersten Auftritt gab es böse Zuschauerbriefe, acht Stück; da nutzte es auch nichts, dass ihr Bayern München im Vorfeld einen Blumenstrauß schickte: »Schon jetzt steht es 8:1 gegen mich«, kommentierte Carmen Thomas in ihrer Anfangsmoderation. Und der Gegenwind blies weiter. In ihrer zweiten Sendung konnte sie dem staunenden Publikum eine frisch am Kiosk erstandene Ausgabe der »Bild am Sonntag« präsentieren – mit einer vernichtenden Kritik über die Moderatorin des Sportstudios. Unter der Überschrift »Charme allein genügt nicht, Frau Thomas!« verrät der Reporter, er habe die Sendung »mit einem lachenden und einem weinenden Auge« gesehen, dann spricht er der Moderatorin jede Kompetenz ab, über Fußball zu urteilen. Geschrieben noch vor der Sendung! Carmen Thomas zitierte aus dem Artikel und machte ein paar Bemerkungen über die journalistische Weitsicht des Kollegen. Selten wurde das Boulevardblatt so direkt einer dreisten Lüge überführt.

Als wenige Monate später das »Schalke 05« fällt, kann sich Bild dafür rächen. Zwei Wochen nach dem Versprecher – es gab keinen Zuschauerprotest, nicht einmal der FC Schalke hatte reagiert – titelt Bild plötzlich »Carmen Thomas im ZDF-Sportstudio gescheitert«. Andere Zeitungen steigen auf die Kampagne ein. »Carmen warf das Handtuch«, schreibt ein Blatt. Das ZDF dementiert, aber das druckt zunächst keiner. Kollegen springen ihr zur Seite und bekennen sich öffentlich zu viel schlimmeren Versprechern (»Kickenbacher Offers«). Zwecklos. Stattdessen wird ihre von vornherein geplante Moderationspause in die Meldung uminterpretiert, sie sei »vorläufig nicht mehr im Sportstudio«. Die Kampagne bekommt eine Eigendynamik, die Moderatorin muss sich nun selbst Dutzenden Interviewern stellen, die alle nach der »05« fragen. Und obwohl Carmen Thomas ihren Vertrag mit dem Sender erfüllt und das Sportstudio noch eineinhalb Jahre weiter moderiert, hält sich bis heute hartnäckig die Mär, sie sei wegen des einen Versprechers geflogen.

Die Zahl 05 blieb an Carmen Thomas hängen, als sei ihre Biografie auf den Versprecher reduziert, sie wurde auf der Straße deswegen angesprochen, Pförtner riefen ihr »05« entgegen, selbst deutsche Touristen in Japan oder USA grüßten sie mit »Schalke 05«. Doch sie selbst findet es längst nicht mehr tragisch – eher im Gegenteil. »Zunächst sah es so aus, als würde Schalke 05 mir schaden«, sagte sie dreißig Jahre später der Wochenzeitung »Die Zeit«. »Aber es hat mir in Wahrheit genützt, weil ich diese Schlacht damals erfolgreich durchgestanden habe.« Der Erfolg hielt an, über 20 Jahre moderierte sie die WDR-Hörfunk-Sendung »Hallo Ü-Wagen«, schrieb insgesamt vierzehn Bücher, leitet eine Akademie mit Seminaren für Manager und Medienleute. Und längst hatte sie Nachfolgerinnen im »Aktuellen Sportstudio« und in allen anderen Sportsendungen. Selbst der Bildzeitung ist heute eine weibliche Sportmoderatorin kaum noch eine Schlagzeile wert – es sei denn, sie zöge sich aus.

Quellen: Stefan Willeke: Null fünf. Das Carmen-Thomas-Jahr hat begonnen, in: Die Zeit 02/2005; Frau und Fußball, in: Dortmunder Online-Magazin, unter: donews.de; »Es steht 8:1 gegen mich«. 40 Jahre Frauen im ZDF, unter: zdf.de.

0,5:0

Das halbe Tor

 Dass beim Fußball das Runde ins Eckige muss, darüber sind sich alle einig, und die Regel 10 des Fußball-Weltverbands FIFA definiert eindeutig: »Ein erzieltes Tor ist gültig, wenn der Ball die Torlinie zwischen den Torpfosten und unterhalb der Querlatte in vollem Umfang überquert.« Doch ob das runde Leder regelkonform drin war oder nicht, müssen Schieds- und Linienrichter in Sekundenbruchteilen erkennen und ohne technische Hilfe und Zeitlupenbilder entscheiden.

Solche Tatsachenentscheidungen führten immer wieder zu Ärger und endlosen Diskussionen unter Fußballspielern und -fans. Erstmals 2014 in Brasilien kam deshalb bei einer Weltmeisterschaft die sogenannte Torlinientechnik zum Einsatz. Dabei überwachen sieben Kameras das Tor und senden dem Schiedsrichter ein Signal auf die Armbanduhr, wenn ein gültiger Treffer erzielt wurde. Doch selbst diese Technik hätte nicht geholfen, als das sicherlich kurioseste Fußballergebnis aller Zeiten erzielt wurde: 0,5:0

Es soll sich in den 1940er-Jahren ebenfalls in Brasilien, im nordöstlichen Bundesstaat Paraíba zugetragen haben: Ein nicht gerade hochklassiges Spiel ist in vollem Gange. Die Partie verläuft einigermaßen ausgeglichen. Da erhält die Heimmannschaft einen Strafstoß zugesprochen. Der Schütze legt sich den Ball zurecht, läuft an, schießt mit großer Wucht, und in genau diesem Moment platzt der Fußball. Die Bälle bestanden damals nämlich noch aus zwei Teilen, aus einer aufpumpbaren Gummiblase und aus einer zusammengenähten Lederhülle. Bei jenem Strafstoß in Brasilien muss die Ledernaht wohl so weit aufgerissen sein, dass das nun nicht mehr runde Leder am Tor vorbeiflog, die Gummiblase sich aber selbständig machte und am Torhüter vorbei im Netz landete. Tor oder nicht Tor? Der Schiedsrichter war zunächst ratlos. Über diesen Spezialfall stand nichts in den Fußballregeln. Doch das Spiel musste weitergehen. Die Zuschauer drängten auf eine Entscheidung, und der Schiedsrichter kam auf eine salomonische Lösung. Da ja immerhin ein Teil des Balls im Tor gelandet war, entschied er auf ein halbes Tor! Es stand somit 0,5:0. Damit konnten alle leben: die Heimmannschaft, das Team der Gäste, die Zuschauer und der Schiedsrichter. Und weil im Verlauf der Begegnung kein weiteres Tor mehr fiel, endete die Partie auch mit jenem einmaligen 0,5:0.

Zu einem weiteren halben Tor wird es im Fußball wohl kaum mehr kommen. Dafür sorgen die aktuellen Auslegungen der Spielregeln, wonach der Ball die Torlinie ja in »vollem Umfang« überschreiten muss, und dazu gehört das Leder samt seinem blasigen Innenleben. Auch brasilianische Schiedsrichter würden heute sicher auf Wiederholung des Strafstoßes entscheiden, sollte sich je wieder ein Ball in seine Einzelteile zerlegen. Aber auch das Platzen ist mittlerweile weniger wahrscheinlich geworden, denn die Fußbälle sind seit 2004 nicht mehr vernäht, sondern der höheren Stabilität wegen verklebt.

Quellen: brasilienportal.ch; Spielregeln, unter: fifa.com; Ein halbes Tor, unter: soccer-warriors.de; EM Ball Historie, unter: galerie-des-sports.de.

08/15

MG für geistlosen Drill

 Ursprünglich ist Null-acht-fünfzehn die Bezeichnung für ein wassergekühltes Maschinengewehr. Es wurde von Hiram Maxim im Jahre 1908 entworfen und daher unter dem Namen »MG 08« beim deutschen Heer eingeführt. Weil die Waffe oft versagte, wurde sie 1915 verbessert und erhielt die Bezeichnung 08/15 (auch 08.15, 08,15, 0-8-15 oder 08-15 geschrieben). Die technische Besonderheit: Während bis dahin Waffen noch Einzelanfertigungen waren, bestand die 08/15 aus 383 Teilen, die separat ausgetauscht und in Serie produziert werden konnten. Dies war ein entscheidender Entwicklungsschritt nicht nur in der Waffentechnik, sondern in der Standardisierung von Maschinen überhaupt, deren einzelne Module seither in Serie produziert werden können. So steht das 08/15 am Anfang einer Entwicklung, die zum Deutschen Normenausschuss und schließlich zur Deutschen Industrienorm DIN führt.

Noch bis 1914 vertraten die Militärs die Auffassung, dass vor allem der Angriffswille der Soldaten einen Krieg entscheide. Entsprechend war der Erste Weltkrieg an allen Fronten zunächst ein Bewegungskrieg. Doch die Angriffe fanden nur zu oft ein blutiges Ende angesichts der feindlichen Infanteriewaffen und von Geschützen wie der 08/15. So hatte das Maschinengewehr einen nicht unerheblichen Anteil an der Veränderung militärischer Strategie vom Bewegungs- hin zum Stellungskrieg.

Im Zweiten Weltkrieg galt das 08/15 technisch als veraltet, trotzdem wurde es massenweise eingesetzt, und die deutschen Soldaten wurden in den Kasernen an dem Gewehr gedrillt. Bis zum Umfallen mussten sie die Waffe auseinandernehmen, putzen und wieder zusammenbauen. So kam es, dass Soldaten, wenn sie von ihren Kameraden gefragt wurden, was sie gemacht hätten, nur antworteten:

»08/15.« Die sprachliche Wendung wurde so zu einer Metapher für geistlosen militärischen Drill, später allgemein zur Bezeichnung für Alltägliches, für gänzlich Unoriginelles und für alles, mit dem man sich bis zum Überdruss beschäftigen musste.

Besonders ins Bewusstsein der Deutschen rückte der Ausdruck »08/15« durch eine Romantrilogie von Hans Hellmut Kirst über die Kasernen- und Kriegserlebnisse von Wehrmachtssoldaten. Kirst war selbst Ausbilder bei der Wehrmacht gewesen und schildert in den drei Teilen (»08/15 – Die abenteuerliche Revolte des Gefreiten Asch«, »08/15 im Krieg« und »08/15 bis zum Ende«) die Brutalität des militärischen Drills. Protagonist der Romane ist der widerspenstige Gefreite Asch, der sich gegen die entwürdigende Behandlung der Rekruten und vor allem gegen die Schikanen des Schleifers Platzek wehrt. »Hier werden aus Menschen Soldaten gemacht«, resümiert einer in dem Roman. Und: »Unser Ehrgefühl heißt kriechen, und unser Charakter äußert sich im Lecken von Stiefeln.«

Als die Romane 1954/55 erscheinen, sind sie nicht unumstritten, diskutierte die Bundesrepublik doch gerade über die Wiederbewaffnung und damit über die Frage, ob die Bundeswehr die Tradition der Wehrmacht fortsetzen solle. Kirsts rigoroses Eintreten gegen Militarismus stößt auf heftige Kritik: Der Interessenverband der Berufssoldaten sieht den deutschen Wehrwillen ausgehöhlt, und für den damaligen Verteidigungsminister Franz-Josef Strauß sind die Romane Pamphlete, die nicht in Buchläden verkauft werden sollten. Doch die Bücher werden Bestseller, befördert unter anderem durch einen Vorabdruck des ersten Bandes in der Neuen Illustrierten.

Regisseur Paul May verfilmt die drei Bücher kurz nach ihrem Erscheinen mit Joachim Fuchsberger in der Hauptrolle, die Drehbücher schrieb Ernst von Salomon. Uraufführung des ersten Teils ist am 30. September 1954 in München. Es wird ein Kassenschlager mit rund zwanzig Millionen Zuschauern, denn die »08/15«-Kriegsfilme sind nicht antimilitärisch, eher sind es Kasernenhof-Schwänke, die die Willkür beim Kommiss zeigen und damit das Lebensgefühl tausender Kriegsheimkehrer treffen. Die ehemaligen Soldaten können im Film genauso wie in den Kirst-Büchern all das noch einmal erleben, was ihnen beim Militär widerfuhr, diesmal allerdings – wie es sich für einen Unterhaltungsfilm gehört – mit einem Happy End. Am Schluss der 08/15-Filme wird der Gefreite Asch zum Unteroffizier befördert, um seine Verbesserungsvorschläge in die Praxis umsetzen zu können. So rechtfertige der Film ein neues Militärsystem, resümiert der Filmwissenschaftler Wolfgang Wegmann, »indem er zwar die in allen Militärsystemen vorkommenden Schikanen aufzeigt, aber sie nicht als System bedingt ansieht, sondern als persönliche Auswüchse von Sadisten.«

Quellen: Peter Berz: 08/15. Ein Standard des 20. Jahrhunderts, Wilhelm Fink, München 2002; Miloš Vec: Bleisatz mit Durchschuss. Peter Berz über die schwere Geburt des Maschinengewehrs 08/15, in: Süddeutsche Zeitung vom 20.5.2002; Das Maschinengewehr M.G. 08/15, Teil 2, Waffen-Revue, Nr. 89; mg0815.com; Aus Menschen Soldaten machen. Vor 50 Jahren: Der Film »08/15« wird uraufgeführt, unter: wdr.de; Der Antikriegsfilm »08/15« kommt in die westdeutschen Kinos, Deutschlandradio, Kalenderblatt, 30.9.2004.

Uno

Mau-Mau für Millionen

 Mau-Mau ist eines der simpelsten und zugleich meistverbreiteten Kartenspiele der Welt – was wohl in direktem Zusammenhang miteinander steht. Es gibt unzählige Spielvarianten und auch ganz unterschiedliche Namen des Spiels. In Österreich heißt es Neunerln, in der Schweiz Tschau Sepp, in Spanien Pumba, in Polen Makao und in Tschechien Prší. Aus den USA stammt die Mau-Mau-Variation Uno – auch bezüglich des wirtschaftlichen Erfolges die Nummer 1.

Das Uno-Blatt besteht aus 108 Karten: vier Farben blau, rot, grün und gelb, jeweils mit den Werten o bis 9. Dazu kommen diverse Sonderkarten. Jeder Mitspieler erhält zu Beginn sieben Karten, der Rest bleibt auf einem Stapel, nur eine Karte kommt offen auf den Tisch. Ziel ist es nun, seine Karten durch Ablegen so schnell wie möglich wieder loszuwerden, wobei nur gleiche Farben und gleiche Zahlen aufeinandergelegt werden dürfen. Damit dies nicht allzu langweilig wird, gibt es die Sonderkarten. Diese bestimmen, dass ein Spieler zwei oder gar vier Karten zusätzlich aufnehmen muss, dass man eine neue Farbe wählen darf, dass ein Spieler übersprungen wird oder dass die Spielrichtung wechselt – alles Funktionen, die es auch beim Mau-Mau mit den Karten 7, 8, 9 und Bube gibt.

Seinen Namen bekam Uno durch eine weitere Regel: Hat ein Spieler nur noch eine Karte auf der Hand, muss er dies den anderen anzeigen und laut auf Italienisch »eins« rufen, also »uno«. Vergisst er dies, muss er zur Strafe zwei Karten ziehen.

Erfunden hat Uno ein Frisör in Ohio. Merle Robbins liebte Kartenspiele über alles und dachte sich 1971 am heimischen Esstisch Uno für sich und seine Familie aus. Frau, Sohn und Schwiegertochter gefiel das Spiel so gut, dass sie 8.000 Dollar zusammenlegten und 5.000 Uno-Exemplare produzieren ließen, die Robbins in seinem Frisörsalon verkaufte. Als sich ein paar Freunde und andere Geschäfte in der Stadt dem Verkauf anschlossen, war die erste Auflage schnell vergriffen.

Dann veräußerte Robbins die Rechte für 50.000 Dollar und Lizenzgebühren von 10 Cents für jedes weitere Uno-Exemplar an einen befreundeten Bestattungsunternehmer. Der gründete ein eigenes Unternehmen, um Uno kommerziell zu vermarkten. Die Nachfrage schoss in die Höhe. 1992 wurde schließlich die Produktionsfirma vom Spielekonzern Mattel geschluckt, der Uno nun international vertrieb. Stolz verkündete Mattel nach ein paar Jahren, Uno sei »weltweit das Familienkartenspiel Nummer 1«.

Tatsächlich ist Uno ein Spiel für viele: geeignet für Gelegenheitsspieler wie für große Runden etwa abends auf einer Skihütte. Vor allem aber ist Uno ideal für Kinder. Es ist einfach zu erklären und einfach zu spielen. Kindergärtnerinnen loben, dass Uno die Konzentration und Reaktionsfähigkeit fördere und die Kleinen dabei Farben und Zahlen lernten. Nur auf Dauer lässt der Uno-Spielespaß etwas nach, wenn man nicht – wie bei Mau-Mau – Spielvariationen erfindet.

Diese mangelnde Abwechslung ist wohl mit ein Grund, warum Mattel diverse Sonderversionen des Spiels auf den Markt brachte. So gibt es die Kinder-Edition »Uno Junior« mit Tiermotiven, eine Superman- und eine Harry-Potter-Variante, »Uno H_2O« mit wasserfesten Spielkarten für Badewanne oder Schwimmbad sowie die technischen Varianten »Uno extreme« mit einem elektrischen Kartenauswerfer und »Uno Spin« mit einem Glücksrad als Zufallsgenerator. Auf diese Weise bleibt Uno in den Spielzeugläden und bei den Verkaufszahlen die Nummer 1.

Quellen: »Die Entstehungsgeschichte von Uno« und »Spielspaß für jedermann«. Pressemitteilungen, unter: mattel.de; uno-kartenspiel.de, »Mau-Mau« und »Uno«, unter: Wikipedia.de; Uno-Rezensionen, unter: wir-testen-spiele.de; Spieletest Uno, unter: sunsite.informatik.rwth-aachen.de.

Unaone

Signal für Segel-Single

Damit Seeleute von Schiff zu Schiff kommunizieren konnten, benutzten sie schon seit dem 14. Jahrhundert optische Mittel wie Flaggen. Doch jedes Land hütete seinen Code als militärisches Geheimnis, denn in Seeschlachten wurden Flaggen gehisst, um befreundeten Kriegsschiffen strategische Befehle zu übermitteln. Erst seit 1901 existiert ein internationales Signalbuch der Handelsmarine, anhand dessen Schiffe unterschiedlicher Nationalität Informationen austauschen können. Neben Regeln für das Funken und Morsen werden hier auch Flaggen aufgelistet, die für einzelne Buchstaben oder einzelne Zahlen stehen.

Doch buchstabiert wurde damit selten, das war viel zu umständlich. Dafür gab es ein eigenes Winkealphabet. Die Botschaften des Flaggenalphabets waren in der Regel fest vereinbarte Codes, denn jede Buchstaben-Flagge hat eine zusätzliche Bedeutung. So steht A für »Ich habe Taucher unten. Abstand halten«, B für »Gefährliche Ladung«, O bedeutet: »Mann über Bord«, und W heißt: »Ich benötige ärztliche Hilfe.«

Für die Zahlen-Flaggen – die einen doppelsprachlichen Namen tragen: Unaone, Bisstwo, Terrathree, Kartefour usw. – ist im internationalen Signalbuch kein Extra-Code vorgesehen. Inoffiziell aber hat sich unter Seglern für die Unaone doch eine Bedeutung eingeschlichen. Der Wimpel, der fast aussieht wie die japanische Nationalflagge, nämlich weiß mit einem roten Kreis, wird immer häufiger von Soloseglern beim Einlaufen in den Hafen gesetzt. Sie wollen damit signalisieren, dass sie beim Anlegen gern Hilfe in Anspruch nehmen würden. Zahlreiche Segelvereine würden diesen Flaggencode gerne offiziell einführen, denn vermehrt sind auf den Gewässern Skipper allein unterwegs, die zum Beispiel bei ablandigem Wind in engen Häfen Probleme bekommen, oder Senioren-Segler, die sich mit dem Sprung auf einen niedrigen Steg schwertun und nur zu gern die Unterstützung eines herbeieilenden Hafenmeisters in Anspruch nehmen.

Quellen: Flaggenalphabet, unter wikipedia.de; Yachtforum, Stichwort Flaggenführung; unter: yacht.de; Ulli Kulke: Flagge und Funk. Die Geschichte der Seekommunikation, unter: seefunknetz.de.

1:1

Manager-Gerede

Wer weiß, dass ein Key Account Manager eigentlich nur ein Betreuer von Großkunden ist, dass ein Siemens-Chef, der von »downsizen« spricht, eigentlich Personalabbau meint und dass der Sony-Slogan für den deutschen Markt »make.believe« in einer Pressemitteilung des Konzerns erklärt wird als »die Kraft der Inspiration (…) und die Umsetzung dieser Inspiration in Produkte und Erlebnisse für den Kunden«, der hat längst verstanden, dass in Wirtschaft und Werbung viel Wortgeklingel produziert wird. Brisante Zusammenhänge werden so verschleiert, getarnte Werbebotschaften ausgegeben oder allzu banale Vorgänge wichtigtuerisch aufgeblasen. Ein Ausdruck unter vielen in diesem sprachlichen Imponiergehabe ist 1:1.

Beim 1:1 handelt es sich um die Form eines Meetings: Ein Vorgesetzter trifft auf einen Untergebenen. Fertig. Mehr ist das nicht, auch wenn zum Beispiel Unternehmensberater ein großes Brimborium um das 1:1-Meeting veranstalten und goldene Regeln ausgeben. Man möge dem Untergebenen die volle Aufmerksamkeit zollen, man solle klare Anweisungen geben und durchaus auch loben. Tipps für ein typisches Personalgespräch eben.

Auch in früheren Zeiten gab es 1:1-Meetings, und man benannte sie in einer wohl etwas veralteten Redeweise ebenfalls mit einer Zahl: Damals hieß das: 4-Augen-Gespräch.

Quellen: Bernd M. Samland: Lost in Translation, o.D., unter: spiegel.de; Heinz-Jörg Graf: Wie deutsche Unternehmer ihre Muttersprache vernachlässigen, Sendung in Deutschlandradio vom 29.7.2007; Frank Strong: 10 leadership tips for 1:1 meetings with employees, unter: swordandthescript.com.

ONEeins

Modelmarkt für Mädchenträume

 Nicht erst, als sie engelsgleich für Victoria's Secret über den Laufsteg schwebte, war Heidi Klum für viele die Nummer 1; das war sie auch schon zu Beginn ihrer Karriere, als sie das von RTL und der Zeitschrift Petra veranstaltete Casting »Model '92« gegen 25.000 Bewerberinnen gewann. Ihr Durchbruch kam dann mit Seite 1 von Sports Illustrated, jetzt zählte sie zu den Topmodels, posierte vorne auf Vogue und Elle, erhielt Gastrollen in TV-Shows und Serien, und die deutsche Vogue widmete ihr sogar eine ganze 140-Seiten-Ausgabe.

Doch noch länger als die Liste ihrer Laufsteg- und Shooting-Erfolge ist die Zahl ihrer geschäftlichen Aktivitäten. Gemanagt von ihrem Vater Günther, der zuvor Parfümhersteller bei 4711 war, gibt es dafür die »Heidi Klum GmbH & Co KG«. Die Bergisch Gladbacherin war so schon das Gesicht der Süßwaren von Katjes, des Otto-Katalogs oder der Birkenstock-Schuhe. Ganze Schmuckkollektionen und Kosmetiklinien werden unter ihrem Namen vertrieben, und das erste Parfüm hieß passenderweise »Heidi Klum One«.

Seit 2006 moderiert Heidi Klum auf Pro 7 »Germany's Next Topmodel«, eine genauso erfolgreiche wie umstrittene Castingshow. Erklärtes Ziel jeder Staffel ist es, aus anfänglich bis zu 20.000 Kandidatinnen ein neues Supermodel – quasi eine Heidi-Klum-Nachfolgerin – zu ermitteln, wozu die Finalistinnen über Sendungen hinweg diverse Shootings und andere Aufgaben überstehen müssen. Die Siegerin erhält dann einen Modelvertrag. Das beschert dem Sender hohe Zuschauerquoten mit den entsprechenden Werbeeinnahmen und Heidi Klum Mädchenmaterial zum Vermarkten, denn die alleinigen Vertretungsrechte an den Kandidatinnen der

Show hat mittlerweile eine 100%ige Tochter der Klum GmbH, die Agentur ONEeins.

Kritik hagelte es an dem TV-Schönheitswettbewerb wie an der Moderatorin reichlich: Klum sei oberflächlich, zu kreischig, und sie verführe Mädchen durch die Sendung zur Magersucht. Gerügt wurden immer wieder die Knebelverträge, die ONEeins bzw. ihre Vorgängerfirmen mit den Mädchen geschlossen hatten, weil sie eher Autogrammstunden in Autohäusern vermittelten als Fotoshootings auf dem internationalen Modelmarkt.

So manche GNTM-Siegerin ist rasch wieder in der Versenkung verschwunden, andere klagten sich aus den Verträgen heraus, weil keine Kontakte zu großen Modelagenturen zustande kamen. So müssen sich Heidi Klum, Pro7 und ONEeins den Vorwurf gefallen lassen: Eine neue Nummer 1 ist bei all dem Medienrummel noch nicht herausgekommen.

Quellen: Heidi Klum, Biografie in: Munzinger-Archiv; Matthias Kalle: Ware Schönheit, in: Die Zeit vom 24.6.2010; Maike Schmidt: Flopmodels, in: Frankfurter Rundschau vom 26.2.2010; Antje Hildebrandt: Die Pferdchen in der Klum-Manege. in: Stuttgarter Zeitung vom 2.3.2010; Christoph Driessen/Joachim Huber: Die Klum-Fabrik, in: Der Tagesspiegel vom 21.1.2010; Sven Kuschel: Heidi-Klum-Show: Streit um Knebel-Verträge, in: Bild vom 10.11.2009; Julia Schmid; Was wird aus dem Topmodel-Traum?, in: Bunte vom 14.6.2012; Carola Sonnet: Die Ich-AG, in: Frankfurter Allgemeine Sonntagszeitung vom 19.2.2012.

1 + 1 = 2

Die wichtigste mathematische Formel

Auf die allermeisten Briefmarken sind Zahlen gedruckt, um ihren Wert anzuzeigen. Manche Marken haben ansonsten kein weiteres Motiv, sondern lediglich diese Zahl. In der Regel sind das natürliche Zahlen, seltener ist es ein Bruch wie »¼« oder ein gemischter Bruch wie »1¾«. Die höchste Zahl, die je auf einer Briefmarke aufgedruckt wurde, ist wohl 100.000, die Marke wurde im Deutschen Reich während der Inflation 1923 ausgegeben. Noch größere Summen schrieb die Deutsche Post damals als Zahlwort, z. B. »20 Milliarden«. Die höchste krumme Zahl auf einer Briefmarke, die nicht mit 0 oder 5 endete, ist wahrscheinlich die in Deutschland kurz nach dem 2. Weltkrieg erschienene »84«.

All diese Marken sind besondere Objekte für mathematische Philatelisten, also Sammler, die sich auf Briefmarken mit entsprechenden Motiven spezialisiert haben: Gedenkmarken mit Porträts berühmter Mathematiker, mathematischen Hilfsmitteln wie dem Zirkel, Rechenmaschinen oder Computern, Sonderausgaben zu mathematischen Kongressen oder Marken mit geometrischen Figuren, Kurven oder Formeln.

Eine solche Serie wurde von der Post in Nicaragua 1971 herausgegeben. Sie würdigte auf zehn Briefmarken mathematische Formeln, die »das Gesicht der Welt verändert« hätten. Und die grundlegendste aller Formeln war für die Mittelamerikaner: $1 + 1 = 2$!

Als Hauptmotiv ist dazu ein Ägypter abgebildet, der zwei Vögel beobachtet und sie mit den Fingern zählt. Um auch den didaktischen Wert dieser Briefmarke zu steigern, druckte die nicaraguanische Post die Begründung für ihre Entscheidung gleich auf der Rückseite der Briefmarke mit ab. Die Gleichung »$1 + 1 = 2$« sei so elementar und habe doch als Grundlage des Zählens unermessliche Konsequenzen. Ohne Verständnis für Zahlen hätten die frühen Menschen nur in rudimentären Begriffen miteinander verkehrt, sie hätten weder ein exaktes Maß für die Anzahl ihrer Schafe oder Kühe gehabt, noch hätten sie gewusst, wie viele Leute zu ihrem eigenen Stamm zählten. Die Entdeckung von »1 + 1 = 2« aber habe zur schnellen Entwicklung des Handels und zur wichtigen Wissenschaft des Messens geführt.

Auf den weiteren Plätzen der bedeutenden mathematischen Formeln landeten aus nicaraguanischer Sicht:

$$f = \frac{Gm_1m_2}{r^2}$$

Newtons Gravitationsgesetz über die Anziehungskraft zweier Körper machte der Menschheit klar, dass es von der Masse abhängt, warum Planeten in ihrer Bahn bleiben und wir Menschen auf der Erdoberfläche haften, statt ins All zu fliegen.

$$E = mc^2$$

Einsteins Formel über die Äquivalenz von Masse und Energie, die – vereinfacht gesagt – ausdrückt, dass eine kleine Menge Materie in eine große Menge Energie umgewandelt werden kann.

$$e^{\ln N} = N$$

Die Logarithmenformel von John Napier macht es möglich, Multiplikationen und Divisionen von Zahlen durch Addition bzw. Subtraktion ihrer Logarithmen zu ersetzen.

$$a^2 + b^2 = c^2$$

Der Satz des Pythagoras, der für die Seiten im rechtwinkligen Dreieck gilt: die Katheten a und b und die dem rechten Winkel gegenüberliegende Hypotenuse c.

Danach folgten Boltzmanns Definition der Entropie eines Gases, die Raketengleichung von Tsiolkowskij, die Wellengleichung von de Broglie, die von Maxwell entwickelte Gleichung über die Möglichkeit von Radiowellen und schließlich das Hebelgesetz des Archimedes.

Nun regt sich aber gegen jede kanonisierende Liste Widerspruch – und so auch gegen die ausgewählten mathematischen

Formeln: Manche hätten lieber die Berechnung des Flächeninhalts eines Kreises gewürdigt gesehen, andere die Fourier-Reihe, wieder andere vermissten Eulers Beschreibung der Identität von Exponential- und trigonometrischen Funktionen bzw. Fermats letzten Satz.

Auch Charles Ashbacher, der Herausgeber des »Journal of Recreational Mathematics« hatte »begründete Einwände« gegen die Liste aus Nicaragua, vor allem gegen »1 + 1 = 2«. Die positiven ganzen Zahlen seien doch intuitiv erfassbar. Er hätte auf eine Briefmarke lieber eine Formel gedruckt, in der die negativen Zahlen eingeführt werden. Sein Vorschlag:

$$1 - 2 = -1$$

Quellen: Manfred Börgens: Mathematik auf Briefmarken, unter: fh-friedberg.de; Clifford A. Pickover: Dr. Googols wundersame Welt der Zahlen, Diedrichs Kreuzlingen/München 2002.

Eins, Zwei, Drei

Billy Wilders schnellste Komödie

 Es ist ein temporeicher Film, vielleicht die beste Satire auf den Ost-West-Konflikt, überdreht, komisch und rasant. Sicher ist aber, dass noch nie ein Film so schnell von der Wirklichkeit überholt wurde, quasi im Handumdrehen – 1, 2, 3 – durch den Bau der Berliner Mauer.

Der Film basiert auf dem Theaterstück »Egy, kettő, három« (zu Deutsch: »Eins, zwei, drei«) des Ungarn Ferenc Molnár, eine Komödie um Politik, Liebe und Geschäfte, die Wilder bereits 1928 auf der Bühne sah. Ja, so beeindruckend muss die Aufführung gewesen sein, dass er rund 30 Jahre später aus dem Stoff ein Drehbuch machte. Dabei beließ er es bei dem Titel, doch aus einem schlichten Bankdirektor wurde der Manager eines Weltkonzerns, aus der Politik der Kalte Krieg und aus dem Einakter letztlich ganz großes Kino.

Die Handlung ist schnell erzählt: Mr. MacNamara (James Cagney), der Leiter der Coca-Cola-Filiale in West-Berlin, ist nicht sonderlich glücklich. Er ist umgeben von einem Heer williger deutscher Mitarbeiter, die strammstehen, wenn der Chef erscheint, dem schmierigen Assistenten Schlemmer (Hans Lothar), einem stets die Hacken knallenden Chauffeur (Karl Lieffen) und einer Monroe-blonden Sekretärin (Liselotte Pulver), mit der er eine Affäre hat. Doch MacNamaras großer Traum ist es, die braune Brause in den ganzen Ostblock zu verkaufen, um im Konzern aufzusteigen und nach London befördert zu werden. Die Verhandlungen mit einer russischen Handelsdelegation laufen schon, da wird MacNamara gebeten, während ihres Europa-Trips auf Scarlett, die Tochter seines Chefs (Pamela Tiffin), aufzupassen. Doch das naiv-lebenslustige US-Girl hat nichts Besseres zu tun, als sich sofort in den ersten Mann zu verlieben, der ihr über den Weg läuft:

Scarlett: Ja, also wir lernten uns vor sechs Wochen kennen. Ich war in Ostberlin, und da war doch die Parade, und ich sollte verhaftet werden.
MacNamara: Verhaftet?
Scarlett: Weil ich fotografiert habe. Und da war eben der Junge. Er war an der Parade, und er sagte, man solle Mitleid mit mir haben, anstatt mich verhaften zu lassen. Weil ich eine typisch bourgeoise Schmarotzerin sei – die verfaulte Frucht einer korrupten Zivilisation. Natürlich habe ich mich sofort in ihn verliebt.
MacNamara: Natürlich.

Heimlich heiratet Scarlett den gut aussehenden Jungkommunisten Otto Ludwig Piffl (Horst Buchholz). MacNamara hat als Aufpasser versagt und bangt um seine Karriere, zumal auch noch Scarletts Eltern im Anflug sind. Doch rasch hat der Vollblut-Manager einen Plan: Durch eine List lässt er Piffl in Ost-Berlin verhaften, die Ehe will er annullieren lassen. Dann muss er aber erfahren, dass Scarlett schwanger ist, und sofort legt er sich eine neue Strategie zurecht: Otto Piffl wird unter Mithilfe einer auf dem Tisch tanzenden Sekretärin und eines Assistenten in Frauenkleidern aus den Klauen der Kommunisten befreit, kurzerhand in den freien Westen verbracht und noch vor der Ankunft seiner künftigen Schwiegereltern im Schnellverfahren zum Kapitalisten umerzogen. MacNamara gibt fingerschnippend die Anweisungen für den Wandlungsprozess, Gehirnwäsche im Sekundentakt: eins, zwei drei.

Sie wollten »den schnellsten Film der Welt« machen, hatten sich Billy Wilder und sein Co-Autor I.A.L. Diamond vorgenommen, als sie am Drehbuch für »Eins, Zwei, Drei« arbeiteten: »Das Stück muss molto furioso gespielt werden – auf heißer Flamme, in halsbrecherischem Tempo. Empfohlene Geschwindigkeit: 100 Meilen pro Stunde in den Kurven, 140 auf gerader Strecke.« Das Drehbuch stoppte nicht bei den großen Lachern, wie sonst üblich, es flog durch die großen Lacher hindurch. Und diese atemberaubende Turbulenz konnte nur ein Energiebündel wie James Cagney umsetzen. Er bestimmte den Rhythmus des Films. Seine Verve, die Rücksichtslosigkeit und der Nussknacker-Charme, den er MacNamara verlieh, sind ein Glücksfall.

Doch noch schneller als die Story dieser Ost-West-Komödie war der Kalte Krieg selbst. Mitten in die Produktion, man drehte in diesen Tagen gerade am Brandenburger Tor, platzte am 13. August 1961 ein historisches Ereignis: der Bau der Mauer. Ein Zufall mit großen Folgen. Über Nacht hatte sich der Film »von einer Farce in eine Tragödie verwandelt«, so der Kritiker und Wilder-Kenner Hellmuth Karasek. Billy Wilder saß an jenem Tag in der Bar seines Hotels und hörte die überraschende Nachricht. Ähnlich wie MacNamara musste er schnell umdisponieren. Die weiteren Szenen, die am deutsch-deutschen Grenzübergang spielten, wurden in die Bavaria-Studios nach München verlegt, dort wurde für 200.000 Dollar extra eine Attrappe des Brandenburger Tors gebaut. Doch Wilder verlor mehr als nur Drehzeit, »dieser frostige Kälteeinbruch im Kalten Krieg«, erzählte er später, »machte meine Komödie für Jahre zunichte.« Die Berliner erlebten in den folgenden Wochen und Monaten nach dem Mauerbau den Ost-West-Konflikt von seiner blutigsten Seite. Menschen riskierten ihr Leben, um in den Westen zu kommen, viele wurden dabei getötet. Mit diesem Entsetzen Scherz zu treiben schien unvorstellbar. Folglich fiel »Eins, Zwei, Drei«, als der Film im Dezember 1961 in Berlin uraufgeführt wurde, beim Publikum und bei den Kritikern durch. »Was uns das Herz zerreißt, das findet Billy Wilder komisch«, resümierte die Berliner Zeitung. Dialoge wie die folgenden fanden keine Gnade:

MacNamara: Na also, unter uns, Schlemmer, was haben Sie während des Krieges gemacht?
Schlemmer: Ich war in der Untergrund – The Underground.
MacNamara: Widerstandskämpfer?
Schlemmer: Nein, nein – Schaffner. In der Untergrund, in der U-Bahn.
MacNamara: Und natürlich waren Sie kein Nazi und waren nie für Adolf.
Schlemmer: Welchen Adolf?

* * *

MacNamara: Ein Teil der östlichen Volkspolizisten war bösartig und unwillig. Dafür waren andere unartig und böswillig.

* * *

Scarlett: Du sagst Daddy einfach, ich sei auf dem Weg in die UdSSR. Das ist die Abkürzung für Russland.
MacNamara: Hast du deinen 17 Jahre alten Verstand verloren? Russland ist da zum Weglaufen, nicht zum Hinfahren!

Das Trauma der Teilung blieb lange bestehen, die Haltung der Deutschen änderte sich nur sehr langsam. Es bedurfte des Abstands von fast einem Vierteljahrhundert, bis man über den Kalten Krieg lachen konnte. 1985, also 15 Jahre nach dem Beginn von Brandts Ostpolitik, kam Wilders Film erneut in die deutschen Kinos, und plötzlich wurde gelacht. Vor allem ein junges Publikum amüsierte sich darüber, wie rasch ein Kommunist durch Konsumterror zum Edelkapitalisten gewendet werden kann. »Eins, Zwei, Drei« wurde Kult, erst recht, als tatsächlich die Mauer fiel und die Geschichte zeigte, wie schnell sich ganze Länder transformieren lassen – 1, 2, 3 –, quasi im Handumdrehen. Da endlich wurde der Film als das gesehen, was er immer sein wollte: eine verrückt-komische Farce, eine rasend schnelle Satire, die ihrer Zeit ein ganzes Stück voraus war.

Quellen: Hellmuth Karasek: Billy Wilder. Heyne, München 1994; Cameron Crowe: Hat es Spaß gemacht, Mr. Wilder?, Diana, München/Zürich 2000; Glenn Hopp: Billy Wilder – Sämtliche Filme, Taschen, Köln 2003; Michael Hanisch: Billy Wilder, Hetrich&Hetrich, Berlin 2004; Ulrich Behrens: Eins, Zwei, Drei, unter: filmzentrale. com.

¼

Das Viertel in Bremen

Die Teile einer Stadt wurden im Althochdeutschen »*vierteil*« oder »*fiorteil*« genannt, eine sprachliche Zusammenziehung von »der vierte Teil«. Im Mittelhochdeutschen wurde aus diesem Wort dann das noch etwas kürzere »viertel«. Die Bedeutung geht auf von den Römern angelegte Städte zurück, bei denen sich die beiden Hauptstraßen im Zentrum kreuzten. So wurde die Stadt tatsächlich in vier Teile geteilt. In Bremen existiert ein Stadtteil, der umgangssprachlich nur »das Viertel« heißt, doch manchen ist sogar das noch zu lang, weswegen sie schlicht und einfach ¼ schreiben.

Das Bremer »Viertel« umfasst Teile der beiden Stadtteile Ostertor und Steintor. Viele Gebäude stammen noch aus der Mitte des 19. Jahrhunderts, als Bremen einen wirtschaftlichen Aufschwung verzeichnete, Handwerker lebten hier in sogenannten Altbremer Häusern, einer typischen Reihenbebauung mit Einfamilienhäusern. Von den Zerstörungen des Zweiten Weltkriegs war das Viertel wenig betroffen, bedroht wurde es eher durch Pläne zur Stadtentwicklung: Um nämlich die Bremer Innenstadt autofrei zu bekommen, sollte in den 1960er-Jahren ein Viereck von Tangenten entstehen, zum Teil 120 Meter breite Autoschneisen, neu bebaut mit bis zu 28-stöckigen Häusern. Zu einer dieser Tangenten sollte die Mozartstraße gemacht werden, die sich mitten durch das Viertel zieht. Nach jahrelangem politischem Kampf wurde das Projekt vom Senat schließlich gekippt und dadurch eines der schönsten Wohnquartiere Bremens gerettet.

Heute ist der Stadtteil vor allem bei Studenten und Jungakademikern beliebt. Von den zeitweise starken Problemen mit Rotlichtmilieu und Drogenszene ist kaum noch etwas zu spüren. Ein »Quartier Latin des Nordens« nennt der Landesdenkmalpfleger das Viertel wegen seiner zahllosen Cafés, Kneipen, Restaurants und Clubs. Hier treffen Hochkultur mit dem Theater am Goetheplatz, der Kunsthalle oder dem Designzentrum auf eine alternative Szene mit dem Kulturzentrum Lagerhaus, Programm-Kinos und dem jährlichen Viertelfest, Bremens größter Straßenparty mit viel Live-Musik. Dazu kommen viele Boutiquen und kleine Läden mit eher ungewöhnlichem Sortiment.

Dieses besondere Flair will auch ein Zusammenschluss von Einzelhändlern erhalten, die »Interessengemeinschaft Das Viertel«. Um das Image des Quartiers zu steigern, hat sie ein Logo gestalten lassen – ein zweifarbiges ¼ –, das den Szene-Stadtteil kurz und knapp auf die Zahl reduziert. Auf Tassen, Kappen und Rucksäcke gedruckt kann so das ¼ in die weite Welt hinausgetragen werden.

Quellen: Friedrich Kluge: Etymologisches Wörterbuch der deutschen Sprache: Verlag Walter de Gruyter, Berlin/New York 2002; Stadtviertel und Viertel (Bremen): unter wikipedia.org; Josy Wübben: Die ersten Gehversuche, in: Hochschulanzeiger vom 4.3.2002; Viertel-Shop, unter: dasviertel.de.

¼

Horst Szymaniaks Gehaltserhöhung

 Es hat nie jemand behauptet, dass mathematische Intelligenz und Fußballspielen miteinander zusammenhängen, obwohl es sich bei dem zentralen Objekt um eine Kugel handelt, die manche Spieler äußerst durchdacht behandeln und zum Beispiel mit viel Effet um eine Mauer herum in die Torecke schlenzen können. Das sind die Spielmacher, die Strategen im Mittelfeld. Andere dagegen spielen eher mit Kraft als mit Technik, sind in erster Linie erfolgreich dank Kampfeswillen und Einsatzfreude, verfügen durchaus aber auch über Ballgefühl und Spielwitz. Für diesen Spielertyp haben Sportkommentatoren den euphemistischen Begriff »Instinktfußballer« geprägt.

Um einen solchen hat es sich bei Horst Szymaniak gehandelt, einem Mittelfeldspieler, der auch mal hinlangte und für seine beidbeinige Grätsche genauso berüchtigt war wie für seine zielgenauen Pässe über den halben Platz. Szymaniak stammte aus Erkenschwick, war Arbeiterkind, gelernter Bergmann, ein typischer Straßenfußballer, der schon als Schüler außergewöhnliches Talent zeigte. Er kickte in der Zweiten Liga, wechselte dann für 15.000 Mark Ablöse zum Wuppertaler SV und wurde Bademeister bei der Stadt. Richtige Profis gab es in Deutschland zu jener Zeit noch nicht. Damals soll es auch – einer Anekdote zufolge – bei Verhandlungen über seinen Vertrag zu einem kuriosen Dialog gekommen sein. Der Vereinsvorsitzende soll Szymaniak die Aufstockung seiner Bezüge um ⅓ angeboten haben. »⅓ mehr als bisher reicht mir nicht«, soll da der Kicker gerufen haben, »ich will wenigstens ein ¼ mehr.«

Als Beweis für die These, Fußballer seien einfältig und hätten das viele Geld nicht verdient, muss diese Anekdote seither immer wieder herhalten. In zahlreichen Fußballgeschichten und Sprüchesammlungen taucht sie auf, auch in der Variation, Szymaniak habe bei der Beteiligung an einem Haus in Karlsruhe statt einem Viertel ein Fünftel verlangt. Das seien alles böse Gerüchte, verteidigt ihn sein fußballerischer Entdecker und Trainer Ludendorf: »Der war lediglich gleichgültig – der Fußball war sein Leben. Er war nicht gebildet, aber keineswegs dumm.«

Sicher ist, dass Szymaniak erfolgreich war, 43 Mal trug er das Nationaltrikot, war von anderen Vereinen umworben. Selbst ausländische Clubs interessierten sich für den Ruhrpott-Kicker und lockten ihn schließlich in den mediterranen Süden. Szymaniak folgte als erster deutscher Fußballer dem Lockruf des Geldes und unterzeichnete einen Vertrag beim CC Catania in Sizilien. Wie dabei die Gehaltsverhandlungen geführt wurden, ist nicht bekannt.

Quellen: Dieter Baroth: Kein Kniefall, auch nicht vor gekrönten Häuptern, in: Freitag, Nr. 39, 27.8.2004; Eckhard Henscheid: Wie Max Horkheimer einmal sogar Adorno hereinlegte. Anekdoten über Fußball, Kritische Theorie, Hegel und Schach, Haffmanns, Zürich 1983; Norbert Seitz: Kohl und Maradona. Politik und Fußball im Doppelpass, Eichborn, Frankfurt/M. 1990.

1:824633702411

Computerchip mit Rechenschwäche

 Ein durchschnittlich intelligenter Schüler einer 6. Klasse kann problemlos die Zahl 1 durch 824633702411 dividieren, und zwar bis auf die 5. Stelle hinter dem Komma genau – es sei denn, er verliert beim Rechnen die Lust und rundet einfach den Rest. Genau dies hat aber offensichtlich jemand getan, von dem man es zuletzt erwartet hätte: der erste Pentium-Prozessor. Er hat bei der Aufgabe, den Bruch 1/824633702411 in eine Dezimalzahl zu verwandeln, irgendwann die Lust verloren und einfach falsch gerundet. Ein kleiner Fehler mit großen Folgen.

Dabei sollte gerade der Pentium-Prozessor, als ihn Intel 1993 auf den Markt brachte, das Flaggschiff einer neuen Produktpalette werden. Der Name »Pentium« wurde markenrechtlich geschützt und großflächig beworben. Das Unternehmen gab, um den Slogan »Intel inside« zu lancieren, allein in den USA 150 Millionen Dollar für TV-Spots aus und investierte noch einmal 80 Millionen für Anzeigen in Printmedien. Ein technisch nicht ausgereiftes Produkt schien bei diesem Werbeaufwand undenkbar.

Und doch steckte der Fehler im Detail der Division: Entdeckt hat die Rechenschwäche der Mathematik-Professor Thomas Nicely, der am Lynchburg College in Virginia über Primzahlen und deren Eigenschaften forschte. Er bemerkte im Oktober 1994, dass seine neuen Rechner bei einfachen Divisionen Rundungsfehler bereits ab der fünften Stelle hinter dem Komma begingen. Als computererfahrener Mathematiker konnte Nicely den Pentium-Chip als Fehlerquelle identifizieren und monierte dies bei einer Hotline von Intel. Doch der dortige Mitarbeiter reagierte nicht und wiegelte ab. Damit wurde aus dem rein technischen Problem für Intel ein PR-Problem.

Tatsächlich hatte das Unternehmen selbst den Fehler schon früher registriert, daraus aber keine Konsequenzen gezogen – vielleicht weil die Werbekampagne längst nicht mehr zu stoppen war. Der vom Pentium-Chip verwendete Algorithmus hat nämlich eine Tabelle gespeichert, die er bei gewissen Berechnungen ausliest. In dieser Tabelle waren fünf falsche Einträge gespeichert, die die fehlerhaften Ergebnisse produzierten.

Doch Nicely ließ nicht locker und mailte seine Beobachtungen an Personen und Organisationen, die Zugang zu vielen Pentium-Systemen hatten, um sie überprüfen zu lassen. Sein Beispiel für eine fehlerhafte Division war $1/824633702441$. Damit löste er einen wahren Proteststurm gegen den Chip-Giganten aus.

Nach und nach wurden weitere Fehler dokumentiert. So war die Berechnung des Quotienten $4195835/3145727$ fehlerhaft. Statt auf das richtige Ergebnis 1,33382 zu kommen, berechnete der Pentium 1,33374. Schließlich ließ ein Professor der Universität Stanford eine Division für jedes ganzzahlige Paar zwischen 1 und 1.000 durchführen, also eine Million Divisionen. Der Pentium machte 627 Fehler.

Im Internet kursierten mittlerweile die ersten Witze zu dem Problem:

Frage: Wie kann man einen Wissenschafter in den Wahnsinn treiben?
Antwort: Durch Sponsoring mit einem Pentium-PC.
Frage: Warum kleben auf allen Intel-PCs die Plaketten »Intel inside«?
Antwort: Es ist ein Warnhinweis.

Intel hatte völlig unterschätzt, wie schnell sich im globalen Netz die »Mund-zu-Mund-Propaganda« ausbreiten konnte. Auch die Börse reagierte hektisch. Die Intel-Aktien fielen um mehrere Prozentpunkte, und der Handel mit dem Papier wurde für kurze Zeit ausgesetzt. Nach einer internen Krisensitzung entschuldigten sich die Intel-Vorstände – aber nur halbherzig. »Kein Chip ist perfekt«, hieß es da. Der Fehler komme nur bei hochmathematischen Berechnungen vor, die ein normaler Mensch einmal in 27.000 Jahren durchführe. Relevant sei das Problem nur für eine kleine Zahl von extremen Anwendern, und nur bei dieser Personengruppe wolle Intel die fehlerhaften Chips kostenlos austauschen. Prompt kommentierte das Internet diese Zwei-Klassen-Gesellschaft:

> **Frage:** Wie viele Pentium-Entwickler braucht man, um eine Glühbirne einzudrehen?
> **Antwort:** 1,99904274017 (Für Nicht-Techniker ist die Angabe genau genug).

IBM – einerseits Abnehmer von Pentium-Prozessoren, zugleich aber auch schärfster Konkurrent von Intel auf dem Hardware-Markt – kam zu einem ganz anderen Ergebnis. Statistisch könne der Rechenfehler beim Pentium alle sechs Stunden auftreten. Medienwirksam stoppte IBM daraufhin die Auslieferung von Rechnern mit Pentium-Chips.

Mittlerweile hatte die Nachricht über den fehlerhaften Prozessor die Massenmedien erreicht, TV-Nachrichten vermeldeten es, Tageszeitungen schrieben darüber, und Computermagazine erklärten auf der Grundlage eigener Tests, dass der Fehler deutlich schwerwiegender sei, als Intel es zugebe. Beim Taschenrechner von Windows 3.1 würde der Fehler auf einem Pentium-PC sogar bei der Subtraktion bestehen. Da sei: $3,00 - 3,01 = -0,00$.

Jetzt rebellierten auch »normale« Intel-Kunden; selbst wenn sie lediglich gewöhnliche Rechenoperationen wie Chart-Präsentationen durchführten, hatten sie Angst vor Fehlern wegen des ungenau rechnenden Pentium-Chips. Intels Aussage, dass die meisten Anwendungen des PCs nicht anspruchsvoll genug seien, um das Auftreten des Fehlers auszulösen, werteten sie als arrogant und unsensibel. Dazu passte die Art und Weise, wie das Unternehmen mit dem seriösen Informanten Professor Nicely umgegangen war. Die New York Times verlieh Intel deswegen sogar einen sogenannten »Konsumenten-Täuschungspreis«.

Endlich sah auch Intel seinen PR-Fehler ein. Firmenchef Grove entschuldigte sich kleinlaut und verkündete, alle fehlerhaften Pentium-Chips ohne Rückfrage austauschen zu lassen. Intern wurde eine halbe Milliarde US-Dollar dafür bereitgestellt. Doch das Unternehmen spekulierte darauf, dass möglichst wenig Kunden von dem Umtauschangebot Gebrauch machen würden, denn der Austausch bei allen Rechnern hätte sich schätzungsweise auf 2,2 Milliarden Dollar belaufen. So aber wurde der fehlerhafte Pentium-Chip Ende 1994 nur teilweise vom Markt genommen. Abgesehen vom Imageschaden hatte Intel jedoch damit wirtschaftlich Erfolg. Trotz des kurzzeitig gefallenen Aktienkurses konnte das Unternehmen seine Marktposition unangefochten halten. Offensichtlich hatte der Rechenfehler für die Masse der Computerkäufer keine Rolle gespielt. Schon im ersten Quartal 1995 steigerte Intel seine Gewinne wieder um 44 Prozent, und das gesamte Jahr schloss das Unternehmen mit einem Gewinn von 3,56 Milliarden US-Dollar ab. Letztlich hatte Intel also richtig gerechnet.

Dass die fehlerhaften Chips tatsächlich beim Elektroschrott gelandet sind, hat Intel nie offiziell bestätigt. Einige Computerfreaks glauben daher, dass sie einfach wieder in den nächsten zum Austausch anstehenden Pentiumrechner eingebaut wurden.

Quellen: Thomas R. Nicely: Mail – Bug in the Pentium, unter: trnicely.net/pentbug/bugmail1.html; Tim Jackson: Inside Intel. Die Geschichte des erfolgreichsten Chip-Produzenten der Welt, Hoffmann und Campe, Hamburg 1999; Armin Töpfer: Plötzliche Unternehmenskrisen – Gefahr oder Chance?, Luchterhand, Neuwied/Kriftel 1999; Boris Ljepoja/Thomas Pfennig/Stefan Rosenegger: Analyse von Softwarefehlern – Der Pentiumbug, unter: TU München, Fakultät für Informatik, Seminar Analyse von Softwarefehlern.

1:87

Maßstab der Modellbau-Spießer

 Walt Disney und Hermann Göring sollen es gewesen sein. Rod Stewart und Tom Hanks sind es, genauso wie Wendelin Wiedeking, Whoopi Goldberg und selbst Michail Gorbatschow. Sie alle sind Modelleisenbahner. Sie alle schalten am besten ab, wenn kleine Züge im Kreis fahren. Aber nicht alle Modellbahn-Freunde stehen auch öffentlich zu ihrer Leidenschaft, fördert sie doch das Image vom verstaubten Stubenhocker, der im Hobbykeller am Trafo dreht und sich in selbstgebastelten Miniaturwelten verliert. So umfasst die Anlage des bekennenden Modellbahners Horst Seehofer zum Beispiel tatsächlich ein bayerisches Dorf, den Bonner Hauptbahnhof und ein großes Krankenhaus, Symbole für die verschiedenen Stationen eines Politikerlebens vom Provinzbuben über den Bundesgesundheitsminister zum bayerischen Ministerpräsidenten. Ähnlich glückliche Landschaften haben die meisten Modelleisenbahner, vornehmlich mit vielen Bergen und Tunnels, vielleicht mit Seen, Wäldern und Dörfern, aber kaum mit Plattenbauten, sozialen Brennpunkten oder Mülldeponien. Eine harmonische Welt der ewigen Kindheit im Maßstab 1:87.

Das Zubehör, das in über hundert Jahren Modellbaugeschichte entstand, ist unüberschaubar: Menschen, Tiere, Häuser, Kirchen in diesem Miniaturmaßstab und natürlich Züge – wahrscheinlich jede Lokomotive, die jemals gebaut wurde, existiert detailgenau nachgebaut und funktionstüchtig auch als 1:87-Modell.

Dabei war zu Beginn der Modelleisenbahn-Entwicklung gar nicht der Maßstab die wichtigste Angabe, sondern – ähnlich wie bei den echten Eisenbahngesellschaften – die 1435, die Spurweite. Die musste erst einmal vereinheitlicht werden. »Bis dahin gab es selbst unter den Erzeugnissen ein und derselben Firma, ganz zu schweigen von anderen Fabrikaten, Unterschiede von manchmal nur wenigen Millimetern, die aber ausreichten, um eine Kombination der einzelnen Modelle zu verhindern«, konstatiert der Modellbahn-Historiker Gustav Reder.

Als erste vereinheitlichte die Göppinger Firma Märklin ihre Modelle und definierte die Spur I (Spurweite 48 mm), Spur II (54 mm) und Spur III (75 mm). Fast alle anderen Modellbahn-Hersteller übernahmen sehr rasch dieses Spuren-System als Norm, nicht aus Kundenliebe, sondern um sich gegenseitig Käufer abzujagen. Der Eisenbahnspieler freute sich trotzdem darüber, dass er nun Wagen unterschiedlicher Hersteller zusammenkoppeln konnte.

Kleinere Spurweiten wie die von Märklins Lilliputbahnen wurden zu Beginn des 20. Jahrhunderts nur gebaut, um kostengünstigere Modelle anzubieten. Doch mit dem steigenden Wohlstand der Bevölkerung und zugleich der zunehmenden Vertrautheit mit dem Fortbewegungsmittel Eisenbahn wuchsen auch die Ansprüche. In den 1920er-Jahren kamen die ersten kompletten Miniatur-Eisenbahnen auf den Markt, die auf einen gewöhnlichen Esstisch passten, zunächst noch als Spur oo bezeichnet. Die Vormachtstellung des Maßstabs 1:87 war geboren. Gute zehn Jahre später wurde die erste elektrische Tischbahn vorgestellt, das Modell kam letztlich einer Revolution gleich, und spätestens nach dem Zweiten Weltkrieg verdrängte die umbenannte Spur H0 (16,5 mm) die anderen Baugrößen fast völlig. In Deutschland haben die Eisenbahnen mit dem Maßstab 1:87 heute einen Marktanteil von rund 70 Prozent. Der Rest verteilt sich auf die verschiedenen anderen Maßstäbe:

1:220	Spur Z	Spurweite 6,5 mm
1:160	Spur N	Spurweite 9 mm
1:120	Spur TT	Spurweite 12 mm
1:54	Spur S	Spurweite 22,5 mm
1:45	Spur o	Spurweite 32 mm
1:32	Spur I	Spurweite 45 mm
1:22,5	Spur G	Spurweite 54 mm

Seit 1954 kümmert sich um die Einhaltung dieser und anderer Normen ein eigens gegründeter europäischer Fachverband, dem engagierte Modelleisenbahner und Vertreter der Industrie angehören und der Gleisabstände, Tunnelprofile oder etwa die Maße von Kupplungsköpfen in 1:87 definiert.

Auch die größte Modelleisenbahn-Anlage der Welt, das »Miniatur-Wunderland« in der Hamburger Speicherstadt, hält sich daran. Im Endausbau im Jahre 2020 sollen auf einer Fläche von über 2.300 Quadratmetern zwölf Themengebiete entstanden sein mit 20.000 Meter Ho-Gleisen. Hamburg, Österreich, Amerika und den Harz gibt es schon, bevölkert von 250.000 Figuren, die möglichst lebensnahe Szenen darstellen. Eines der größten Probleme der Anlage – neben dem mittlerweile immensen Besucherandrang – ist übrigens nicht, dass Teile der Mini-Welt geklaut werden, sondern genau das Gegenteil: Einige Besucher stellen einfach ein eigenes Spielzeugauto oder eine kleine Figur zu den anderen in die Anlage. Vielleicht ein Versuch, sich in der großen kleinen Welt selbst zu verewigen – natürlich im Maßstab 1:87.

Quellen: Gustav Reder: Mit Uhrwerk, Dampf und Strom: vom Spielzeug zur Modelleisenbahn. Alba, Düsseldorf 1988; Manfred Hoße et al.: Lexikon der Modelleisenbahn, Transpress, Stuttgart 2004; Götz Adriani: Dem Spiel auf der Spur. Mythos Modelleisenbahn. Hatje Cantz Verlag, Ostfildern 2003; Roger Boyes: Verrückt nach Modelleisenbahnen. Die Deutschen und die Modelleisenbahn, Kolumnenreihe »Meet the Germans« des Goethe-Instituts, unter: Goethe.de; Celebrity Model Railroaders, unter: boldts.net; Prominente Eisenbahner, unter: miniatur-wunderland.de.

Die 2

TV-Kult mit flotten Sprüchen

  Als das ZDF 1972 unter dem Titel »Die 2« die britische TV-Serie »The Persuaders« sendete, war sie ein großer Erfolg – wesentlich erfolgreicher als das Original im englischen Sprachraum. In Großbritannien war die Serie nur mit mäßigem Publikumszuspruch gelaufen, in den USA wurde sie sogar vorzeitig aus dem Programm genommen. Das lag sicher kaum an dem Sujet der Serie: Ein Richter im Ruhestand lässt Verbrecher jagen, die der Justiz entkommen sind. Zu diesem Zweck heuert er zwei Helfer an, den amerikanischen Selfmade-Millionär und Playboy Daniel »Danny« Wilde (Tony Curtis) und den vornehm-versnobten englischen Lord Brett Sinclair (Roger Moore). Das gegensätzliche Duo löst die Kriminalfälle auf unkonventionelle Weise, nicht mit viel Action, dafür haben die beiden umso mehr damit zu tun, sich gegenseitig hochzunehmen.

Dieser wortreichen internen Konkurrenz trug der deutsche Serientitel Rechnung. Die Beliebtheit von »Die 2« in der Bundesrepublik ist aber vor allem auch das Verdienst von Rainer Brandt, der nicht nur Tony Curtis die Stimme lieh, sondern auch die Synchron-Bücher schrieb. Dabei peppte er die zuvor lauen Dialoge mit einem Feuerwerk an Kalauern, Nonsense-Wortspielen und Blödeleien auf. Ein paar Beispiele: »Eure Lordschuft.« – »Mir schwellt da eine Frage im Gebeiß.« – »Auf, auf, satteln wir den Dackel.« – »Auf Wiedersehen, aber es eilt nicht.« – »Da schlagen ja die Flämmchen aus der Hose, wie beim Sodbrennen.« – »Da zieh ich ja den labilen Salzburger.« – »Zum Bleistift, Euer Merkwürden.« – »Hände hoch – ich bin Achselfetischist!« – »Na, Donniwetti, sag ich da doch glatt!« – »Das klopfen sie sich mal aus der Denkmurmel.« Viele Sprüche landeten dann auch prompt im aktiven Wortschatz der vornehmlich jungen »Die 2«-Fans.

Trotz des überwältigenden Erfolgs traute sich das ZDF nicht, alle Folgen auszustrahlen. So fehlte etwa eine Episode, in der es um Nazis ging. Erst 1994 kamen deutsche »Die 2«-Liebhaber in den Genuss der vollständigen Serie, als der Kabelkanal (später Kabel 1) alle Episoden zeigte und die noch fehlenden Folgen neu synchronisieren ließ – wieder von und mit Rainer Brandt. Und obwohl die Zuschauer längst frechere Sprüche und härtere Dialoge gewohnt waren, wollten immer noch im Schnitt 1,3 Millionen Zuschauer »Die 2« sehen.

Quellen: Harald Keller: Kultserien und ihre Stars, 3 Bände, Dieter Bertz Verlag, Berlin 1996/1997/1998; Thomas Hruska/Jovan Evermann: Der neue Serien Guide, 4 Bd. Schwarzkopf & Schwarzkopf, Berlin 2004; diezwei-fanpage.de; Mir schwellt da eine Frage im Gebeiß, unter: highlightzone.de; Die Zwei, unter: bamby.de; Wilfried Paqué: Die Zwei – Episodenliste, unter: persuaders.blofeldscat.com.

²⁄₃

Hoffnung für artige Gefangene

 In allen Strafanstalten bildet sich unter den Häftlingen eine Subkultur mit eigenen Organisationsformen und eigenen Verhaltensregeln heraus. So funktionieren anstaltsinterne Schmuggelsysteme, Schuldenwesen und unerlaubte Tauschgeschäfte. Fast alle Häftlinge passen sich an die Gefangenenkultur mit ihren eigenen Werten und Normen an und bewahren Verschwiegenheit gegenüber Außenstehenden, denn die Anstaltssubkultur hat eine Einheit stif-

tende Funktion. Als Ausdruck des Zusammengehörigkeitsgefühls hat sich auch eine eigene Sprache herausgebildet. Zu Beginn des 20. Jahrhunderts war der Wortschatz im Deutschen vor allem aus der Gaunersprache, dem Rotwelsch, entlehnt, später kamen Milieu-Sprachen von Gruppen hinzu, die in Gefängnissen stark vertreten waren: von Zuhältern und Prostituierten, Nichtsesshaften und jugendlichen Randgruppen wie Rockern oder Skinheads und der Drogenszene. Diese Knastsprache kennt einige bedeutungsvolle Zahlen.

So wird eine Handfessel wegen ihrer Form »Achter« oder »Goldene 8« genannt. »Sechstertum« ist ein Gemeinschaftsraum, der mit sechs Gefangenen belegt ist. Andere Zahlen-Ausdrücke stammen aus dem sogenannten Vollzugsdeutsch, also dem Strafverfolgungsrecht und den verwaltungsinternen Vorschriften: So ist ein 35er ein Gefangener, dessen Haftstrafe nach Paragraf 35 des Betäubungsmittelgesetzes zurückgestellt wurde, weil er sich zur Behandlung in einer therapeutischen Einrichtung befindet. Analog dazu ist ein 9er ein Sexualstraftäter, der nach Paragraf 9 des Strafvollzugsgesetzes in sexualtherapeutischer Behandlung ist. Sexualstraftäter stehen in der Anstaltshierarchie ganz unten und werden 170er genannt, nach den Paragrafen 176 und 176b des Strafgesetzbuchs. Schließlich gibt es noch 109er, das sind Strafgefangene, die sich gegen eine Maßnahme der Anstalt wehren und nach § 109 des Strafvollzugsgesetzes beim Landgericht Einspruch eingelegt haben.

Große Hoffnung setzen viele Gefangene auf ⅔. Sie haben ein ⅔-Gesuch gestellt und wollen »auf ⅔ rausgehen«. Ein Gefangener kann nämlich nach zwei Dritteln seiner Haftzeit vorzeitig entlassen werden, das letzte Drittel wird dann zur Bewährung ausgesetzt. Wichtige Voraussetzung ist dabei, dass von dem Häftling keine Gefahr mehr für die Öffentlichkeit ausgeht. Aber auch das Verhalten während der Haftzeit wird bewertet, daher nennt man Strafgefangene, die sich besonders angepasst verhalten, um ihr ⅔-Gesuch nicht zu gefährden, auch »Zweidrittelgeier«.

In der DDR gab es eine ähnliche Regelung für eine vorzeitige Entlassung bei guter Führung, den Paragrafen 349 StGB. Wer in DDR-Gefängnissen darauf aus war und deshalb besonders schleimte und kroch, von dem hieß es: »Der macht auf 3-49«. Das Verhalten war gerade bei politischen Gefangenen nicht sonderlich angesehen, denn der Paragraf 349 leistete auch der Denunziation und der Korruption Vorschub.

Quellen: Klaus Laubenthal: Lexikon der Knastsprache. Von Affenklosett bis Zweidrittelgeier, Imprint Verlag, Berlin 2001; Eike Schönfeld: Abgefahren – Eingefahren. Ein Wörterbuch der Jugend- und Knastsprache, Straelener Manuskripte Verlag, Straelen 1986.

2 + 4

Gespräche zur Deutschen Einheit

In den späten 1980er- und frühen 1990er-Jahren wurde schnell Geschichte geschrieben. Der Untergang der realsozialistischen Staaten, der Fall des Eisernen Vorhangs und schließlich der Prozess der deutschen Einheit sind gepflastert mit historischen Momenten: Gorbatschows Verkündung der Perestroika, die Öffnung der Mauer, die erste freie Volkskammerwahl und – nicht zuletzt – die Zahlen-Kombination 2 + 4.

Die ursprüngliche Idee kam aus der amerikanischen Regierung: Eine Konferenz der vier Siegermächte aus dem Zweiten Weltkrieg mit den beiden deutschen Staaten solle den deutschen Vereinigungsprozess regeln. Es entstand die Formel 4 + 2, wie die Gespräche auch heute noch teilweise genannt werden – doch dies ist eigentlich falsch. Denn die Deutschen waren mittlerweile so selbstbewusst, dass sie nicht am Katzentisch der Geschichte sitzen, sondern als gleichberechtigte Partner verhandeln wollten. Auf der anderen Seite waren da aber auch noch all jene Staaten, die von Deutschland mit Krieg überzogen und besetzt worden waren. Auch sie an den Gesprächen zu beteiligen, hätte eine riesige Friedenskonferenz ergeben und den Prozess sicher sehr verzögert. Schließlich stimmte der sowjetische Staatschef Gorbatschow in einem Gespräch mit dem amerikanischen Außenminister im Februar 1990 zu, die ursprüngliche Formel umzukehren. Die Verhandlungen liefen unter 2 + 4.

Das erste Gespräch begann am 5. Mai 1990 in Bonn, es gab Folgetreffen in Paris – hier wurde der polnische Außenminister hinzugezogen – und in Moskau. In einem ersten Schritt gaben die ehemals Alliierten den beiden deutschen Staaten die volle Souveränität zurück. Die Bundesrepublik garantierte im Gegenzug die Unverletzlichkeit der bestehenden Grenzen, womit vor allem die Oder-Neiße-Linie als deutsch-polnische Grenze festgeschrieben wurde. Darüber hinaus stimmten die Deutschen einer Reduzierung ihrer Streitkräfte zu und verzichteten auf ABC-Waffen. Letzte Streitpunkte waren der Abzug der sowjetischen Truppen vom Gebiet der DDR und die von den Alliierten geforderte Nato-Mitgliedschaft Deutschlands. In vertraulichen Gesprächen einigten sich Bundeskanzler Kohl und Gorbatschow auf den Truppenabzug bis 1994 und eine grundsätzlich freie Bündniswahl des vereinigten Deutschlands.

Damit war der Weg frei. Am 12. September wurde der 2 + 4-Vertrag, der offiziell »Vertrag über die abschließende Regelung in bezug auf Deutschland« heißt, von den sechs Außenministern unterzeichnet. In Kraft treten konnte das Abkommen erst 1992, nachdem alle sechs Staaten den Vertrag ratifiziert hatten, doch um die deutsche Einheit nicht so lange hinauszuzögern, verzichteten Frankreich, Großbritannien, die USA und die Sowjetunion schon Anfang Oktober 1990 auf ihre Vier-Mächte-Rechte. Damit konnte die Deutsche Einheit zum 3. Oktober in Kraft treten. Unter dem Strich steht damit eine historische Gleichung, wie sie mathematisch kaum Bestand hat: $2 + 4 = 5$.

Quellen: Lebendiges virtuelles Museum Online: Zwei-plus-Vier-Gespräche, unter: dhm.de/lemo; 2 + 4 Chronik, unter: 2plus4.de; Richard Schröder: Zeitverschobene Vernunft. Schritt für Schritt zum 3. Oktober, in: Frankfurter Allgemeine Zeitung vom 5.10.2000; Jochen Staadt: Der Mann, der die Nummer zwei vertrat. Im Mai 1990 begannen die Verhandlungen über die Souveränität Deutschlands, in: Frankfurter Allgemeine Zeitung vom 8.5.2000; Claudia Lepping: Vor zehn Jahren begannen die Verhandlungen zum Vertrag über die außenpolitischen Aspekte der deutschen Einheit, in: Der Tagesspiegel vom 5.5.2000.

Dreier

Altes Kleingeld

Nicht immer wurde dezimal gerechnet. Dutzend, Groß und Schock waren gängige Mengeneinheiten im 12er-System, und auch die Geldwerte wurden häufig entsprechend unterteilt. So war der Dreier in vielen europäischen Regionen eine übliche kleine Münze.

In der Zeit des Hundertjährigen Krieges gab es in Frankreich Dreier-Feingoldmünzen. In Sachsen wurde der Dreier, das sogenannte Dreipfenniggröschlein vom 16. Jahrhundert an aus Silber oder aus Billon, einer Kupfer-Silber-Legierung, geprägt. Bis zum 19. Jahrhundert verbreitete sich die Münze mit der 3 im ganzen mittel- und norddeutschen Raum, wurde später aber nur noch aus Kupfer hergestellt. Zuvor erhielten in Süddeutschland und der Schweiz auch spätmittelalterliche Stücke im Wert von 3 Hellern die Bezeichnung Dreier. Sie waren 3 Pfennig wert und galten als ⅛₄ von einem Gulden. Entsprechend war auf den Münzen die Zahl 84 in einem Reichsapfel abgebildet. Doch mit dem Sie-

geszug des Dezimalsystems verschwand der Dreier aus den Geld-
börsen.

In Redewendungen hat sich der Dreier dagegen viel länger gehalten. Über mache Menschen wird noch heute gesagt, sie seien
»bekannt wie ein Dreier«, also genauso geläufig wie die kleine
Münze. Über andere heißt es, sie würden »für einen Dreier alles
tun«, und aus dem Obersächsischen ist der Spott überliefert: »Der
lässt sich für einen Dreier ein Loch durch die Nase bohren.«

Quellen: Dreier, unter: muenzen-lexikon.de; Lutz Röhrich: Lexikon der sprichwörtlichen Redensarten, Herder, Freiburg 1991; Konrad Klütz: Münznamen und ihre Herkunft, Money trend Verlag, Wien, 2004.

3^1

Pinkelnde Rüden

Es geschieht, um das Revier zu markieren, oder als Unterwürfig-
keitsgeste gegenüber dominanten anderen Hunden. Einige junge
Hunde tun es bei jeder Art von Erregung, wenn sie geschimpft
werden genauso, wie wenn Herrchen oder Frauchen nach Hause
kommt. Begriffe und Umschreibungen gibt es zahlreiche. Manche
Besitzer sagen dazu Gassigehen, Pippimachen oder Wasserlassen.
Andere nennen es, wenn die Rüden am Laternenpfahl das Bein heben, 3^1 – also »drei hoch eins« – und beschreiben den Vorgang des
Urinierens so mathematisch.

Quellen: Küpper, Heinz: Illustriertes Lexikon der deutschen Umgangssprache, Klett,
Stuttgart 1982; Wie verstehe ich meinen Hund?, unter: welpen.de.

3,14159265...

Die Quadratur des Kreises

Es ist eines der ältesten mathematischen Probleme der Welt, dabei klingt die Aufgabenstellung so einfach: Konstruiere ein Quadrat, das den gleichen Flächeninhalt hat wie ein vorgegebener Kreis. Doch das Problem ist nicht zu lösen, eine konstante Beziehung zwischen Kreis und Quadrat konnte noch niemand herstellen. Das Einzige, was Menschen bisher gefunden haben, ist die Zahl Pi, 3,14159265 usw., eine Ziffernfolge, die hinter dem Komma nicht enden will und die keiner Regel folgt.

Dabei entspringt der Wunsch, die exakte Lösung für das Kreis-Quadrat-Problem zu finden, wohl dem urmenschlichen Forscherdrang: Kreise finden sich überall in der natürlichen Welt – als Planetenscheiben am Himmel oder kreisförmige Wellen, die sich ausbreiten, wenn ein Regentropfen ins Wasser fällt. Auf der anderen Seite steht das Quadrat mit seinen vier gleichen Seiten und seinen vier gleichen Winkeln für die Fähigkeit des Menschen, zu messen und zu berechnen. »Kein Zweifel«, fasst David Blatner zusammen, der ein ganzes Buch über die Zahl Pi geschrieben hat, »verstünden wir diese Zahl besser – könnten wir ein Muster in der Ziffernfolge erkennen oder ein profundes Verständnis dafür entwickeln, dass sie in scheinbar völlig verschiedenen Gleichungen auftaucht –, gewönnen wir tieferen Einblick in die Mathematik und die Physik unseres Universums.«

Der Erste, der nachweislich versucht hat, dem Verhältnis von Kreisumfang und seinem Durchmesser auf die Schliche zu kommen, war um 1850 v. Chr. der ägyptische Schreiber Ahmes: Wohl durch Ausprobieren kam er auf einen Wert, der Pi nur um weniger als ein Prozent verfehlte. Ganz im Gegensatz zur Bibel, in der das Kreisverhältnis an zwei Stellen dokumentiert ist, die auf den sehr seltsamen Wert 3 kommen.

Drei griechische Mathematiker entwickelten dann das Näherungsprinzip. Antiphon zeichnete zur Berechnung der Kreisfläche ein Sechseck, dessen Ecken den Kreis berührten, dann verdoppelte er die Zahl der Seiten und rechnete erneut. Bryson verfeinerte dieses Verfahren und konstruierte zu dem eingeschriebenen Vieleck ein zweites, dessen Seiten den Kreis außen berührten. Archimedes schließlich nutzte diese Methode, berechnete ein 92-seitiges Vieleck und kam auf einen Wert 3,1419 – keine drei Zehntausendstel vom richtigen Pi-Wert entfernt. Doch seine Beschäftigung mit den geometrischen Problemen des Kreises wurde ihm – der Anekdote nach – zum Verhängnis. Als seine Heimatstadt Syrakus 212 v. Chr. von den Römern eingenommen wurde, bemerkte er dies nicht, zu sehr war der größte Mathematiker und Physiker der Antike über seine Zeichnungen gebeugt. Einen römischen Legionär, der sich näherte, forderte Archimedes lapidar auf: »Störe meine Kreise nicht!« Der Soldat aber, der weder Archimedes noch Skrupel kannte, erschlug den alten Mann und ging einfach gleichmütig seiner Wege.

Von diesem Schlag erholte sich die wissenschaftliche Entwicklung im Abendland lange nicht. Während in China und Indien Mathematiker bahnbrechende Berechnungen zur Kreis-Problematik machten, kam man in Europa erst im 16. Jahrhundert weiter. Der französische Anwalt und Mathematiker François Viète errechnete mit dem Annäherungsverfahren nicht nur einen sehr genauen Wert, vor allem gelang es ihm, Pi mit Hilfe eines unendlichen Produkts zu beschreiben, d. h. mit einer immer genauer werdenden Reihe von Multiplikationen. Auch der Mathematiker Ludolph van Ceulen wollte durch Näherung Pi berechnen. Er verbrachte viele Jahre damit und rechnete mit Vielecken, die bei ihm mehr als 32 Milliarden Seiten aufwiesen. Bis zu seinem Tod im Jahr 1610 hatte er mit Zähigkeit und Geduld 35 Stellen von Pi bestimmt. Um dies zu würdigen, soll die Zahl sogar auf seinen Grabstein gemeißelt worden sein. Und noch heute wird in Deutschland ihm zu Ehren diese Zahl Pi teilweise als Ludolph'sche Zahl bezeichnet. Das Symbol π, der 16.

Buchstabe des griechischen Alphabets, hat sich erst im 18. Jahrhundert durchgesetzt.

Zu jener Zeit ging es auf der britischen Insel jedoch Schlag auf Schlag: John Wallis entwickelte eine Formel für Pi, ein unendliches rationales Produkt, das ohne Quadratwurzel auskam. Isaac Newton entdeckte die Infinitesimalrechnung und berechnete von Pi 16 Stellen nach dem Komma. Schließlich entdeckte James Gregory die Arcustangens-Reihe und damit eine sehr elegante Methode, Pi zu berechnen. Mit diesem Handwerkszeug begann eine regelrechte Jagd nach Pi-Stellen hinterm Komma. Die Zahl der berechneten Dezimalstellen wurde im 17. und 18. Jahrhundert von 72 durch William Shanks schließlich auf 707 Stellen gesteigert. Erst lange nach Shanks Tod wurde jedoch die ganze »Wahrheit« über seine Leistung bekannt: Er hatte nämlich an der 527. Stelle einen Fehler gemacht, und daher waren nachfolgend weitere 180 Stellen falsch. Um das zu ermitteln, brauchte es aber technischer Hilfe, und die hatte erst 1947 D. F. Fergusson. Mit einem mechanischen Tischrechner errechnete er 808 richtige Stellen und benötigte dafür ein Jahr.

Dann schlug die Ära der Elektronenrechner, und es entstand ein Hochgeschwindigkeitsrennen. Der ENIAC, ein Rechner-Koloss aus 19.000 Vakuumröhren und Hunderttausenden von Kondensatoren und Widerständen, der noch umständlich mit Lochkarten bedient werden musste, berechnete 1949 in 70 Stunden 1.037 Pi-Stellen. 1954 schaffte der Rechner NORC 3.089 Stellen in nur 13 Minuten. Fünf Jahre später benötigte ein IBM 704 nur 40 Sekunden für 707 Pi-Stellen, eine Genauigkeit, für die Shanks hundert Jahre früher fast sein ganzes Leben rechnen musste. Und mit jedem Jahr wurden die Rechner schneller. 1973 wurde die einmillionste Stelle hinter dem Komma ermittelt; die Ziffernfolge kann mittlerweile jeder im Internet auf der Seite pi-zahl.de betrachten.

Im Dezember 2002 errechneten zwei Wissenschaftler der Universität Tokio 1,241 Billionen Pi-Stellen; sie hatten zur Entwicklung des Programms fünf Jahre gebraucht, ihr Hitachi-Computer dann nur noch 400 Stunden. Der Franzose Fabrice Bellard verdoppelte im Frühjahr 2010 nach 131 Tagen Rechenzeit auf 2,7 Billionen, und den vorläufigen Schlusspunkt setzten Shigeru Kondo und Alexander Yee, ein japanischer Computertüftler und ein amerikanischer Informatikstudent, die nur wenige Monate später verkünden ließen, sie hätten mehr als fünf Billionen Pi-Stellen ausgerechnet.

Von direktem Nutzen für die Menschheit ist dies alles nicht. Für die praktische Arbeit braucht ein Ingenieur höchstens 7 Stellen, ein Physiker vielleicht 20. Doch die Pi-Berechnungen dienen heutzutage als Genauigkeitstest für Computer, eine Art digitales EKG. Meist wird nämlich mit zwei verschiedenen Algorithmen gerechnet, und wenn sich die Werte am Ende nicht decken, hat sich irgendwo ein Software- oder ein Hardware-Fehler eingeschlichen.

Die unsystematische Zahlenreihe blieb stets aber auch eine Herausforderung für den Menschen selbst – etwa für Gedächtniskünstler, die immer wieder versuchen, sich Pi einzuprägen. Am 20. November 2005 stellte der Chinese Chao Lu einen offiziellen Weltrekord auf, als er 67.890 Nachkommastellen fehlerfrei aufsagte und dafür einen ganzen Tag plus vier Minuten brauchte. Der Japaner Akira Haraguchi kam ein knappes Jahr später in nur 16 Stunden sogar auf 100.000 Pi-Stellen.

Normale Menschen, die zumindest mit einem Bruchteil gegenhalten wollen, bedienen sich der Hilfe von Eselsbrücken, die es in fast allen Sprachen gibt. Dabei steht die Anzahl der Buchstaben eines Wortes für jeweils eine Stelle von Pi. Im Deutschen führt uns ein Vers, der den Pi-Erfinder Archimedes rühmt, immerhin 35 Stellen hinters Komma.

Dir, o Held, o edler Philosoph,

3, 1 4 1 5 9

Du hehrer Geist, den viele Tausende bewundern,

2 6 5 3 5 8 9

Dauernd erstrahlt, was du uns beschert.

7 9 3 2 3 8

Noch klarer in Fernen wird das uns leuchten,

4 6 2 6 4 3 3 8

Was du erdacht, Erzdenker –

3 2 7 9

Stets unerschöpft, du edelster Erfinder!

5 0 2 8 8

Ob so ein Satz wirklich die Merkfähigkeit befördert, muss jeder selbst entscheiden. Nehmen Sie sich zum Lernen einfach 3,1415 Stunden Zeit.

Quellen: David Blatner: Pi – Magie einer Zahl, Rowohlt, Reinbek bei Hamburg 2000; Walter Lietzmann: Lustiges und Merkwürdiges von Zahlen und Formen, Vandenhoeck & Ruprecht, Göttingen 1923/1955; Kreiszahl, unter wikipedia.org; Ralf Hoppe: Der Pi-Mann, in: Der Spiegel vom 29.3.2010; Pi auf 5 Billionen Ziffern berechnet, in: Neue Zürcher Zeitung vom 6.8.2010; Japaner nennt Zahl Pi bis auf 100.000 Stellen nach dem Komma, in: Tagesspiegel vom 4.10.2006; Karen Schnebeck: Eigenwillige Zahlen und flammende Wellen, in: Stuttgarter Zeitung vom 19.7.2010; Pi mit 1 Million Stellen hinter dem Komma, unter pi-zahl.de.

3 × 9

Wim, Wum und eine TV-Lotterie

  Wim Thoelke verbrachte 1970 seinen Sommerurlaub gerade in Holland, als seine Tochter an einem Kiosk die Bild-Zeitung entdeckte. Das ZDF fahnde nach ihm, stand da, denn die Verantwortlichen des Senders hatten sich unlängst mit Peter Frankenfeld überworfen und dessen Sendung »Vergißmeinnicht« gekippt. Jetzt mussten eine neue Sendung und ein neuer Moderator her. Thoelke lieferte beides, das Konzept für die neue Show am Donnerstagabend und sich selbst als Moderator von »3 x 9«.

Thoelke hatte bis dahin vor allem Nachrichten und das »Aktuelle Sportstudio« moderiert, aber auch schon ein Reisequiz. Für »3 x 9« plante er nun eine »bunte Kiste«, eine Mischung aus Quiz, Talk und viel Show mit der Bigband von Max Greger und dem ZDF-Ballett. Wenn einem Zuschauer ein Element nicht gefalle, so Thoelkes Kurzweil-Credo, solle er höchstens fünf Minuten warten müssen, um etwas anderes zu sehen.

Auf Drängen der ZDF-Oberen nahm Wim Thoelke auch wieder die Lotterie zugunsten der »Aktion Sorgenkind« mit in die Sendung auf. Sogar Deutschlands berühmtester Briefträger Walter Spahrbier war erneut mit von der Partie.

Die Lotterie gab schließlich der Sendung »3 x 9« auch ihren Namen. Durch drei Glücksräder – jeweils mit den Zahlen 1 bis 9 versehen – wurde eine dreistellige Zahl ermittelt, die einen Betrag zwischen 1,11 DM und 9,99 DM ergab. Es gewann, wer zuvor genau diese Summe auf ein Konto eingezahlt hatte. Und auch die Quiz-Kandidaten wurden namensgerecht belohnt: die Vorrunden-Verlierer bekamen 3 x 9 DM, der Zweite erhielt 3 x 99 DM, und der Sieger durfte 3 x 999 DM mit nach Hause nehmen.

Die Sendung erntete anfangs deutliche Kritik, vor allem Thoelke wurde als »Mischung aus Konfirmand und Tchibo-Experte« (Stern) beschrieben, der die »Ausstrahlung eines Bernhardiners« (TV Hören und Sehen) habe. Das Publikum dagegen goutierte seine Normalität und Sachlichkeit. Im Schnitt wollten rund 25 Millionen Zuschauer den Kumpel-Typ Thoelke sehen und machten »3 x 9« zu einer der beliebtesten Sendungen des ZDF. Nicht unerheblichen Anteil an dem Erfolg hatte Wum, der von Loriot gezeichnete Hund. Gerade für Kinder war der Schlagabtausch zwischen Wim und Wum jeweils der Höhepunkt jeder »3 x 9«-Sendung. Unvergesslich auch die Auftritte des Löffel-Verbiegers Uri Geller und des singenden Bundespräsidenten Walter Scheel, der es mit dem Volkslied »Hoch auf dem gelben Wagen« anschließend sogar in die Charts schaffte. Kommerziell ausgeschlachtet wurde der Erfolg durch zahlreiche »3 x 9«-Schallplatten. Aus deren Verkauf, Lotterie und Spenden flossen der »Aktion Sorgenkind« in jener Zeit über 25 Millionen Mark zu.

Im Juni 1974 wurde »3 x 9« nach 40 Folgen durch den »Großen Preis« abgelöst, eine Sendung, die stärker auf das Quiz setzte. Die Schlussrunde der neuen Show war als Quiz-Finale konzipiert, bei dem die drei Kandidaten ihre Punkte verdoppeln konnten, wenn sie drei Fragen aus ihrem Spezialgebiet richtig beantworteten. In der ersten Ausgabe schafften das die drei Kandidaten aber nicht, sie verloren alles, worauf Rudi Carrell witzelte, die Show müsse eigentlich »3 x 0« heißen.

Quellen: Wim Thoelke: Stars, Kollegen und Ganoven. Eine Art Autobiografie, Gustav Lübbe Verlag, Bergisch Gladbach 1995; Gerd Hallenberger/Joachim Kaps (Hg.): Hätten Sie's gewusst? Die Quizsendungen und Game Shows des deutschen Fernsehens, Jonas Verlag, Marburg 1991; Ricarda Strobel und Werner Faulstich: Die deutschen Fernsehstars. Bd. 3: Stars für die ganze Familie, Göttingen, Vandenhoeck u. Ruprecht, 1998; »Drei mal Neun« und »Der Große Preis«, unter: Wikipedia.de; Wolfgang Maria Weber: 50 Jahre Deutsches Fernsehen, Battenberg, München 1999.

Four

Miles Davis und die Ideale des Lebens

 Es gibt vier wunderschöne Dinge im Leben: Wahrheit, Ehrlichkeit, Fröhlichkeit und Liebe, doch um dies den Menschen klarzumachen, dazu bedarf es der Musik.

Der Trompeter Miles Davis war vier Jahrzehnte lang an allen großen Entwicklungen des modernen Jazz beteiligt und hat sie als Solist und Komponist entscheidend mitbeeinflusst. Er spielte mit Charlie Parker Bebop, seine Platten mit dem Arrangeur Gil Evens begründeten den Cool Jazz, er spielte Hardbop, kam über die modale Spielweise mit John Coltrane zu einem freieren Jazz und machte den elektrischen Rock-Jazz salonfähig. Aus seiner Feder stammen zahlreiche Standards, die von zahllosen Jazzmusikern wieder und wieder interpretiert wurden und werden.

Am 10. März 1954 geht Miles Davis mit seinem Quartett – dem Pianisten Horace Silver, dem Bassisten Percy Heath und dem Schlagzeuger Art Blakey – ins Studio, um seine Komposition »Four« aufzunehmen. Die Komposition ist typisch für Davis' Hardbop-Phase, sie »dreht sich im ersten Teil um ein rhythmisch prägnantes Ganztonmotiv (b-c-d, dann es-f-g), während der B-Teil in einer melodischen Geste ausschwingt – mit einem einprägsamen Quintenfall in Takt 10 und 14 (bzw. 26 und 30)«, schreibt der Jazz-Kritiker Hans-Jürgen Schaal. »Four« wird erstmals auf der von Musikerkollegen sehr beachteten LP »Blue Haze« veröffentlicht. Miles Davis behält das Stück rund zehn Jahre in seinem Bühnen-Programm und macht es so populär, wovon »Four«-Aufnahmen von anderen großen Jazz-Musikern wie Stan Getz, Gene Ammons, Maynard Ferguson oder Sonny Rollins zeugen.

Vier Jahre nach der Ersteinspielung präsentierte die Sängerin Anita O'Day eine erste Vokal-Version. »Four« schien für ihre lasziv-raue Stimme und ihre überkandidelte Art wie geschaffen. Genau darauf zielte auch der Text: »There's not one boy for me, I must have two or three, I need four.« (Für mich gibt's nicht nur einen, ich muss zwei oder drei Männer haben, ich brauche vier.) 1959 veröffentlichte Jon Hendricks mit seinem Vocal-Trio eine weitere Version. Der »James Joyce des Jive« (Time-Magazin) versah viele Instrumental-Stücke mit Texten, oft so kongenial, dass später das Stück ohne die Hendricks-Lyrics nicht mehr denkbar schien. Seine »Four«-Version gerät zu einer lebensbejahenden Hymne, die vier Ideale des Lebens preist:

> Of the many facts making the list of life, truth takes the lead
> And to relax knowing the gist of life, it's truth you need
> Then the second is honor and happiness makes number
> three
> [...]
> Baby so to truth, honor and happiness, add one thing more
> Meaning only wonderful, wonderful love that'll make it four.

Miles Davis selbst spielte »Four« 1964 ein zweites Mal in ganz anderer Weise ein. Die Zahl schaffte es sogar zum Titel der Schallplatte »Four And More«. In dieser Aufnahme wiederum hörte der deutsche Kritiker und Jazz-Papst Joachim-Ernst Behrendt viel »Trauer und Resignation«, die sich »in rasenden und jagenden Tempi« tarnten. Bei »Four« wird das Eingangsmotiv abgehackt und so schnell gespielt, dass der rhythmische Swing fast ganz verschwindet. Dafür geht Miles Davis das Stück mit geballter Virtuosität und Energie an, dicht und aggressiv, die Soli in höchsten Registern, als wolle er das olympische Motto »höher, schneller, weiter« interpretieren. Folglich musste sich Davis dafür die Schmähbezeichnung »Sport-Jazz« gefallen lassen, etwa von der deutschen Gruppe Underkarl, die auf ihrer CD »Jazzessence« eine »Four«-Version vorstellt, die als sanfte Ballade ohne Soli daherkommt und damit überhaupt nicht nach Wettkampf, sondern wieder mehr nach Wahrheit, Ehrlichkeit, Fröhlichkeit und Liebe klingt.

Quellen: Hans-Jürgen Schaal: Jazz-Standards, Bärenreiter, Kassel 2001; Peter Wieß-müller: Miles Davis, Oreos, Schaftlach 1988; Peter Niklas Wilson: Miles Davis, Oreos, Waakirchen 2001; Martin Kunzler: Jazz-Lexikon, 2 Bd., Rowohlt, Reinbek bei Hamburg 1988/2000.

IIII

Die Symmetrie des Zifferblatts

 Auf den ersten Blick fällt es den wenigsten Menschen auf, wenn sie eine Uhr mit römischen Ziffern betrachten: die Zahl 4 ist meist nicht korrekt als IV dargestellt, sondern mit vier Strichen als IIII.

Hersteller wie Rolex oder Omega begründen dies heute – genauso wie schon Generationen von Uhrmachern zuvor – mit der Symmetrie. Durch die IIII werde das optische Übergewicht der großen Zahlen VII, VIII, IX und XI auf dem Zifferblatt ausgeglichen; auf der rechten und auf der linken Seite der Uhr stünden so jeweils 14 Zeichen. Darüber hinaus führen manche Pragmatiker ins Feld, dass IIII bei einer Armbanduhr von oben und unten gleichermaßen richtig gelesen werden kann, während bei der IV und VI Verwechslungsgefahr bestehe.

Doch richtig falsch ist die IIII gar nicht. Der Ursprung der Ziffern ist nämlich bei vielen Völkern ähnlich. Grundlage ist die Aneinanderreihung von Punkten, Kreisen oder – wie bei den Römern – von Strichen. Bei 4 hielten Sumerer, Ägypter oder Griechen damit ein, denn kein Mensch kann mehr als vier gleiche Symbole mit einem Blick erfassen. Ab da wurden die Symbole gruppiert, oder man verwendete für die Fünf ein anderes Zeichen. Dieses Quitärsystem geht wohl auf das Zählen mit den Fingern zurück. Auch die Römer schrieben die Zahl 4 mit vier Strichen. Bei der 5 wurde zunächst ein Querstrich dazugesetzt, daraus entwickelte sich dann das V. Für die Zehn, also für die Finger beider Hände, wurde dieses Symbol verdoppelt, es entstand das X.

Dieses additive Zahlsystem der Römer führt aber zu Problemen: die Zeichenfolgen werden sehr lang und damit unübersichtlich. Gerade um das Hintereinanderschreiben von vier gleichen Zahlen zu vermeiden, kam daher eine verkürzte Schreibweise auf, die nach der Subtraktionsregel funktioniert. Die I wurde der V vorangestellt, um ihren Wert 1 von dem Wert 5 abzuziehen. So entstand die IV. Doch erst im späten Mittelalter wandte man dieses Subtraktionsprinzip konsequent an, im römischen Alltag setzte sich die Regel nicht durch. Stand doch IV im Lateinischen für die Buchstaben JU, und das wiederum war der Anfang des Namens Jupiters, des höchsten Gottes. Die Zahlenreihe 1, 2, 3, Gott, 5 … wäre also reine Blasphemie gewesen.

Eigentlich hatte das monotheistische Abendland mit der IV keine Schwierigkeiten, und doch konnte sie sich auf Uhren nicht behaupten. Etwa 90 Prozent aller Zeitmesser mit römischen Ziffern zeigen die IIII, moderne Taschenuhren genauso wie alte Turmuhren. An ästhetischem Empfinden liegt das aber nicht allein. So soll der französische König Charles V. im 14. Jahrhundert einen Uhrmacher beauftragt haben, eine Uhr für einen Kirchturm zu entwerfen. Als dieser ihm ein Zifferblatt mit einer IV präsentierte und auch noch begründete, warum dies die richtige Schreibweise sei, wurde der Handwerker schwer gerügt. »Ich irre nie«, soll der König gerufen und sofort per Dekret verfügt haben, dass IIII »die einzig richtige Schreibweise« sei.

Dekret oder Symmetrie, falsche oder richtige Schreibweise – nicht selten gingen die Uhrmacher dieser Entscheidung aus dem Weg. In den Uhrenmuseen sind zahlreiche Beispiele dafür zu sehen: Wand- und Standuhren, die genau an der Stelle der problematischen 4 das Aufzugsloch platziert haben. Oder es wurden auf dem Zifferblatt einfach nur die ungeraden Zahlen abgebildet und die geraden Zahlen durch Striche oder Punkte ersetzt. Selbst moderne Armbanduhren weichen der IIII-IV-Entscheidung aus und haben – wie zufällig – genau an dieser Position die Datumsanzeige.

Quellen: Wolfgang Hoffmann: Ist es IIII Uhr oder IV Uhr?, unter: meister-grundmann.de; Georges Ifrah: Universalgeschichte der Zahlen, Campus, Frankfurt/New York 1986.

4:20

Das Ende des Essens

Die 4:20 brachte dem Pokerprofi Sebastian Langrock aus München Glück, wenn auch nicht am Poker-Tisch. Bei »Wer wird Millionär?« stellte ihm Günther Jauch die Abschlussfrage: »Wer sollte sich mit der ›20 nach 4‹-Stellung auskennen?«, und noch ehe der Showmaster die vier Antwortmöglichkeiten präsentieren konnte, gab Langrock die richtige Antwort. Dass weder der Karatemeister, der Fahrlehrer noch der Landschaftsarchitekt, sondern der Kellner die 4:20 richtig interpretieren sollte, wusste Langrock aus einem Buch über unnützes Wissen, das er glücklicherweise kurz vor der Show gelesen hatte. Dabei hatte Sebastian Langrock selbst einmal aushilfsweise als Ober gearbeitet. Die 4:20 war an diesem Abend somit eine Million Euro wert.

Auch für einen Kellner ist es durchaus wertvoll und nützlich, über die 4:20 Bescheid zu wissen. Legt ein Gast am Ende eines Gangs Messer und Gabel parallel zueinander ab, sodass die Griffe nach rechts unten zu ihm zeigen, signalisiert er damit, dass er fertiggegessen hat und der Kellner nun abräumen darf. Die Konvention bei Tisch nutzt die Lage von Messer und Gabel auf dem Teller wie die Zeiger einer Uhr. Auch wenn es grundsätzlich keinen inhaltlichen Zusammenhang zwischen der jeweiligen Zahl bzw. Uhrzeit gibt, ist die 4:20-Uhr-Stellung der bekannteste und auch eindeutigste unter den Besteck-Codes.

Das genaue Gegenteil drückt die 8:20 aus. Liegt die Gabel auf 8:00 Uhr und das Messer auf 4:00 Uhr und sie bilden zusammen ein umgekehrtes V, dann ist dies ein klares Signal an das Servicepersonal, dass der Gast beim Essen nur eine Pause einlegt und sein Gedeck noch stehen bleiben soll.

So weit, so konventionalisiert, auch wenn der Besteck-Code nicht im Knigge steht. Die beiden anderen bedeutungsvollen Uhrzeiten auf dem Teller sind hingegen eher umstritten: Analog zur 4:20 wird bei der 5-nach-halb-7-Stellung signalisiert, dass abgeräumt werden kann, denn Messer und Gabel liegen parallel und mit Griff zum Gast. Aber damit nicht genug: Darüber hinaus will der Lokalbesucher nach seinem Mahl aber ein Kompliment an die Küche zum Ausdruck bringen, das der Kellner an den Küchenchef weiterleiten soll.

Wiederum das Gegenteil dazu ist die 7:40. Bei dieser 20-vor-8-Stellung treffen Messerklinge und Gabelzinken in der Tellermitte aufeinander und sollen symbolisieren, dass es dem Gast nicht geschmeckt hat. Doch eine so gravierende Aussage über das Besteck zu kommunizieren, halten die meisten Benimmlehrer für arrogant und verweisen den 7:40-Besteck-Code ins Reich der Kniggemärchen.

Von nicht nur symbolischer, sondern ganz praktischer Bedeutung sind indes die Uhrzeiten auf dem Teller für Sehbehinderte. Wenn das Auge nicht mitisst, muss die Lage der Speisen eindeutig beschrieben werden, dazu bedienen sich Pflegekräfte und geschulte Kellner ebenfalls der Uhrzeiten als Koordinaten und sagen zum Beispiel explizit an: »Ihr Schnitzel liegt auf 8 Uhr.«

Quellen: Sieger bei »Wer wird Millionär?«: Zocker, Single, Millionär, unter stern.
de; Claudia Becker: »20 nach 4« – Die Stellung für »Ich bin fertig«, unter: welt.de
vom 12.3.2013; Wie man mit Messer und Gabel spricht, unter: presseportal.de vom
2.5.2013; Knigge-Märchen III: Besteck auf »20 vor 8« = Es hat nicht geschmeckt, unter: elitepartner.de; Dunkelrestaurant. Die Idee dahinter, unter: unsicht-bar-berlin.de.

4′33″

Cages musikalisches Schweigen

 In jeder Epoche wollten Komponisten etwas schaffen, das so noch nie gehört wurde. Der Schaffensprozess stellte zugleich die Überwindung bisheriger Hörgewohnheiten dar. Fast zwangsläufig führt eine solche musikalische Entwicklung irgendwann dazu, jegliche kompositorischen Regeln in Frage zu stellen. Melodik, Harmonik, Rhythmik, Instrumentierung – alles kann verändert werden. Was aber bleibt von Musik, wenn man all diese Bestandteile weglässt und dem Publikum ein »Schweigenhören« abfordert? Genau dies macht der amerikanische Komponist John Cage mit seinem Stück 4′33″, dem vielleicht radikalsten Stück der Musikgeschichte.

4′33″ wird am 29. August 1952 in der Maverick Concert Hall von Woodstock uraufgeführt, einer Kleinstadt im Staat New York. Das Publikum erwartet die übliche Avantgardemusik, schräge, ungewohnte Töne, atonal, technisch kompliziert, aber auf Stille ist es nicht vorbereitet. Da die Satzlängen in der Partitur nicht vorgegeben waren, hat sie der Pianist David Tudor vor der Aufführung durch Zufall bestimmt und die Zeiten 33″, 2′40″ und 1′20″ erwürfelt. Jetzt markiert er den Beginn des Stücks durch das Schließen des Klavierdeckels, und es bleibt still im Saal. Zwischen den Teilen hebt er den Deckel jeweils kurz an. Wer genau hinhört, kann während des ersten Satzes draußen den Wind heulen hören. Während des zweiten Satzes prasselt Regen auf das Dach. Während des dritten Satzes wird das Publikum unruhig und macht selbst Geräusche, einige unterhalten sich murmelnd, andere gehen hinaus. Nach dem Ende von 4′33″ tritt Cage selbst zu Tudor auf die Bühne, und es kommt zu einer teilweise sehr heftigen Diskussion mit dem Publikum. Manche Zuhörer geraten über die Darbietung richtig in Wut, die in dem Ausbruch eines Künstlers aus Woodstock gipfelt: »Lasst uns diese Leute aus der Stadt treiben.«

John Cage gehörte schon damals seit vielen Jahren zur musikalischen Avantgarde, stets auf der Suche nach neuen Klängen. Er hatte Stücke für Klavier geschrieben, dessen Saiten mit Radiergummis, Nägeln oder Papier präpariert waren. In anderen Kompositionen kamen neben Gongs und Marimbas auch Radios, Plattenspieler oder Tonfrequenzgeneratoren zum Einsatz. Die Idee zu dem stillen Stück entsprang vor allem Cages Beschäftigung mit ostasiatischer Religion. Am Hinduismus faszinierte ihn die Theorie der neun Grundemotionen, von denen die Emotion »Ruhe« als farblos gilt und genau zwischen den vier schwarzen und den vier weißen Emotionen angesiedelt ist. Am Buddhismus interessierte ihn die Frage, wie man menschlichem Leiden begegnen kann, das durch emotionalen Durst entsteht. Cage folgerte daraus, dass »Stille im Wesentlichen das Aufgeben jeglicher Absicht« sei, eine Leere, die nichts ausschloss und niemanden diskriminierte.

Dass er das theoretisch schon Jahre vorher formulierte Konzept der Stille in dem Stück 4′33″ umsetzte, geht auf Cages Begegnung mit der Malerei des amerikanischen Künstlers Robert Rauschenberg zurück. Dessen sieben monochrom weiße Bilder, mit denen Rauschenberg die Auslöschung der Kunst und die Entstehung von Stille thematisierte, empfand Cage als Erleuchtung, weil die Leinwand nie leer blieb, sie war »Landebahn für Staubpartikel und das, was in ihrer Umgebung Schatten wirft«. In Musik übertragen wurde das Weiß zur Stille, die Tönen und Klängen eine Art Eigenrecht verschaffte. Pausen in Musikstücken verstand Cage als Freiraum, als offene musikalische Türen, durch die Geräusche der Umwelt eindringen konnten. So wie Weiß die Summe aller Farben war, war Stille nicht wirklich Stille. Für diejenigen, die ein Ohr dafür hatten, gab es immer etwas zu hören.

In 4′33″ wird die Stille in der Struktur klassischer europäischer Bildungsmusik organisiert. Die später gedruckte Partitur vermerkt nur die Satznummern und jeweils das lateinische Wort für »es schweigt«.

I

TACET

II

TACET

III

TACET

Zur Besetzung notierte Cage, 4′33″ könne von jedem Instrument oder jeder Kombination von Instrumenten ausgeführt werden. Als Länge der einzelnen Sätze weist die gedruckte Partitur die Zeiten der Uraufführung aus, eine anderes Manuskript nennt hingegen 30″, 2′23″ und 1′40″. Für Cage sind im Grunde alle diese Angaben variabel, d. h., die Gesamtlänge kann sich ändern und damit auch der Titel des ganzen Stücks.

Seit dieser spektakulären Uraufführung diskutieren Musiktheoretiker die Fragen, ob 4′33″ eigentlich noch Musik genannt werden könne und wie Musik überhaupt noch zu definieren sei. Sicher ist, dass das Stück mit seiner radikalen Klang-Verweigerung sich jeder bekannten Klassifizierung entzieht. Mehrfach wurde 4′33″ als Inbegriff der Konzept-Kunst bezeichnet, doch diese Einordnung widerspricht der Kunstauffassung Cages, dem es nie um Verschlüsselung eines theoretischen Gedankens ging, sondern immer um die konkrete Erfahrung, die für die Dauer des Stücks sowohl vom Künstler als auch dem Zuhörer gelebt wird. In 4′33″ gehe es darum, so die Musikwissenschaftlerin Doris Kösterke, in einer vorgegebenen Zeitspanne die von der Stille erzeugte innere Ruhe »durchzuhalten und zu akzeptieren, was immer geschieht, ob man es mag oder nicht«.

Zehn Jahre später verblüffte Cage die Menschen erneut und ging noch einen Schritt weiter: Er veröffentlichte das Stück 0′00″, das er alternativ auch 4′33″ (Nr. 2) nannte. Das Stück konnte von jedermann ausgeführt werden, und die Partitur bestand nur aus einem Satz: »In a situation provided with maximum amplification (no feedback), perform a disciplined action.« Man sollte also eine disziplinierte Aktion mit einem Maximum an elektronischer Verstärkung ausführen. Ging es bei dem ersten Werk noch ausschließlich um Rezeption, um die akustische Wahrnehmung der Welt, fordert diese Weiterentwicklung nun das Tätigwerden, die bewusste Handlung. Das Ganze wirkt wie die Anleitung zu einer Übung des Zen-Buddhismus.

Obwohl 4′33″ vor allem ein Erleben des Moments ist, wurde das Stück bislang auf mehr als 50 Tonträgern veröffentlicht. Eine Konzertaufnahme mit dem BBC Symphony Orchestra von 2004 wurde sogar live im Radio übertragen. Um das zu realisieren, musste der Sender allerdings zuvor mehrere Warnsysteme abschalten, die normalerweise bei einem Programmausfall greifen. Sechs Jahre später war 4′33″ auch in der Harald-Schmidt-Show zu sehen und zu hören, wobei Schmidt das Cage-Werk gemeinsam mit Helge Schneider vierhändig still spielte. Viel Lärm um 4′33″ machte dagegen 2010 die Kampagne »Cage against the Machine«. Um zu verhindern, dass der Gewinner einer Castingshow den ersten Platz in den britischen Weihnachtscharts erklimmt, wurde über soziale Netzwerke dazu aufgerufen, eine neu eingespielte Version des Stücks zu kaufen. Mit Avantgardemusik gegen Konfektionspop. Der Verkaufserlös ging an soziale Projekte, und der Cage-Song schaffte immerhin Platz 21 der Charts.

Über die kulturpolitische Idee dieser Aktion hätte sich John Cage zu Lebzeiten wohl gefreut, auch wenn er seine stille Arbeit nie als Gag verstanden wissen wollte. Er glaubte vielmehr, dass 4′33″ von nur sehr wenigen Leuten wirklich verstanden worden sei. Als Beleg zog er die zahlreichen inkorrekten Titel heran, die dem Werk von Rezensenten und Musikkritikern gegeben worden waren: Als 1′33″ und 4′55″ wurde es bezeichnet, der Komponisten-Kollege Henry Cowell hatte es 4′36″ betitelt, und sogar ein späterer Mitarbeiter von Cage benannte es falsch, nämlich 4′44″. Doch Cage musste auch eingestehen, dass er bei der Benennung des Stücks nicht ganz sauber gearbeitet hatte. Ist 4′33″ doch nur die Summe der Längenangaben der drei Teile; die ebenfalls stillen Pausen zwischen den Sätzen sind nicht berücksichtigt. Lachend soll der Komponist in späteren Jahren gesagt haben: »Ich weiß, es klingt absurd, aber es kann sein, dass ich einen Fehler beim Zusammenzählen gemacht habe.«

Quellen: David Revill: Tosende Stille. Eine John-Cage-Biographie, List Verlag München/Leipzig, 1992; Martin Erdmann: Untersuchungen zum Gesamtwerk von John Cage, Dissertation, Universität Bonn, 1993; Doris Kösterke: Kunst als Zeitkritik und Lebensmodell. Aspekte des musikalischen Denkens bei John Cage (1912-1992), S. Roderer Verlag, Regensburg, 1996; 4:33 Minuten Stille, in: die tageszeitung vom 23.12.2010; Hans-Joachim Müller: Bei der Schöpfung ist keiner nur Zuschauer, in: Die Welt vom 5.9.2012; Jutta Rinas: Revolutionär der Stille / Cage im Konzert, in: Hannoversche Allgemeine Zeitung vom 5.9.2012; Jochen Meißner: Subversiv, kritisch und aufregend, in: Funk-Korrespondenz vom 7.9.2012.

5

Synästhesie: Bescheidenes Grün

Die Zahl 5 ist für Gisela Rudolph schon immer grün. Es ist ein Mittelgrün, das »bescheiden« und »unbefangen« wirkt. Gisela Rudolph fühlt sich von dieser farbigen 5 nicht bedrängt, was sie nicht von allen Zahlen sagen kann. Zum Beispiel die 9, die ist auch grün, aber tiefgrün. Die 9 ist »streng«, schreibt Gisela Rudolph. »Ich sehe sie mir immer nur möglichst kurz an, obwohl sie mir nicht unsympathisch ist.« Ganz und gar abstoßend ist dagegen das Schokoladenbraun der 6.

Gisela Rudolph ist Synästhetikerin, in ihrem Gehirn löst ein Sinnesreiz die Wahrnehmung von weiteren Sinneswahrnehmungen aus. Synästhesie wird daher auch »Vermischung der Sinne« genannt. Manche Forscher schätzen, dass bis zu vier Prozent der Menschen Synästhetiker sind; Frauen deutlich häufiger als Männer. Da Synästhesie gehäuft in Familien auftritt, geht man von einer genetischen Disposition aus. Doch wie genau die zusätzliche Sinneswahrnehmung im Gehirn entsteht, ist noch nicht eindeutig geklärt.

Es gibt verschiedene Arten von Synästhesie, z. B. das sogenannte Farbenhören. Dabei lösen Musik, Stimmen oder Geräusche zugleich eine Wahrnehmung von Farben und Formen aus. Zu dem Gehörten läuft bei Synästhetikern auf einer Art innerem Monitor eine Projektion ab, ein Film aus farbigen Strukturen, Kugeln oder langgestreckten Gebilden. Andere Synästhetiker nehmen Gerüche oder Geschmackseindrücke als Farben wahr. Die häufigste Form der Synästhesien beruht – wie bei Gisela Rudolph – auf sprachlichen Codes: Buchstaben oder Wörter wie Wochen- und Monatstage haben eine ganz bestimmte Farbe, genauso wie die Zahlen.

Die Zuordnung ist bei einem Synästhetiker dabei ein Leben lang gleich. Für Gisela Rudolph ist die 1 weiß, die 2 blaugrau, die 3 rot, die 4 gelb, die 5 grün, die 6 braun, die 7 weiß, die 8 blaugrau, die 9 grün, und die 10 ist wieder weiß. Diese Farben-Zahlen-Zuordnung war ihr so selbstverständlich, dass sie erst als Jugendliche allmählich begriff, »dass ich mit meinen Farben allein war«, weil andere Menschen Zahlen nicht so wahrnehmen. Dabei hatte die »Eigenart« durchaus Vorteile, Kopfrechnen fiel ihr dank der farblichen Unterstützung leicht, das kleine 1x1 wurde aufgrund der schnellen Farbenwechsel sogar zu einem Genuss.

Vertrackt werden die Farb-Zahlen-Beziehungen von Synästhetikern im zwei- und mehrstelligen Bereich. Dazu kommt bei Gisela Rudolph, dass sie jede Zahl als »Charakter« empfindet, der wirkt »auf mich in unterschiedlicher und in unabänderlicher Weise, der ich mich nicht entziehen kann«:

Das Goldgelb der 4 wirkt warm und kraftvoll heiter. Es ist stimulierend und bei der 44 noch intensiver. Die 44 ist daher Gisela Rudolphs Lieblingszahl. Bei noch mehr 4ern, also bei 444 oder 4444 schwächt sich das Goldgelb aber wieder ab, die Farbzahlen werden unbedeutender.

Die 1 in ihrem klaren Weiß ist distanziert. Die 0 ist auch weiß, flimmert aber stärker und ist gläsern. Wird sie an eine andere Zahl angehängt, nimmt sie deren Farbe an. Bei der 5.000 sind also alle Ziffern gleich grün.

Die rote 3 steigert dagegen ihre Farbintensität, wenn sie in Zahlenkombinationen an erster Stelle steht.

Die blaugraue 2 verfärbt sich an der ersten Stelle dagegen schwarz und wird »unangenehm«.

Nicht nur die 6 ist in abstoßendem Braun, sondern auch der Donnerstag und der Mai, deshalb war Donnerstag, der 6. Mai 66, für Gisela Rudolph »das unangenehmste Datum, das es überhaupt jemals hätte geben können«. Doch der Tag war glücklicherweise ein goldgelber Sonntag.

Bei einem braunen Klecks allein empfindet Gisela Rudolph hingegen nichts. Das Gefühl ist bei ihr wie bei den meisten betroffenen Menschen an die Zahl gebunden. Die Synästhesie ist unidirektional, d. h. sie funktioniert nur in die eine Richtung. Auch entspringen die Zahlen-Farb-Zuordnungen keinem nachvollziehbaren oder gar logischen System. Schließlich sind sie individuell, das heißt, jeder Synästhetiker sieht andere Farbzahlen. Sie zu beschreiben oder gar zu malen fällt ihnen meist schwer, denn der Farbeindruck hat auch etwas Stoffliches oder Räumliches, der sich auf keiner Farbtabelle finden lässt.

Sich gegen den Farbwert der Zahlen zu wehren, funktioniert nicht, wie Gisela Rudolph bei einem »Experiment« erfahren musste. Sie versuchte eines Morgens mit geschlossenen Augen ihre mittelgrüne 5 gelb werden zu lassen. Das Ergebnis war beängstigend: »Sofort bekam ich starkes Herzklopfen und mir wurde schlecht! Trotzdem versuchte ich es weiter, und es entstand eine große, breite 5. Sie war grün-gelb gefleckt, wobei das Gelb schwarz umrandet war. Ich empfand sie als unerträglich garstig! Sie flimmerte ›wie wild‹.« Gisela Rudolph brauchte an diesem Tag viele Stunden, um die unangenehm gefleckte 5 wieder loszuwerden, während die richtige – die grüne – 5 die ganze Zeit sympathisch und bescheiden im Hintergrund blieb.

Quellen: Hinderk M. Emrich/Udo Schneider/Markus Zedler: Welche Farbe hat der Montag? Synästhesie: Das Leben mit verknüpften Sinnen, Hirzel, Stuttgart/Leipzig 2002, darin vor allem: Gisela Rudolph: Farben leben in mir, S. 89-83; Synästhesie, unter: wikipedia.org; John Harrison: Wenn Töne Farben haben, Springer-Verlag, Heidelberg 2007.

5

Respektvolles Abklatschen

Der Aufforderung »Give me five!« oder slang-verkürzt »Gimme five!« sollte man unbedingt nachkommen. Das dazugehörende Ritual ist ekstatisch und eine der ansteckendsten Gesten des Sports. Im Grunde ist die »Five« ein Abklatschen, ein Aneinanderschlagen der flachen Hand mit allen fünf Fingern. Auf diese Weise zollt man dem anderen Respekt, oder man gratuliert ihm. Die Five und vor allem die »High five« ist ein Zeichen großer Anerkennung.

Über die Entstehung der Geste des »High five« gibt es verschiedene Versionen, der amerikanische Basketball-Superstar Magic Johnson hat die Erfindung für sich beansprucht, andere sehen den Ursprung in den 1960er-Jahren im Frauen-Volleyball. Einer wahrscheinlicheren Variante nach kam es erstmals am 2. Oktober 1977 dazu: Im letzten Spiel der Baseballsaison vor den Play Offs gelang den Los Angeles Dodgers ein besonderer Triumph. Der junge Spieler Dusty Baker schaffte als Vierter seines Teams seinen 30. Home Run der Saison – das gab es bisher noch nie. Voll wilder Begeisterung lief Baker auf seinen Mannschaftskollegen Glenn Burke zu, einen Koloss von Mann, den alle nur »King Kong« nannten. Burke reckte instinktiv seine Hand über den Kopf und schlug nach vorne, Baker hielt dagegen, die Hände klatschten aneinander, und die »High Five« war geboren.

Burke war einer der wenigen Sportler, die sich nach der Sport-Karriere offen zu ihrer Homosexualität bekannten, und er klatschte später auch gerne in San Francisco seine schwulen Freunde mit »High five« ab. Die homophobe Sportwelt sah das nicht gerne. Vielleicht ist das ein Grund, weswegen auch eine andere Entstehungsgeschichte erzählt wird. Danach stammt »High five« aus dem Training der Basketballmannschaft der Louisville Cardinals während der Saison 1978/79: Als der Angreifer Wiley Brown seinen Mitspieler Derek Smith »Low five« abklatschen will, ruft dieser spontan aus: »No. Up high!« Da das Team bekannt war für seine Dunks, wobei der Ball direkt in den Korb gelegt wird, verstand Brown sofort, worauf die Aufforderung hinauslief, und beide Spieler sprangen zur High-five-Premiere hoch. Die Geste wurde Standard, wobei Brown sie immer mit der linken Hand realisierte, weil ihm als Kind der rechte Daumen amputiert worden war.

»High five« machte auch in anderen Sportarten bald Schule, und das kanadische Sportmagazin »McIans« freute sich, dass die Sportler endlich Emotionen zeigten und auf dem Spielfeld nicht mehr nur herumstanden und sich die Hände schüttelten wie eine Gruppe Rotarier nach dem diensttäglichen Mittagessen.

Es gibt übrigens noch weitere 5-Varianten:

Bei »Low five« streckt ein Partner die flache Hand etwa auf Bauchhöhe vor sich aus, und der andere schlägt von oben nach unten ein. Diese Geste ist wesentlich älter als »high five« und unter den US-amerikanischen Schwarzen wohl seit den 1920er-Jahren verbreitet, zumindest beschreibt dies der Sänger Cab Calloway so. In dem Film »The Jazz Singer« von 1927 kann man den Broadway-Star Al Jolson bei so einem Abklatschen bewundern.

Egomane Zeitgenossen pflegen die Kunst des »Self high five«, indem sie die rechte Hand heben und sich selbst mit der linken abklatschen, eine Geste, die der türkische Künstler Deniz Ozuygur durch einen von ihm gebauten Roboter als »Self High-five Machine« persiflierte.

Bei »Air five« berühren sich die Hände nicht, sondern werden auf Sichtweite gehoben, und das Abklatschen wird nur angedeutet. Diese 5 aus der Ferne wird auch »wifive« genannt, eine Zusammenziehung von »wifi« und »five«.

Mit »Too slow five« wiederum wird der Partner reingelegt, indem man erst »Five high« ruft und oben abschlägt, dann »Five low« ruft, und wenn der andere unten abschlagen will, die eigene Hand wegzieht, sodass der Partner ins Leere schlägt und »too slow« zu hören bekommt. Dieser Gag brachte es dank Arnold Schwarzenegger in »Terminator 2« zu Filmehren.

Vielleicht lässt sich »High five« in allen Varianten als eine für ganz Amerika idealtypische Geste beschreiben, denn sogar eine Initiative für einen »National High Five Day« jeweils am dritten Donnerstag im April wurde gestartet. Die Schwester des Baseballspielers Glenn Burke, sichtlich stolz darauf, dass die Erfindung ihres Bruders den wirklich großen und schönen Ereignissen folgt, nennt das Phänomen schlicht: »The high five of life.«

Quellen: Jon Mooallem: The history and mystery of the high five, unter: espn. go.com; High five, unter: wikipedia.org; Tom: 6000 Touché, Lappan, Oldenburg, o.J.

№ 5

Das schnörkelfreie Parfum der Coco Chanel

»Eine Frau, die kein Parfum trägt, hat keine Zukunft«, sagte Coco Chanel häufig und machte sich damit ein Zitat des Schriftstellers Paul Valéry zu eigen. Zehn Jahre, nachdem sie ihren ersten Modesalon eröffnet und durch ihre schnörkelfreien Entwürfe die Modewelt revolutioniert hatte, setzte sie 1921 diesen Satz in die Tat um. Sie tat sich mit dem Parfumeur Ernest Beaux zusammen und entwickelte das wohl bekannteste Parfum der Welt: Chanel N° 5.

Bis dahin hatten die Damen von Welt eher den Duft einer einzigen Blume gewählt und sich Rose hinters Ohr, Veilchen ans Handgelenk oder Lavendel in den Ausschnitt getupft. Coco Chanel brach mit dieser Tradition der Blumendüfte, und in Beaux, der als einer der ersten Parfumeure die Bedeutung synthetischer Düfte erkannte, fand sie einen kongenialen Partner. In seinem Labor in Grasse schlug sie ihm ausgefallene Kombinationen vor, u. a. Jasmin, bulgarische Rose, Moschus aus Indochina und Magnolie. »Ich will eine Komposition«, soll sie gesagt haben. »Es ist paradox. Ein natürlicher Blumenduft wirkt an einer Frau künstlich. Vielleicht muss ein natürlich riechendes Parfum künstlich geschaffen werden.« Beaux wiederum ließ Chanel Benzylacetat schnuppern, ein Produkt aus Kohlenteer, das aber nach Jasmin duftet und in der Mischung mit dem natürlichen Duft des Blütenextrakts dessen Wirkung verstärkt. Nach mehreren Tagen gemeinsamer Arbeit reduzierte Beaux die Auswahl der Düfte auf sieben oder acht nummerierte Teströhrchen – manche erzählen, es seien zehn Kombinationen gewesen. Coco Chanel roch an einer nach der anderen, verglich sie miteinander und entschied sich schließlich für »ein Parfum völlig anders als alles Bisherige. Ein Parfum für Frauen, das nach Frauen riecht, den Gedanken an Frauen heraufbeschwört.« Es war die N° 5.

Ursprünglich sollte der Duft »L'Eau de Chanel« heißen. Darüber, wie es zu dem schlichten »N° 5« kam, gibt es verschiedene Legenden, die Coco Chanel zum Teil selbst in Umlauf brachte, weil der Parfumverkauf durch solche Geschichten angeregt wird. So heißt es mal, der 5. sei Cocos Geburtstag gewesen, der aber in Wirklichkeit auf einen 19. (August) fiel. Mal soll sie von Beaux nach dem Namen des Duftes gefragt worden sein und geantwortet haben: »Ich lanciere diese Kollektion am fünften Tag des fünften Monats, die Fünf scheint mir Glück zu bringen.«

Auf jeden Fall passte die N° 5 exakt zum Image des Hauses Chanel und stand in deutlichem Gegensatz zu den beziehungsvollen, blumigen Namen, die Parfums bis dahin bekamen. Dazu kam der glänzende Einfall des eckigen Flakons mit seinem schlichten Etikett und der schnörkellosen Schrift. Er erinnerte mehr an eine Apothekerflasche als an die zierlichen Fläschchen der traditionellen Parfumeure.

Die Flasche von N° 5 blieb bis heute fast unverändert und wurde zu einem unverwechselbaren Motiv der Anzeigen. Bereits in den 1920er-Jahren warb Chanel allein mit monumentalen Darstellungen des Flakons und setzte ganz auf die Wirkung der Reflexionen von Flüssigkeit und Glas. 1985 wurde die Flasche sogar von Andy Warhol geadelt, als er sie in der Reihe »Ads« gemeinsam mit weiteren Ikonen der amerikanischen Werbewelt »porträtierte«. Das Haus Chanel erwarb später die Rechte an diesen Siebdrucken und verwendete sie wiederum in eigenen Anzeigen für N° 5.

In den 1960er-Jahren entwickelte Chanel für seine N° 5 eine neue Werbestrategie mit Stars des Hollywoodkinos. Eindrucksvolle Porträtfotos lenkten den Blick auf das eher am Rand platzierte Flakon, Catherine Deneuve war unter den Models, Nicole Kidman, Carole Bouquet und – vor allem – Marilyn Monroe. Von ihr stammt der wohl bekannteste Satz, der jemals über ein Parfum fiel. Auf die Frage, was sie denn nachts trage, antwortete das Sex-Symbol schlagfertig: »Natürlich Chanel N° 5.«

Quellen: Axel Madsen: Chanel. Die Geschichte einer emanzipierten Frau, Kabel, Hamburg 1990; Jürgen Döring (Hg.): Parfum. Ästhetik und Verführung, Prestel, München 2005.

5-0

Populäre Polizisten im Pazifik

Man nennt sie in Frankreich »Flic«, bei den Griechen »Batsi« oder »Fruco« in der Türkei. Für Polizisten gibt es zahlreiche Ausdrücke, selten freundlich wie in England »Bobby«, oft abwertend wie bei uns »Bulle« oder »Schnüffler«. In den USA werden sie »Cop«, »Johnny

Law«, »Pig« oder einfach »5-0« genannt. Mit den beiden Zahlen »Five-O« warnt etwa der Schmiere Stehende seine Kumpane vor der heranrückenden Polizei.

Der Name leitet sich weder – wie in Internet-Foren vermutet wird – von der minderen Intelligenz der Bewerber ab (»to match the required IQ needed to become a cop«), noch von der geringen Effektivität der Polizisten aufgrund ihres übermäßigen Backwaren-Verzehrs (»Five doughnuts in, nothing of value out.«). Der Ausdruck war ursprünglich positiv besetzt und geht auf eine der populärsten Polizei-Serien des Fernsehens zurück: auf »Hawaii 5-0«.

Darin bekämpft Detektive Steve McGarrett auf dem Pazifik-Archipel das Verbrechen, doch nicht gewöhnliche Morde, sondern Spionage, politische Attentate und organisierte Kriminalität. McGarrett führt eine Spezialeinheit an, die nur dem Gouverneur untersteht, und weil Hawaii der fünfzigste Staat der USA ist, heißt die Einheit und zugleich die TV-Serie »5-0«.

Gedreht wurde mit kräftiger Unterstützung des Bundesstaats an Originalschauplätzen, selbst das echte Büro des Gouverneurs war Drehort. Die amerikanischen Zuschauer waren begeistert, sicher wegen der traumhaften Kulisse von Hawaii, vielleicht auch wegen der schmissigen und einprägsamen Titelmusik, bestimmt aber auch wegen des smarten Jack Lords, der durchgängig in den 281 Folgen die Hauptrolle spielte. Gedreht und gesendet von 1968 bis 1980, wurde »Hawaii Five-O« auf Jahre hinaus zur langlebigsten Fernsehserie der USA und schließlich umgangssprachlich zum Synonym für die Polizei.

Quellen: List of slang terms for police officers, unter: wikipedia.org; Why is a cop called a 5-O, unter: answers.yahoo.com; Hawaii 5-0, in: Michael Reufsteck/Stefan Niggemeier (Hg.): Das Fernsehlexikon, Goldmann, München 2005; Hawaii Five-O Home Page, unter: mjq.net/fiveo.

5 à 7

Französische Feierabendaffäre

Dass der Franzose als guter Liebhaber gilt, ist ein Mythos, zu dem auch eine nüchtern wirkende Zahlenkombination beigetragen hat: das 5 à 7. Im französisch sprechenden Quebec steht die Redewendung »cinq à sept« noch für die Zeit am Nachmittag, in der man sich mit Freunden oder Kollegen trifft, um vor dem Theater oder Kino schon einen Cocktail zu trinken oder eine Kleinigkeit zu essen. Eine harmlose Zusammenkunft, auch um dem Feierabendverkehr zu entgehen. Ganz anders in Frankreich selbst, hier steht der Ausdruck »5 à 7« für eine außereheliche Liebesbeziehung, die vornehmlich zwischen Feierabend und Familienidylle gepflegt wird. Der Fotograf Helmut Newton hat die Funktionsweise dieses »guten alten Pariser Brauches« am besten beschrieben: »Der Mann verließ das Büro um fünf Uhr und hatte bis sieben Uhr ein galantes Rendezvous. Dann fuhr Monsieur heim zu Frau und Kindern, zu Apéritif und Abendessen. Ein perfektes, typisch französisches Arrangement.«

Das romantische und zugleich verbotene 5 à 7 hat vielfach die Fantasie beflügelt und mündet fast zwangsläufig in den Plot eines Kriminalromans. André-Paul Duchâteau erhielt für »De cinq à sept avec la mort« (auf Deutsch: »Mord in der blauen Stunde«) den »Großen Preis der französischen Kriminalliteratur«. Den Tod vor Augen hat auch die junge Sängerin Cleo, wenn sie zwei Stunden lang auf eine ärztliche Diagnose wartet und währenddessen durch Paris streift. Die Filmregisseurin Agnès Varda schuf mit »Cléo de cinq à sept« (deutscher Titel: »Mittwoch zwischen 5 und 7«) einen Klassiker des Nouvelle-Vague-Kinos, bei dem die bedeutungsvolle Uhrzeit für einen Zustand zwischen Leben und Tod steht. Ungewissheit, Angst, Melancholie wechseln sich ab mit Liebe, Heiterkeit und Nähe – ein Gefühlscocktail an einem ganz normalen Nachmittag.

Doch normal ist das »5 à 7« mittlerweile nicht mehr, beklagte zumindest Helmut Newton, da es »inzwischen durch den grauenhaften Pariser Straßenverkehr um diese Tageszeit unmöglich geworden ist.«

Quellen: Amandine Agic: Auf Französisch, vom 28.3.2007, unter: cafebabel.com; Mittwoch zwischen 5 und 7, unter: filmgalerie-alpha60.de.

6 aus 49

Zahlen für potenzielle Millionäre

> *»Der Aufsichtsbeamte hat sich vor dieser Sendung von dem ordnungsgemäßen Zustand des Ziehungsgeräts und der 49 Kugeln überzeugt.«*

Weil man mit 6 richtigen Zahlen aus 49 reich werden kann, wird Lotto »von führenden Millionären empfohlen«. Zumindest behaupten das die Lottogesellschaften, und sie werden darin von einer Frau aus der Nähe von Pforzheim bestätigt, die für die Lottoziehung am 24. Januar 2004 die richtigen sechs Zahlen ankreuzte, dazu noch die Superzahl auf ihrem Schein hatte, und daraufhin 20,2 Millionen Euro kassierte – den höchsten Einzelgewinn in den ersten 50 Jahren des deutschen Zahlenlottos.

Doch nicht alle Lottogewinner werden glücklich. Den Reichtum in aller Stille genießen und das Geld nur gut anlegen, das können viele nicht. Manch einen trifft schon beim Eintreffen der glücklichen Nachricht der Schlag, ein Hotelier, der gleich ein Schild »Wegen Reichtums geschlossen« vor die Tür hängte, starb im Obdachlosenasyl, und ein anderer Lottomillionär aus Thüringen endete, nachdem er seinen Gewinn verprasst hatte, als Serien-Einbrecher. Bestes schlechtes Beispiel ist Lothar Kuzydlowski, der als »Lotto-Lothar« jahrelang in der Boulevard-Presse für Schlagzeilen sorgte: Als Arbeitsloser gewann er 3,9 Millionen Mark, stieg dann von Dosenbier auf einen Lamborghini um, widmete sich fortan Partys und schönen Frauen – und nach fünf Jahren durften sich Freundin und Witwe ums Erbe streiten. Doch von solchen Biografien lässt sich offensichtlich keiner abschrecken, der aufs große Glück tippen will.

Glücksspiel ist so alt wie die Menschheit, das Zahlenlotto indes haben die Genuesen im 16. Jahrhundert erfunden. Beim »Lotto di Genova« war das Verhältnis noch nicht »6 aus 49«, sondern »5 aus 90«. Es war ein Nebenprodukt der Senatorenwahl. Laut Verfassung der oberitalienischen Stadt aus dem Jahr 1575 wurden nämlich die neuen Mitglieder des Großen Rats ausgelost, und zwar jeweils 5 Bürger aus einer 90-köpfigen Liste. Die Genuesen schlossen Wetten auf Kandidaten ab und fanden so viel Gefallen an dieser Einrichtung, dass das Spiel bald unabhängig von der Senatorenkür gespielt wurde. Die Namen wurden einfach durch Zahlen ersetzt, und es konnte fröhlich weitergetippt werden. Zuerst wurde »5 aus 90« von einem Privatmann angeboten, dann übernahm die Stadt selbst die Organisation der Wetten, und dieses Prinzip hielt sich im Laufe der Geschichte bis heute. Kaum ein Herrscher ließ sich die Einnahmequelle Lotto aus der Hand nehmen, häufig verknüpft mit großen staatlichen Ausgaben. So wurden durch das Glücksspiel die ständig knappen Kassen absolutistischer Staaten saniert, von den Einnahmen wurden Befestigungsanlagen, Zuchthäuser und Schlösser gebaut, aber auch Armenkassen unterstützt.

In Deutschland führte Bayern als erstes Land 1735 ein Zahlenlotto ein, bald folgten andere Städte und Staaten. Im 18. und 19. Jahrhundert waren Zahlenlotterien überaus populär, sodass man schon von »Lottofieber« und »Lottorausch« sprach. Eine »Wochenschrift für Lottologie« fand reißenden Absatz, selbst der Aufklärer Lessing wählte noch wenige Stunden vor seinem Tod seine Zahlen für die nächste Ziehung. Doch es gab auch viele Unregelmäßigkeiten, und manch ein Lottospieler verschuldete sich, um seiner Spielleidenschaft zu frönen. So setzten sich nach und nach die Moralisten durch, die Lotto als gesellschaftsgefährdend einstuften. Das Lottospiel wurde dann in Deutschland für rund 150 Jahre eingestellt.

Nach dem Zweiten Weltkrieg wurde Glücksspiel Ländersache. Berlin preschte 1953 beim Lotto vor und zeigte sich noch der traditionellen Spielformel »5 aus 90« verpflichtet. Neu war dagegen, dass von vornherein festgelegt wurde, die Hälfte des Umsatzes als Gewinne auszuschütten. Das zog auch Glückssuchende von außerhalb an, und bald schon stammten 60 Prozent der Berliner Lottoeinnahmen aus Westdeutschland. Um diesem allwöchentlichen Abfluss von Geld zu begegnen, zogen die anderen Länder schnell nach und initiierten ein eigenes Lotto. 1955 wurde von fünf Bundesländern schließlich der »Deutsche Lottoblock« gegründet, dem sich sukzessive die anderen Länder anschlossen. Als System entschied man sich für »6 aus 49«. Die ersten Kugeln wurden am 9. Oktober 1955 in einem Hamburger Hotel von zwei Waisenmädchen gezogen. Die erste Glückszahl war ausgerechnet die 13 – dann folgten 41, 3, 23, 12 und die 16.

Seither läuft das Spiel, die Lottoumsätze steigen fast in jedem Jahr, Gelder fließen in die eine und in die andere Richtung, und damit »6 aus 49« nicht langweilig wird, lassen sich die Lottogesellschaften immer wieder etwas Neues einfallen: Seit Sommer 1956 verleiht eine Zusatzzahl dem Spiel zusätzliche Attraktivität. Am 4. September 1965 wurde die Ziehung der Lottozahlen erstmals live im Fernsehen übertragen, und seither hoffen Tipper auf den Beistand der Lottofeen Karin Dienslage, Karin Tietze-Ludwig und Franziska Reichenbacher. 1981 wurde der Einsatz von 50 Pfennig auf eine D-Mark erhöht, was heftige Diskussionen zur Folge hatte. Die Lottogesellschaften reagierten und führten im Folgejahr das billige »Mittwochslotto« ein, zunächst mit der Spielformel »7 aus 38«, später ebenfalls als »6 aus 49«. 1985 wurde die Gewinnobergrenze aufgehoben und zugleich der Jackpot eingeführt. Schließlich durften sich Lottospieler im Dezember 1991 über die Superzahl freuen: Damit wird sichergestellt, dass die höchste Gewinnklasse häufiger unbesetzt bleibt und sich so der Jackpot in werbeträchtige Höhen schraubt.

So ein Mega-Jackpot löst regelmäßig wieder ein Lotto-Fieber aus, manchmal werden sogar die »6 aus 49«-Spielscheine knapp. Dabei steht die Popularität von Lotto in keinem Verhältnis zur Gewinnchance. Die liegt nämlich gerade mal bei 1:13.983.816, das heißt, nur 0,000007 Prozent der Tipper haben einen Sechser. Da ist es viel wahrscheinlicher, an Masern oder an einer Grippe zu sterben. Doch die potenziellen Millionäre setzen lieber aufs Prinzip Hoffnung.

Welche der 49 Kugeln gezogen werden, kann selbstverständlich kein Spieler beeinflussen – im Unterschied dazu, ob er damit viel oder wenig gewinnt. Denn die Höhe des Gewinns hängt davon ab, auf wie vielen anderen Tippscheinen dieselben sechs Zahlen angekreuzt wurden. Wer also einen Gewinn für sich allein haben will, muss auf Zahlen und Zahlenkombinationen setzen, die selten getippt werden. Drei Schüler aus Darmstadt haben aus diesem Grund alle Lottoscheine ausgewertet, die beim Hessen-Lotto gewonnen hatten, und ermittelten so die größten Tipp-Fehler. So setzen viele Lottospieler einfach die Zahlen, die in der Vorwoche gezogen wurden, das sollte genauso vermieden werden, wie die Kreuze in einem gewissen Muster anzuordnen. Auf die Idee, ein X, eine Diagonale oder ein Rechteck ins Lottokästchen zu setzen, kommen viele. Die meisten aber tippen Geburtstage. In einer repräsentativen Umfrage sagte fast die Hälfte aller Lottospieler, dass sie ihre Zahlen danach auswählen. Folglich ist die 19 als Jahrhundert-Zahl die mit Abstand am häufigsten angekreuzte Lottozahl. Die sollte man unbedingt vermeiden und eher Zahlen über 31 auswählen. 6 Richtige haben die drei Schüler auf diese Weise zwar nicht ermittelt, gewonnen haben sie aber trotzdem. Sie erhielten 2004 bei »Jugend forscht« den Preis für die originellste Arbeit.

Quellen: 25 Jahre Lotto Baden-Württemberg, Schwabenringverlag, Ostfildern 1983; Rolf Lisch: Spielend gewinnen. Chancen im Vergleich, Stiftung Warentest, Berlin 1984; Reiner Flik: 50 Jahre Toto-Lotto Baden-Württemberg, Kohlhammer, Stuttgart 1998; Historie des Glücksspiels, unter: lotto-hh.de; Deutschland im Rausch des 25-Millionen-Jackpots, unter: ntv.de; Karl Bosch: Lotto und andere Zufälle. Wie man die Gewinnquoten erhöht, Vieweg, Braunschweig/Wiesbaden 1994; Andreas Grote: Die Quoten-Jäger, in: Süddeutsche Zeitung, vom 18.5.2004; Aktuelle Statistiken unter: lotto.de.

7

Der Goldene Schuss

Der Konsum vieler Drogen ist illegal, das Reden darüber entsprechend gefährlich. Drogenkonsumenten und ihre Dealer bedienen sich daher häufig eines Sprachcodes. Wer dieses Szenevokabular benutzt, will gegenüber Außenstehenden nicht auffallen und signalisiert zugleich nach innen, dass er dazugehört. So verstärkt jede Szenesprache das Zusammengehörigkeitsgefühl ihrer Benutzer.

In der Sprache der Drogenszene spielen Zahlen eine große Rolle, meist als Bezeichnungen für die verschiedenen Drogen. Ein Code-System bezieht sich auf die Anfangsbuchstaben des jeweiligen Stoffes. So steht:

1	für Amphetamine
2	für Barbiturate
3	für Kokain (von engl. »coca«)
8	für Heroin
11	für Kokain
12	für LSD
13	für Marihuana
15	für Opium

Andere Ziffern-Codes für Drogen sind in ihrer Entstehung nicht so eindeutig. Zum Teil doppeln sich die Bezeichnungen.

00	zero-zero: Haschisch-Opium-Gemisch; sehr gute Haschisch-Qualität
4	LSD
fours	Tylenol mit Codein-Tabletten
9	Marihuana
10	Marihuana, Marihuana-Zigarette, Joint
13	Marihuana, Morphin
16	Peyotl, ein Kaktus, der Mescalin enthält
17	Methaqualon
19	Heroin, Speed
22	Aufputschmittel, Weckamine
23	Marihuana
24	Opium
25	LSD
34	Codein: ein Opiat, das als Schmerzmittel eingesetzt wird
81	Morphinbase: kein Heroin, sondern ein Zwischenprodukt
82	Heroinbase: Zwischenprodukt bei der Umwandlung von Morphinbase in Heroin
83	Hongkong-Rocks: Heroin in kristalliner Form
84	Türkischer Honig: Heroin in Pulverform
336	JB 336, Designer-Droge mit halluzinogener Wirkung
555	Opium
714	Metaqualon, auch: seven-one-fours

Auch Gegenstände und die Lebensumstände der Szene haben ihre speziellen Zahlen-Namen; die Herleitung der Codes bleibt aber unklar. So wird der Joint häufig »18« (eighteen) genannt. Die Injektionsspritze heißt »11«, und ein Drogensüchtiger, ein Junkie, ist eine »6«. Geht diesem der Stoff aus, und er bekommt Entzugserscheinungen, dann nennt man das »5«. Ein Informant ist die »21«, und wenn etwas unter Drogeneinfluss geschieht, ist das »25«. Schließlich hat auch der letzte Akt im Drogen-Drama seinen Zahlencode: Der goldene Schuss, die tödliche Überdosis, wird schlicht und einfach »7« genannt.

Quellen: Klaus Laubenthal: Lexikon der Knastsprache. Von Affenklosett bis Zwei-drittelgeier, Imprint Verlag, Berlin 2001; Gerold Harfst: Die Sprache der Drogen-Szene. Das Wörterbuch, Eichborn, Frankfurt/M. 1986; Drogensprache, unter: code-knacker.de.

Sieben

Todsünden-Thriller

  Der griechische Theologe Evagrius von Pontus stellte im 4. Jahrhundert erstmals einen Katalog von Todsünden und bösen Leidenschaften zusammen. Er kam auf deren acht. Papst Gregor I. (590–604) fasste von dieser Liste zweimal zwei Punkte zusammen, fügte den Neid hinzu und kam so auf sieben Todsünden. Sein Katalog sollte auf Jahrhunderte in der katholischen Welt Gültigkeit haben.

Superbia	Stolz
Invidia	Neid
Ira	Zorn, Rachsucht
Acedia	Trägheit, Überdruss
Avaritia	Geiz, Habgier
Gula	Maßlosigkeit, Völlerei
Luxuria	Wollust, Unkeuschheit

Neben der theoretischen Autorität des Papstes ist die symbolische Kraft der Zahl 7 eine Stärke dieser Liste. Galt die 7 doch vielen christlichen Mystikern als die vollkommene Zahl: An sechs Tagen wurde die Welt erschaffen, der siebte Tag ist Gott gewidmet, und die 7 verbindet die himmlische Dreifaltigkeit mit den vier weltlichen Elementen.

Die sieben Todsünden meinen eigentlich sieben schlechte Eigenschaften, die die Wurzel der Sünden sind. Sie stehen im Gegensatz zu den lässlichen Sünden, den kleineren und entschuldbaren Verstößen gegen Gott und den Nächsten. Eine Todsünde dagegen beendet das göttliche Leben eines getauften Katholiken und zieht den Ausschluss vom Reich Christi sowie den ewigen Tod in der Hölle nach sich. Eine Todsünde ist gegeben, wenn der Gläubige vorsätzlich und bewusst ein wichtiges Gesetz Gottes übertritt. Sie kann nur durch vollkommene Reue und Buße, also durch schnellstmögliche Beichte, vergeben werden.

Viele Künstler haben sich mit den sieben Todsünden auseinandergesetzt: Matthias Grünewald hat sie im Rahmen des Isenheimer Altars als Dämonen gemalt, Hieronymus Bosch stellte sie den »vier letzten Dingen« zur Seite, und Otto Dix interpretierte sie im Kontext der Nazidiktatur.

Auch der Thriller »Sieben« von Regisseur David Fincher ist eine düstere und konsequente Bebilderung des Todsünden-Themas. Sein Originaltitel »Se7en« verdoppelt typographisch sogar noch die Zahlensymbolik. Hauptfigur des »Meisterwerks unter diesen Kunstkrimis« (Frankfurter Rundschau) ist ein religiös verblendeter, aber hochintelligenter Serienmörder, der jede Sünde gegen ihren Sünder kehren will. Seine Morde sind grausam durchgeplante Inszenierungen der sieben Todsünden und zugleich Ausdruck der Überlegenheit gegenüber seinen Verfolgern.

Erstes Opfer ist ein fetter Mann, der immer weiterfressen muss, bis er platzt. Er stirbt qualvoll an inneren Blutungen. Mit Fett schreibt der Mörder »Gluttony«, also Maßlosigkeit, hinter den Kühlschrank an die Wand. Zweites Opfer ist ein erfolgreicher Strafverteidiger, der gezwungen wird, ein Pfund Fleisch aus seinem eigenen Körper zu schneiden, und deshalb verblutet. Der Serienmörder wirft ihm vor, aus reiner Habgier einen Vergewaltiger und Dealer verteidigt zu haben, der gewissermaßen ungestraft davonkam. Dieser Kriminelle ist wiederum Opfer der Trägheit. Der Serienmörder hat ihn ein Jahr lang ans Bett gefesselt und ihn mit Medikamenten vollgepumpt, um seine langsame Verwesung fotografisch zu dokumentieren. Nur angedeutet werden das Opfer der Wollust und des Stolzes, zwei Prostituierte. Die erste wird von einem Freier zu Tode penetriert, der zweiten wird die Nase aus dem Gesicht geschnitten, sodass sie die eigene Hässlichkeit nicht mehr erträgt.

Mit den letzten beiden Todsünden kippt der Film. Der Serienmörder wird verhaftet und will angeblich helfen, die beiden zuvor begangenen Morde aufzuklären. Er führt die Ermittler auf ein freies Feld, wo ihnen ein Päckchen überreicht wird. Darin befindet sich der abgetrennte Kopf der Ehefrau eines der Polizisten. Der Serienmörder bezichtigt sich so selbst des Neides auf das einfache und glückliche Eheleben. Bestraft wird nun nicht mehr die eigentliche Sünde, sondern schon der Anreiz. Zugleich zeigt sich der Mörder nicht mehr als fanatisch-göttlicher Rächer, sondern selbst als Sünder, der bestraft werden muss. Doch er bestimmt weiterhin die Regeln des Todsünden-Spiels, denn er selbst wird wie geplant zum Opfer der siebten Todsünde, des Zorns: Der Polizist erschießt ihn. Die ursprüngliche Identifikationsfigur wird selbst zum Täter. Am Ende von »Sieben« sind Gut und Böse nicht mehr zu trennen, denn – so die Botschaft – die Sünde steckt in jedem von uns.

Quellen: Manfred Klatt: Was ist eine Todsünde, unter: efg-hohenstaufenstr.de; Konrad Licht: Sieben. Darstellung eines Serienmörders, Seminararbeit an der Johannes-Gutenberg-Universität, unter: konradlicht.com; Daniel Kothenschulte: Der Serienkiller als Installationskünstler – Zwischen Kitsch, Camp und Kommerz, in: Frankfurter Rundschau vom 24.11.2000.

Seven

Premium-Jeans für sexy Pos

Es ist eine Geschichte, wie sie die Amerikaner lieben: Zwei Designer und ein Textillieferant setzen sich im Jahre 2000 in Los Angeles zusammen, um eine neue Jeans zu kreieren. Schon nach wenigen Jahren besitzen sie eine Weltmarke mit Dependancen in über 60 Ländern. Ihr Erfolgsrezept: engsitzende Edeljeans. Ihr Produkt: Seven.

Große Werbekampagnen starteten die Firmengründer nicht, sie legten ihre ersten Modelle in die Boutiquen auf dem Sunset Boulevard, verlangten dafür stolze 200 Dollar und erklärten, dass der besondere Schnitt der 7-Jeans einen knackigen Hintern und lange Beine machen würde. Die Hollywood-Klientel war schnell überzeugt und griff zu. Doch die Pos von Gwyneth Paltrow, Nicole Kidman und Cameron Diaz in Seven-Jeans sollten auch andere bezaubern, deshalb wurden Bilder in der einschlägigen Presse lanciert. Fotos in Vogue oder Harper's Bazaar mit der entsprechenden Unterzeile sind wirksamer als jede Werbeanzeige. Bald wollten alle Amerikanerinnen die Marke »Seven for all mankind« haben. Für Deutschland wurde die Promi-Foto-Strategie einfach wiederholt, nur steckten hierzulande Claudia Schiffer oder Cora Schumacher in der »7fam«-Jeans.

Lange prägten Arbeiterschweiß und 68er-Revolte das Bild der Jeans. Doch das Levis-501-Image gehört der Vergangenheit an. Trendige Käuferinnen schwören auf die gute Passform am Po, die jede Frau angeblich fünf Pfund leichter erscheinen lässt – und sie zahlen dafür. Um die Exklusivität als Beinkleid der Upperclass zu wahren und die Nachfrage hochzuhalten, ist jedes 7-Modell limitiert. Die Hosen werden einzeln gebleicht und aufwendig per Hand bearbeitet, damit sie »used« oder »destroyed« aussehen, denn man muss es sich leisten können, mit verschlissenen Jeans herumzulaufen. Dazu erhält jedes Modell eine andere Stickerei auf den Gesäßtaschen. All die Details sind wichtige Klassenunterschiede; nur Kenner können anhand von Nähten oder abgewetzten Säumen die echte Seven identifizieren.

Dass mittlerweile viele Designer den 7-Luxus-Look kopieren und unzählige Billigkopien aus Asien auf dem Markt sind, ist das beste Zeichen für Erfolg. Seven ist auf dem Weg, eine globale Lifestyle-Marke zu werden. Schon nach fünf Jahren erzielte das Unternehmen 30 Millionen Dollar Umsatz außerhalb Amerikas. Seit 2007 gibt es eigene Geschäfte. Und der Markt für Premiumjeans expandiert weiter, immer neue Labels werden in Edelboutiquen feilgeboten, und auch die alteingesessenen Hosenhersteller hecheln dem Trend hinterher. So brachte sogar Levis eine exklusive 501 auf den Markt, limitiert auf 501 Stück. Der Preis: 501 Euro.

Quellen: Bettina Weiguny: Schöner Po für 200 Euro, in: Frankfurter Allgemeine Sonntagszeitung vom 24.4.2005; Anke Schipp: Die blaue Upperclass, in: Frankfurter Allgemeine Sonntagszeitung vom 24.7.2005; Silke Bender: Warum Jeans heute 2.300 Euro kosten, in: Die Welt vom 17.8.2005; Kerstin Weg: Die Hintern-Heber, in: Süddeutsche Zeitung vom 2.4.2005.

7, 8, 9, 10

Griechischer Lebensgenuss

 Bei Grabungen in Herculaneum, das 79 n. Chr. beim Ausbruch des Vesuv verschüttet wurde, fand man eine Sonnenuhr mit einer interessanten griechischen Zahlen-Inschrift. Der Text lautet:

heξ hωραι μοχθοις hικανωταται hαι δε μετ' αυτας
γραμμασι δεικνυμεναι ΖΗΘΙ λεγουσι βροτοις.

Sechs Stunden am Tag sind für die Arbeit,
die 7. bis zur 10. Stunde sind für das Genießen.

Nun kannten die Griechen keine eigenen Zeichen für die Zahlen, stattdessen hatten die Buchstaben ihres Alphabets zusätzlich einen Zahlenwert, neun Buchstaben für die Einer ($α = 1$, $β = 2$ usw.), neun für die Zehner und weitere neun Buchstaben für die Hunderter. Da das klassische griechische Alphabet aber nur aus 24 Buchstaben besteht, wurden für die Zahlen 3 weitere Buchstaben genutzt, die später nach und nach aus dem Gebrauch verschwanden: Digamma = 6; Koppa = 90; Sampi = 900.

1	A	α	alfa	10	I	ι	iota	100	P	ρ	rho
2	B	β	beta	20	K	κ	kappa	200	Σ	σ	sigma
3	Γ	γ	gamma	30	Λ	λ	lambda	300	T	τ	tau
4	Δ	δ	delta	40	M	μ	my	400	Y	υ	ypsilon
5	E	ε	epsilon	50	N	ν	ny	500	Φ	φ	phi
6	Ϛ		digamma	60	Ξ	ξ	xi	600	X	χ	khi
7	Z	ζ	zeta	70	O	o	omikron	700	Ψ	ψ	psi
8	H	η	eta	80	Π	π	pi	800	Ω	ω	omega
9	Θ	φ	theta	90	Ϙ		koppa	900	ϡ		sampi

Das Besondere der Uhren-Inschrift aus Herculaneum ist nun, dass die Zahlenzeichen für 7, 8, 9 und 10 direkt hintereinander vorkommen. Sie bilden das griechische Wort ζηθι, ein Imperativ, der wörtlich »Lebe!« bedeutet, im Sinne von »Genieße das Leben!«.

Eine ähnlich lebensbejahende Aufforderung findet sich in der Bibel, wenn Salomon predigt: »Genieße das Leben mit der Frau, die du liebst, alle Tage deines nichtigen Lebens, das er dir unter der Sonne gegeben hat« (Pred. 9,9). Schließlich verpasste diesem alttestamentarischen Inhalt ein Sponti-Spruch eine aktuelle Sprache und zugleich einen neuen Inhalt: »Genieße das Leben ständig, denn du bist länger tot als lebendig.«

Quellen: Walter Lietzmann: Lustiges und Merkwürdiges von Zahlen und Formen, Vandenhoeck & Ruprecht, Göttingen 1923/1955; Greek and Latin word play, unter: everything2.com; D.L. Page (Hg.): Further Greek Epigrams, Cambridge University Press, Cambridge 1981; Ifrah, Georges: Universalgeschichte der Zahlen, Campus, Frankfurt/New York, 1991; Das Buch Kohelet (Prediger), unter: talmud.de; Zitat von Lutz Ackermann, unter: gutezitate.com.

7 Eleven

Tante Emma weltweit

Texas ist ein sonniges und trockenes Land, die Temperaturen schwanken zwischen warm und heiß. Wer hier »das Gegenteil« anbietet, kann gute Geschäfte machen. So wollte die 1927 in Oak Cliff gegründete »Southland Ice Company« vor allem Eisblöcke zum Kühlen von Lebensmitteln verkaufen. Da kam ein pfiffiger Lehrling auf die Idee, das Sortiment zu erweitern. Wenn die Leute sowieso zu uns kommen, dachte er, könnte man ihnen auch Milch, Brot und Eier anbieten – vor allem abends und sonntags, wenn normale Lebensmittelgeschäfte nicht geöffnet haben. Gesagt, getan. Und weil vor den Läden noch zusätzlich Zapfsäulen aufgestellt wurden, fuhren die Leute gerne vor, tankten, tranken frischen Kaffee und kauften ein. Das Konzept erhielt später den Namen »Convenience Shop«. Einkaufen sollte so angenehm und bequem wie möglich sein. Die Auswahl bot nur das Wichtigste, vor allem Lebensmittel in Form von sofort kunsumierbaren Produkten.

Jetzt fehlte noch ein griffiger Name für die Läden. Zunächst firmierten sie unter »Tote'm«, ein Wortspiel mit dem Markenzeichen der Kette, dem Totempfahl, denn »tote them away« heißt »bring sie weg«, und »tote« nennt man auch die Tragetaschen in Supermärkten. Und die Kunden hatten viel aus den Läden zu schleppen. 1946 wurde die Kette in »7 Eleven« umbenannt, um auf die verlängerten Öffnungszeiten hinzuweisen: von 7 Uhr früh bis 11 Uhr abends.

Mittlerweile haben die meisten »7 Eleven«-Läden zwar täglich rund um die Uhr geöffnet, doch die Firmenphilosophie ist geblieben: frische, günstige Produkte, schnelle Bedienung, eine freundliche Atmosphäre – wie in einem echten Tante-Emma-Laden, nur muss sich der Kunde nicht mit einem Lebensmittelvollsortiment herumschlagen; ihm wird es mit mikrowellentauglichem Abendessen und verzehrfertigen Salaten »bequem« gemacht.

Schon 1952 öffnete der hundertste »7 Eleven« seine Pforten, der tausendste 1963, dann ging es in die weite Welt, nach Kanada, Mexiko, Schweden, in die Türkei, Thailand, und seit 2004 kann man sogar in Peking einen »7 Eleven« finden. Die meisten Geschäfte gibt es in Japan, wo mittlerweile auch der Hauptsitz des Konzerns ist, nachdem »7 Eleven« in den 1980er-Jahren in finanzielle Schwierigkeiten geriet. Das Unternehmen ist im Convenience-Einzelhandel weltweit Marktführer mit einem Gesamtumsatz von jährlich etwa 35 Milliarden Euro. Es gibt rund 49.000 Geschäfte in 16 Ländern, die zum allergrößten Teil von selbständigen Franchise-Nehmern betrieben werden. Nur in Deutschland kann man nicht bei »7 Eleven« einkaufen, obwohl mehrfach schon die Eröffnung von Filialen angekündigt wurde. Trotzdem ist die Kette prinzipiell für alle Arten von Expansion gerüstet, erbittet sie doch schon seit 1969 den göttlichen Beistand mit ihrem Slogan: »Thank's Heaven – for 7 Eleven.«

Quellen: 7-eleven.com; Thomas Stölzel/Mario Brueck: Japanisch bequem 7 Eleven, in: Wirtschaftswoche vom 29.4.2006; »7-Eleven« und »Convenience Shop«, unter wikipedia.org; Clemens Bomsdorf: Seven-Eleven vor Expansion nach Deutschland, in: Financial Times Deutschland vom 13.7.2004.

Acht

Fahrradpanne und Fahrradtour

Räder sollen rollen. Und damit das beim Fahrrad funktioniert, muss die Kraft von der Nabe über Speichen auf die Felgen übertragen werden. Die gleichmäßige Spannung der Speichen sorgt für den Rundlauf. Der kann aber gestört sein, wenn man etwa zuvor durch holpriges Gelände fuhr, nach einem Speichenbruch oder wenn man einen Bordstein zu schwungvoll nahm. Dann entsteht im Rad ein Achter, eine verbogene Felge in der Form einer Acht. Schleift jetzt das Rad an der Gabel, ist an Weiterfahren sowieso nicht mehr zu denken. Doch auch bei leichten Achtern, die sich durch Schlingern bemerkbar machen, ist Vorsicht geboten, denn bei unrunden Rädern ziehen die Bremsen nicht mehr richtig, unter Umständen verfehlen die Bremsbacken die Felge und geraten direkt in die Speichen. Ein Achter sollte daher schnell in einer Werkstatt repariert werden.

Mit solchen Pannen muss sich hoffentlich nicht quälen, wer eine Tour im Fränkischen zwischen Main und Tauber unternimmt. Der dortige Touristikverband hat nämlich einen »Achter« als Radwandererlebnis ausgewiesen, dessen Streckenverlauf die Form einer 8 bildet. Das Angebot ist so erfolgreich, dass die Strecke schon zweimal erweitert wurde. Auf gut ausgebauten Radwegen führt sie von Tauberbischofsheim über Buchen, Wertheim, Würzburg und Weikersheim zurück nach Tauberbischofsheim und misst 234 Kilometer im Ostring und 154 Kilometer im Westring. Auch ungeübte Radler können den »Main-Tauber-Fränkischen Rad-Achter« in kleinen Etappen meistern und dank pauschaler Buchung bequem von Hotel zu Hotel strampeln.

Quellen: Hans-Erhard Lessing: Das Fahrradbuch, rororo, Reinbek 1978; 10 Jahre Main-Tauber-Fränkischen Rad-Achter, Pressemitteilung des Landkreises.

Achter

Knoten, Ösen, Schellen

Der Achter-Knoten ist der wichtigste Knoten in der modernen Seiltechnik. Er wird vor allem zum Anseilen verwendet, denn er zieht sich bei Belastung fest zusammen. Der Achter hat eine Knotenfestigkeit von 85 Prozent, trotzdem lässt er sich wieder leicht öffnen. Auch wenn es beim ersten Üben schnell so aussieht, als beherrsche man den einfachen Achter, warnen erfahrene Bergsteiger vor Leichtsinn. Oft zeige sich dann in der Praxis, dass man sich an die Machart des Knotens nicht richtig erinnere. Und das sei lebensgefährlich.

Und so geht's: In der gelegten Ausführung wird das Seil doppelt genommen. Man führt das Doppelende in einem ersten Bogen zurück, legt es über, dann unter dem Seil hindurch. Dann geht es von oben in den ersten Bogen hinein und unten wieder heraus. In die so entstandene Schlinge kann sich der Bergsteiger einhängen. Mit einem Achter kann man auch das Ende eines Seils verdicken, etwa um das Durchrutschen durch eine Öse zu verhindern. Und wenn das Seil zu spleißen droht, kann ein Achter am Seilende das Ausfransen verhindern.

Das Wort Achter hat aber noch mehrere andere Bedeutungen: Bergsteiger nennen einige Doppelösen so. Achter heißt im Niederdeutschen auch der Hintern. Schließlich werden Handschellen Achter genannt, vor allem bei masochistischen Liebes-Techniken.

Preisfrage: Wie nennt man es folglich, wenn sich ein Fessel-Fetischist mit einem Knoten binden lässt, der durch eine Doppelöse geführt wurde, nur um sich zum Lustgewinn die Handschellen hinter dem Po festschließen zu lassen?

Quellen: Dietmar Hahm: Achterknoten, unter: stichel-frei.de; Achterknoten, unter: cevi.ch; Küpper, Heinz: Illustriertes Lexikon der deutschen Umgangssprache, Klett, Stuttgart 1982.

8x4

Das erste Deodorant

Seit Beginn des 20. Jahrhunderts war die Firma Beiersdorf erfolgreich auf dem Gebiet von Pflege- und Kosmetikprodukten, vor allem mit der Fett- und Feuchtigkeitscreme Nivea. Schon 1932 besaß das Unternehmen weltweit 14 Tochterfirmen. Diese Marktposition begann in der Zeit des Nationalsozialismus zu bröckeln, weil Beiersdorf als »jüdisches Unternehmen« diffamiert wurde. Zudem gingen während des Zweiten Weltkriegs Namensrechte in Ländern verloren, mit denen Deutschland Krieg führte. Nach 1945 verfolgte Beiersdorf die Strategie, diese Markenrechte zurückzuerwerben und den Begriff Nivea zum Markendach für das Hautpflegesortiment zu machen. Doch nicht um jeden Preis, denn schon in den 1920er-Jahren hatte das Unternehmen feststellen müssen, dass etwa eine Nivea-Zahnpasta von den Kunden nicht akzeptiert wurde.

Als die Forschungsabteilung 1951 ein marktfähiges Deodorant entwickelte, das speziell das Wachstum der schweißzersetzenden Bakterien hemmt, wurde es nicht der Nivea-Produktlinie eingegliedert. Der neue Wirkstoff hieß chemisch »Hexachlor-Dihidroxi-Diphenylmethan«, wurde intern aber nur B 32 genannt, weil das Wort aus 32 Buchstaben bestand. Juan Gregorio Claussen, langjähriger Werbeleiter bei Beiersdorf, leitete daraus den Markennamen 8x4 ab. Eher ungewöhnlich, aber einprägsam, und er sollte die lange Wirkung der desodorierenden Stoffe von 24 Stunden und länger symbolisieren. Dazu passte der Slogan: »Mit 8x4 wird man sich selbst wieder sympathisch.«

Zunächst erschien 8x4 als Toiletten- und Badeseife und war die erste desodorierende Seife in Europa. Sie wurde das Pionierprodukt einer eigenen Serie: 1952 kam das 8x4-Puder auf den Markt und vier Jahre später das 8x4-Aerosolspray, angepriesen mit den Worten: »8x4 befreit von Körpergeruch.« Es folgten der 8x4-Roller (1958), der 8x4-Stift (1963) und das 8x4-Schaumbad (1967). Und wollten sich je ein paar Bakterien dieser Produktpalette widersetzen, werden sie mit einer großen Zahl an Duftnoten bekämpft: Lemon Rush, Endless Summer, Urban Spirit oder Discovery lassen dem Schweißgeruch nicht einmal den Hauch einer Chance.

Quellen: 8x4-Markengeschichte, unter: beiersdorff.com; Markenprodukte – 8x4, unter: markenlexikon.com; Produkte, unter: 8x4.com; 8x4, unter: markenmuseum. com; Birgit Lüke: Nivea, unter: werbepsychologie-online.de.

9

Verräterische Ziffer

 Steuersparen ist Volkssport, Bücher mit »1.000 ganz legalen Steuertricks« sind Bestseller. Ein Trick wird darin jedoch nicht publiziert, denn er richtet sich an die Schummler unter den Steuerzahlern. Kurz gefasst lautet er: Sei vorsichtig mit der Ziffer 9, es könnte dein Verhängnis sein.

Tatsächlich wird in manchen Finanzbehörden überprüft, wie oft in Steuererklärungen die 9 auftaucht. Statistisch darf sie nämlich in nicht einmal fünf Prozent aller Fälle am Anfang einer Zahl stehen. Wer also seine abzuschreibenden Ausgaben zu hoch angibt, sollte sich unbedingt vorher über die Benford-Verteilung informieren.

Erstmals aufgefallen ist das Phänomen dem kanadischen Astronomen Simon Newcomb Ende des 19. Jahrhunderts. Als ordentlicher und korrekter Wissenschaftler registrierte er, dass die vorderen Seiten seiner Logarithmentafel viel schmutziger und abgegriffener waren als die hinteren, so als seien die kleinen Zahlen bei Mathematikern beliebter als die großen. Er stellte die These auf, dass die 1 mit einer deutlich höheren Wahrscheinlichkeit in der Natur vorkomme als die 9. Doch niemand reagierte auf seine Veröffentlichung, und die vermeintlich abstruse These geriet wieder in Vergessenheit.

Erst der amerikanische Physiker Frank Benford ging 1938 dem Phänomen wieder nach. Er vermutete, dass es in der Welt mehr Zahlen mit niedriger Anfangsziffer gibt, und untersuchte Daten aus verschiedenen Sachgebieten. Sein Ergebnis: Egal, welche Art von Zahlen man auch nimmt, ob Börsenkurse, Atomgewichte, Bevölkerungszahlen, die Länge von Flüssen oder gar die Ergebnisse von Baseballspielen, immer kommt die gleiche Ziffernverteilung heraus: Die 1 führt in 31,1 Prozent aller Fälle eine Zahl an, die 2 bei 17,6 Prozent der Zahlen, die 3 bei 12,5 Prozent usw. Die 8 kommt lediglich bei 5,1 Prozent und die 9 sogar nur in 4,6 Prozent der Zahlen am Anfang vor.

Warum das wirklich so ist, konnte schließlich der Mathematiker Theodore Hill aus Georgia belegen. Sein Beweis lässt sich an einem Beispiel am besten illustrieren: Nimmt man an, eine Aktie mit dem Ausgabekurs von 100 Euro würde ständig um 10 Prozent an Wert wachsen, dann dauert es 88 Monate, bis der Wert die 200-Euro-Grenze überschreitet. So lange steht eine 1 vorne. Nach weiteren 52 Monaten hat der Kurs 300 Euro erreicht, also eine 2 vorne. Je höher der Kurs, desto schneller überspringt der Wert die nächste Grenze für die erste Ziffer. Eine 9 steht nur 12 Monate vorne, wenn die Aktie zwischen 900 und 1.000 Euro wert ist. Und dann dauert es wieder 88 Monate, bis der Kurs die nächste Marke von 2.000 Euro erreicht.

Schnell begannen Mathematiker, für die nun bewiesene Benford-Verteilung Anwendungsgebiete zu suchen. Heute werden viele Arten von Datenbeständen auf die zu häufige 9 untersucht, um ihre Plausibilität zu überprüfen. Durch die Ziffernanalyse können Fälschungen in wissenschaftlichen Arbeiten genauso aufgedeckt werden wie Schlampereien im Rechnungswesen. Sogar der wohl größte Skandal von Bilanzfälschung beim amerikanischen Energiekonzern Enron flog unter anderem auf, weil die Zahlen nicht nach der Benford'schen Verteilung frisiert wurden.

Wenn Sie also das nächste Mal Ihre Einkommensteuer schönrechnen wollen und einige Ausgaben von 999 Euro eintragen möchten, denken Sie an die Benford-erfahrenen Steuerfahnder, und legen Sie einfach noch ein paar Euro drauf.

Quellen: Georg G. Szpiro: Mathematik für Sonntagnachmittag, Verlag Neue Zürcher Zeitung, Zürich 2006; Markus Zimja: Digitale Ziffernanalyse: unter: zmija.de; Das Benfordsche Gesetz, unter: redscope.org; Jörg Albrecht: Die Eins vom Planet Zob, in: Die Zeit vom 28.9.2000.

10

Von der Traumfrau zur Null

  Wenn der erfolgsverwöhnte Schlagerkomponist George Webber auf der Couch seines Psychiaters liegt, denkt er viel an Frauen und stuft sie auf einer Skala von 1 bis 10 ein. Webber ist gerade 42 Jahre alt geworden und steckt tief in einer Midlife-Crisis, trotz oder obwohl er eine attraktive Freundin hat. Er träumt von der Traumfrau, der 10. Als ihn eines Tages an der Ampel eine Blondine blasiert mustert, hat George seine 10 auf der Begehrlichkeitsskala gefunden. Dummerweise ist die Traumfrau gerade auf dem Weg zu ihrer Hochzeit. Doch George ist völlig aus dem Häuschen, folgt wie besessen seiner 10 in die Kirche und dann sogar in die Flitterwochen nach Mexiko.

Komödien-Spezialist Blake Edwards hat mit »10« ein hintersinniges Porträt der kalifornischen Schickeria geliefert. Sein Protagonist steckt voller verdrängter Ängste und Wünsche und kommt mit dem beruflichen und sexuellen Leistungsdruck nicht zurecht. Einmal aus der Bahn geworfen, stolpert George würdelos und albern durch die Welt und hasst sich selbst für seine peinliche Tollpatschigkeit. Weil er ausgerechnet dem Ehemann seiner 10 das Leben rettet, kommt er ihr näher, muss aber spätestens beim vom Bolero untermalten Liebesspiel merken, dass er für die reine Lust nicht geschaffen ist.

Voller Gags und bitterböser Pointen ist »10 – Die Traumfrau« nach »Frühstück bei Tiffany's«, »Der Partyschreck« und »Der rosarote Panther« eine weitere sehenswerte Edwards-Komödie, für die er diesmal auch das Drehbuch geschrieben hatte. Für die Musik gab's zwei Oscar-Nominierungen. Hauptdarstellerin Bo Derek schaffte in ihrer ersten großen Rolle den Durchbruch zum Weltstar, allerdings weniger wegen ihrer schauspielerischen Leistung, sondern eher wegen der cleveren PR-Strategie ihres Mannes, der sie zum »Sexsymbol der 80er-Jahre« hochstilisierte. Aber auch dieses Traumfrau-Versprechen konnte Bo Derek nicht einlösen, nach mehreren filmischen Flops kassierte sie die Auszeichnung »Goldene Himbeere« als schlechteste Schauspielerin der 1980er-Jahre.

Geradezu symbolhaft für Bo Dereks Karriere wie auch für den Plot von »10« scheint jene Szene, die der deutsche Regie-Kollege Harun Farocki ausführlich analysiert: Der Komponist George liegt in Mexiko am Strand, und voller Erwartung beobachtet er seine Traumfrau. »Bis dahin war alles geschwätziges und dumpfes Leben, jetzt kommt ein Augenblick von Begehrlichkeit.« Der Zuschauer aber sieht die Frau in Großaufnahme, ins Bild gesetzt wie etwas Wichtiges in einem Kriminalfilm. Doch sie wirkt wie ein Gegenstand, dem nur der Augenblick Bedeutung verleiht. In der hellen Sonne an dem armseligen und luxuriösen Strand erscheint die Frau noch näher, die Begehrlichkeit steigert sich, und sie ist *leer*.« So ist für Farocki aus der 10 kurzerhand eine Null geworden.

Quellen: Harun Farocki: Zehn – Die Traumfrau, in: Filmkritik Nr. 283, Juli 1980; Frank Ehrlacher: Zehn – Die Traumfrau, unter: moviemaster.de; Zehn – Die Traumfrau, unter: wdr.de; Biografien von Blake Edwards und Bo Derek, in: Munzinger-Archiv.

X

Die betrügerische Verdoppelung

Bei so manchem Sprichwort ist die ursprüngliche Bedeutung kaum noch bekannt oder sogar längst verloren gegangen – und es wird trotzdem weiter benutzt. Der übertragene Sinn ist einfach als Ganzes idiomatisiert, und nach der Herkunft wird nicht mehr gefragt. Wer weiß also schon, dass dort, wo der Hund begraben liegt, Geld oder Wertgegenstände zu finden sind, denn das Wort Hund hat nichts mit dem Haustier zu tun, sondern kommt vom mittelhochdeutschen »Hunde«, und das bedeutet Beute oder Schatz. Das Fettnäpfchen, in das viele treten, kommt tatsächlich von einem kleinen Fetttrog, der zum Schmieren der Stiefel neben der Haustür stand und Flecken verursachte, wenn er versehentlich umgestoßen wurde. Und wenn jemandem etwas durch die Lappen geht, muss er eigentlich Jäger sein, der vergeblich bunte Stofffetzen aufgehängt hat, um das Wild am Ausbrechen aus dem Jagdrevier zu hindern.

Genauso verhält es sich mit einer Redensart, bei der die Wenigsten wissen, dass es sich um Zahlen handelt. Wenn ich jemandem ein X für ein U vormache, dreht sich das Ganze um römische Ziffern. Dass das X für die 10 steht, wissen viele, dass das U mit dem V für 5 identisch ist, schon weniger. Mit einem X statt eines U verdopple ich also den Zahlenwert, am liebsten selbstverständlich die Schuld des anderen. Ein Vers aus dem 16. Jahrhundert bringt es auf den Punkt:

Die kreid in seiner hand bald nam.
Der wierte war ein gschwinder man,
Dieselb, wie er dann pflegt zu gen,
Für einen strich recht kreidet zwen,
Er macht ein X wohl für ein U
Damit kam er der rechnung zu.

Auch im Simplicissimus-Roman von Grimmelshausen kommt ein ähnlich geschäftstüchtiger Wirt namens Schrepfeisen vor, der zum Protagonisten sagt: »Und doch wollen meine Gäste meine Rechnung bisweilen nicht recht verstehen, sondern je zuweilen aus einem X ein V machen, das mir aber zu tun nicht gelegen.« Die betrügerische Technik an der Wirtshaustafel ist simpel. Die beiden Striche des Vs werden einfach nach unten hin verlängert, und schon ist der Betrag verdoppelt. Doch wenn der Zecher schon fünf Biere oder fünf Schnäpse intus hat, merkt er's wohl kaum mehr.

Quellen: Kurt Krüger-Lorenzen: Deutsche Redensarten und was dahintersteckt, Econ Düsseldorf/Wien 1982; Lutz Röhrich: Lexikon der sprichwörtlichen Redensarten, Herder, Freiburg 1991.

$10^2 + 11^2 + 12^2 = 13^2 + 14^2$

Botschaft an Außerirdische

Ist da wer im Weltall? Und wenn ja, wie kann man mit denen da draußen kommunizieren? Und was soll man ihnen über uns, die Menschen, als Erstes mitteilen? Solche Fragen beschäftigen Hobby-Ufologen und ernsthafte Wissenschaftler gleichermaßen, die unterschiedlichen Antworten darauf füllen ebenso viele Bücher wie Internetseiten.

Konkret wurde es erstmals Anfang der 1970er-Jahre, als die amerikanischen Raumsonden Pioneer 10 und Pioneer 11 ins All starteten und bildliche Information für Außerirdische dabeihatten. Zwei Aluminium-Platten sollten zeigen, wie wir Menschen aussehen, welches für uns das wichtigste Element ist, nämlich Wasserstoff, und auf welchem Planeten im Sonnensystem wir leben.

Mit den Voyager-Sonden erhielten Außerirdische zusätzlich eine Bildergalerie, Grüße in 55 Sprachen und 90 Minuten Musik von: Bach, Mozart, und Chuck Berry.

Der amerikanische Radio-Astronom Frank Drake wollte auf andere Weise Kontakt aufnehmen und entschied sich für eine digital verschlüsselte Botschaft. In der Hoffnung, dass da draußen gerade jemand zuhört, sendete er 1974 mit dem größten Teleskop der Welt 1.679 Digitalzeichen ins All. Sie enthalten Informationen u. a. über chemische Moleküle, den Menschen, seine DNA und die Erde im Sonnensystem. Ziel seiner Nachricht ist der Kugelsternhaufen Hercules M13, der 21.000 Lichtjahre entfernt ist. Wir müssen also noch rund 42.000 Jahre auf eine mögliche Antwort warten.

Schneller hatte sich dagegen die Idee von einigen sowjetischen Wissenschaftlern erledigt. Sie schlugen vor, da wir mit Außerirdischen ja keine gemeinsame Sprache haben, die interstellare Kommunikation mit einer abstrakten Zahl beginnen zu lassen, vielleicht mit einer Zahlenkette, die mehr über uns Menschen aussagt, wie zum Beispiel die Formel:

$$10^2 + 11^2 + 12^2 = 13^2 + 14^2$$

Die Gleichung sei ein echter Blickfang, meinten sie. Darüber hinaus ist die Summe der beiden Seiten 365 und verweist auf die Anzahl der Tage unseres Erdenjahrs. Die sowjetischen Wissenschaftler waren überzeugt, dass ihr außerirdisches Gegenüber längst die Rotationsdauer der Erde und ihre Umlaufzeit um die Sonne errechnet hätte, sodass es die Bedeutung der verschickten Gleichung sofort erfassen würde und daraus auf die mathematische Intelligenz von uns Menschen schließen könnte. Leider wurde die Botschaft aber nicht verschickt, sodass wir nie erfahren werden, ob die kommunikative Gleichung der Sowjets aufgegangen wäre.

Quellen: Ulrich Walter: Außerirdische und Astronauten, Spektrum, Heidelberg/Berlin 2001; DeutschlandRadio: Vor 30 Jahren wurde die »Arecibo-Botschaft« ins All gesendet, Kalenderblatt vom 16.11.2004; Clifford A. Pickover: Dr. Googols wundersame Welt der Zahlen, Diedrichs, Kreuzlingen/München 2002.

10 + 5

Der vermeidbare Gott

Das hebräische Alphabet stammt aus dem Phönizischen. Mit übernommen wurde dabei nicht nur die Schreibrichtung von rechts nach links, sondern auch das System der Zahlenschrift. Das Hebräische kennt nämlich keine eigenen Symbole für die Zahlenwerte, stattdessen werden die ersten neun Buchstaben von Alef bis Tet den Zahlen von 1 bis 9 zugeordnet. Die nächsten neun Buchstaben von Jod bis Zade stehen für die neun Zehner, also 10 bis 90. Die letzten vier Buchstaben von Kof bis Taw haben die Hunderter-Werte bis 400.

Um Zahlen und Buchstaben problemlos voneinander zu unterscheiden, wurden Akzente gesetzt. Punkte halfen teilweise, um größere Werte als 400 auszudrücken. Verwandt wurde das alphanumerische System meist nur im religiösen Kontext, und gerade da machte es die größten Schwierigkeiten bei der Zahl 15 bzw. bei 10 + 5.

Die Kombination der beiden Buchstaben J + H erinnert die Juden nämlich zu sehr an das göttliche Tetragramm JHWH, das den Kurznamen Gottes darstellt. Dieser Name wurde dem Volke Israel im Zusammenhang mit seinem Auszug aus Ägypten offenbart; er verweist nicht auf sein Wesen, sondern ist untrennbar mit der endgültigen Befreiung verbunden. »Gottes Transzendenz, seine radikale Andersheit, Unfassbarkeit und Zukünftigkeit drückt sich demnach in dem Umstand aus, einen unnennbaren Namen zu haben, einen Namen, der nicht zum magischen Bannen Gottes taugt.« (Micha Brumlik) Und analog zum biblischen Verbot, sich von Gott ein Bild zu machen, ist auch das Tetragramm tabu und soll weder gesprochen noch geschrieben werden. Ihrer Ähnlichkeit wegen durfte die Zahl 15 nicht als 10 + 5 ausgedrückt werden, auch hier galt das traditionelle Verbot. Doch die jüdischen Schreiber wussten sich zu behelfen und rechneten um: Sie verwandten für die 15 einfach die Buchstaben Tet und Waw, also 9 + 6.

Quellen: Daniel Tyradellis/Michal S. Friedlander: 10 + 5 = Gott. Die Macht der Zeichen, DuMont, Köln 2004; darin: Micha Brumlik: Die Welt der Schrift und die Schrift der Welt, a.a.O.; Georges Ifrah: Universalgeschichte der Zahlen, Campus, Frankfurt/New York 1986.

10, 9, 8, 7, 6, 5, 4, 3, 2, 1, 0

Countdown aus Deutschland

War der größte Berufswunsch der Jungen für lange Zeit wirklich Lokomotivführer, änderte sich das in den 1960er-Jahren gewissermaßen blitzartig, spätestens mit der Ankündigung des amerikanischen Präsidenten John F. Kennedy 1961, »noch vor Ende dieses Jahrzehnts einen Menschen auf dem Mond zu landen und sicher zur Erde zurückzubringen«. Jetzt wollte selbst jeder westdeutsche Dreikäsehoch Astronaut werden und konnte bald auf Englisch rückwärts zählen. Denn die Starts der Saturnraketen, über die ausführlich im Fernsehen berichtet wurde, begannen allesamt mit dem Countdown: ten, nine, eight, seven, six, five, four, three, two, one, zero.

Dabei ist der Countdown eine deutsche Erfindung. Er taucht erstmals in dem 1929 entstandenen Film »Frau im Mond« von Fritz Lang auf. Auch wenn der Plot des Films etwas krude ist, hat sich Lang doch sehr um technische Genauigkeit bemüht und als Berater den »Vater der Weltraumfahrt«, den Wissenschaftler Hermann Oberth, verpflichtet, der später maßgeblich an den Raketenentwicklungsprogrammen der Nazis beteiligt war. Viele der Ideen des

Drehbuchs beruhten auf Oberths Arbeit »Die Rakete zu den Planetenräumen« und setzten ein wissenschaftliches Konzept in eine Spielhandlung um, wodurch »Frau im Mond« zum ersten deutschen Science-Fiction-Film wurde. Die Idee des Countdowns beim Raketenstart stammte allerdings von Lang selbst, es war eine seiner »verdammten Eingebungen«:

> Als ich das Abheben der Rakete drehte, sagte ich mir: Wenn ich eins, zwei, drei, vier, zehn, fünfzig, hundert zähle, weiß das Publikum nicht, wann die losgeht. Aber wenn ich rückwärts zähle: Zehn, neun, acht, sieben, sechs, fünf, vier, drei, zwei, eins, NULL! – dann verstehen sie.

Es war der erste filmische Countdown der Geschichte, weswegen die amerikanische Weltraumbehörde NASA Lang 1964 zum »Father of the Rocket Science« ernannte. Die Vorgehensweise war da schon zum Standard geworden: Die Zeitspanne bis zum Eintreten eines bestimmten Ereignisses wird getaktet bekanntgegeben, meist im Sekundentakt. Heutzutage ist der Countdown bei Raketenstarts ein festgelegter Ablaufplan, der je nach Komplexität wenige Minuten oder, bei bemannten Flügen, bis zu sieben Tage dauert. Während dieses Zeitraums müssen zahlreiche Tests positiv durchgeführt worden sein, ansonsten wird der Countdown angehalten oder gar abgebrochen und der Start verschoben. Der Countdown ist eigentlich stumm, und nur die letzten Sekunden werden medienwirksam laut heruntergezählt: 10, 9, 8, 7, 6, 5, 4, 3, 2, 1, 0.

Das Schlusskommando kann statt »Zero!« auch »Go!« oder »Lift Off!« lauten. Beim europäischen Raumfahrtprogramm wird dagegen in französischer Sprache heruntergezählt – »cinq, quatre, trois, deux, unité, top«, denn gestartet wird in Kourou, und das liegt in Französisch-Guayana. Die russischen Kosmonauten müssen dagegen ganz ohne laut gesprochene Zahlen ins All starten.

Die Popularität des Countdowns hat dazu geführt, dass er auch in zahlreichen nicht-technischen Bereichen zum Einsatz kommt. So mancher Sportfan fiebert auf diese Weise dem Ende eines Spiels entgegen, vor allem, wenn die eigene Mannschaft gerade gewinnt. Auch die letzten Sekunden eines Jahres werden auf vielen Silvesterfeiern gemeinsam laut heruntergezählt, bevor das neue Jahr mit Sekt, Feuerwerk und guten Vorsätzen startet. Und Jack Lemmon hatte einen ganz persönlichen Countdown. Er war, wie so viele Schauspieler, etwas abergläubisch und bereitete sich sein Leben lang immer in gleicher Weise auf den großen Moment vor, wenn der Vorhang aufging – mit einer Zauberformel, die er einem Regisseur in einem Fernsehstudio abgelauscht hatte: »Five, four, three, two, one – Magic Time!«

Quellen: Friedemann Beyer: Die Erfindung des Countdowns, in: Frankfurter Allgemeine Zeitung vom 14.10.2004; »Countdown«, »Frau im Mond« und »Hermann Oberth«, unter: Wikipedia.de; Enno Patalas: kommentierte Filmografie, in: Fritz Lang, Reihe Film, Bd. 7, Carl Hanser Verlag, München/Wien 1986; Frau im Mond: unter: molodezhnaja.ch; Michael Althen: Der perfekte Nobody, Starporträt: Jack Lemmon, in: Süddeutsche Zeitung vom 29.6.2001.

10:10

Da lacht die Uhr

 Wer sich schon einmal aufmerksam ein Uhren-Prospekt angesehen hat, dem ist vielleicht aufgefallen, dass die dort abgebildeten Uhren allesamt auf der Zeit 10:10 Uhr stehen. Auch in den Vitrinen der Juweliere sind die präsentierten Uhren – wenn sie nicht die aktuelle Uhrzeit anzeigen – meist auf 10:10 Uhr eingestellt.

Wer dahinter eine versteckte Botschaft oder einen Hinweis auf die Ladenöffnungszeiten vermutet, liegt völlig falsch. Die Uhrzeit spielt bei der 10:10 keine Rolle: Wichtig ist nur, dass die beiden Zeiger symmetrisch zueinander stehen und dass sie nicht den Blick aufs Ziffernblatt mit der Datums- oder Mondphasenanzeige verstellen. Deshalb ist auch etwas seltener die Zeit 13:50 Uhr zu sehen, die vom Winkel her zu 10:10 Uhr identisch ist, nur sind dabei die Zeiger vertauscht. In beiden Fällen wird der Sekundenzeiger übrigens so platziert, dass er den optischen Eindruck nicht stört. Der soll nämlich so freundlich wie möglich sein. Werbepsychologen haben in verschiedenen Tests und Befragungen herausgefunden, dass 10:10 Uhr auf den Betrachter die beste Wirkung hat und am ehesten einen Kaufimpuls auslöst, denn die Zeigerstellung erinnert an einen lächelnden Mund. Die ganze Uhr wird so zu einem Smiley.

Quellen: Geheimnisse der Uhrenwerbung, in: Konsument international 3/99, unter: konsument.at; Uhrenwerbung, unter: kurzefrage.de.

11

Die närrische Zahl

»Elf! Eine böse Zahl ... Elf ist die Sünde.
Elf überschreitet die zehn Gebote.«
Schiller, »Die Piccolomini«

Ob Fastnacht, Fasching oder Karneval, die närrische Jahreszeit beginnt am 11.11., pünktlich um 11 Uhr 11. Vorbereitet hat die Kampagne zumeist ein Festkomitee, der Elferrat, der die Abendveranstaltungen gern auf 20 Uhr 11 ansetzt. Die Zahl zieht sich durch die

Traditionen der verschiedensten Zünfte und Vereine. Die Elf ist das Wappenzeichen des Narhalla-Prinzen im Mainzer Karneval, und die Narren in Ettlingen malen sich die 11 auf ihre Kostüme oder sogar auf die Stirn, gewissermaßen als Narrenmal. In einigen Orten – wie Wolfach, Haslach oder Waldkirch – wird der Festumzug als »Elf-Messe« bezeichnet, das närrische Gegenstück zum kirchlichen 11-Uhr-Gottesdienst, und wenn ein Karnevalsverein ein ganz großes Jubiläum feiert, dann ist es sein 121-jähriges Bestehen, weil er vor 11 mal 11 Jahren gegründet wurde.

So unterschiedlich die Fastnachtsbräuche in Deutschland auch sind, über die 11 als Jeckenzahl oder auch als »Glückszahl des Narren« herrscht Einigkeit. Die Ausbreitung der närrischen Zahl 11 ging vom Rheinland aus, beginnend mit dem Jahr 1828, als sich der Kölner Karneval neu organisierte. Die Fastnachtsbräuche wurden von nun an von einem Komitee verantwortet, das aus 11 Personen bestand, dem Elferrat. Das Beispiel machte Schule – in Kassel und Feiburg gibt es sogar getrennte Herren- und Damen-Elferräte –, und als nach dem Zweiten Weltkrieg die Brauchtumsgruppen neu entstanden, griff man fast überall auf das rheinische Modell zurück. Schließlich wurden die Elferräte durch das Fernsehen und seine Übertragungen der Mainzer Saalfastnacht jedem Zuschauer bekannt und besiegelten den Siegeszug der elfköpfigen Sitzungspräsidentschaft.

Woher die närrische 11 kommt, ist nicht eindeutig festzustellen. Manche sagen, damit werde an die Zunftbräuche des Martinstags erinnert, der immer am 11.11. ist. Das Datum war auch als Steuertag wichtig im Wirtschaftsleben der vorindustriellen Zeit, und es war ein Tag des Gesindewechsels, verbunden mit Festessen, Gelagen und dem Verzehren der Martinsgans.

Mehr Gewicht hat eine politisch-historische Herleitung, die die 11 in Zusammenhang mit dem wachsenden Selbstbewusstsein des Bürgertums bringt. Für Matthias Joseph de Noël, einen Kölner Schriftsteller, der sich Anfang des 19. Jahrhunderts um die Erneuerung des Kölner Karnevals verdient gemacht hatte, stand die 11 für die »Gleichheit der Jecken unter der Narrenkappe«, jedes Mitglied der Karnevalsgesellschaft trat als selbständige, gleichberechtigte Persönlichkeit in Erscheinung. So kam »eins neben eins«. Das Kappentragen war in den Vereinen obligatorisch geworden, und das Narrenmotto »Gleiche Brüder, gleiche Kappen« wurde von Historikern mit der Parole der französischen Revolution »Gleichheit, Freiheit, Brüderlichkeit« in Zusammenhang gebracht. Viele erklärten gar, der Kampfruf »Egalité, Liberté, Fraternité« sei auf seine Anfangsbuchstaben, also zu ELF verkürzt worden. Auch andere Elemente des Karnevals wurden als Parodie gelesen: die Narrenkappe, die an die Jacobiner-Mütze erinnert, die Elferräte, die sich wie die Revolutionstribunale gebärden, und die Karnevalsgarden als Karikatur des im Rheinland stationierten französischen Militärs. Ein Schönheitsfehler dieser These ist, dass die Parole ursprünglich eine andere Reihenfolge hat und die Freiheit vor alles andere stellt, nämlich: »Liberté, Egalité, Fraternité.«

Sicher ist, dass sich die 11 nur als Narrenzahl durchsetzen konnte, weil ihre Bedeutung an ein traditionelles Vorverständnis der Zahl anknüpfte, die christliche Symbolik. Schließlich kommen die Fastnachts-, Faschings- und Karnevalsbräuche aus dem katholischen Einflussbereich. Stets wurde hier die 11 mit der Sünde verbunden, da sie die Zehnerzahl der zehn Gebote überschritt. So stand die 11 für all jene Menschen, die sich außerhalb des Sittengesetzes stellten und nach ihrem eigenen Willen, nicht aber nach dem Willen Gottes lebten: die Teufel, Sünder und Narren. Nicht ohne Grund rufen zahlreiche Fastnachtszünfte zum 11.11.: »Es geht dagege« – die Fastnachtszeit als Gegenwelt zur rechten Ordnung.

Die christlichen Allegoriker ziehen zur Erklärung der Zahlensymbolik verschiedene Bibelstellen heran. So gibt es nur noch 11 Apostel nach dem Verrat des Judas und vor der Wahl des Matthias, und der Psalm 11 beklagt die Sündhaftigkeit der Welt. Das Gleichnis vom Weinberg aus dem Matthäus-Evangelium verweist auf eine weitere Bedeutung der 11. Darin wird von Arbeitern erzählt, die um die dritte, die sechste, die neunte und die elfte Stunde angeworben werden, am Abend erhalten aber alle den gleichen Lohn. Die Moral: Die Letzten werden die Ersten sein. Generell war die 11 Sinnbild für die letzte Stunde, sie mahnte an Weltuntergang und Jüngstes Gericht. Die elfte Stunde, so der Johannesbrief, künde vom Kommen des Antichristen.

Die Narren machen sich auf die christliche Zahlensymbolik ihren eigenen Reim. Nicht ohne Grund zeigen z. B. die Schramberger Hansel auf der Rückseite ihres Narrenkleids die Darstellung einer Uhr, deren Zeiger auf dreiviertel Zwölf steht. Und das goldene Buch der Kölner Karnevalsgesellschaft 1823, mit der die organisierte Narretei begann, zieren auf dem Titel 11 stilisierte Tropfen, die noch heute das Wappenmotiv der »Roten Funken« sind. Vielleicht hat die 11 sogar Pate gestanden für den Kölner Narrenruf »Alaaf«, sicher aber ist das Mainzer »Helau« eine Verballhornung des kirchlichen Jubelrufs »Halleluja«.

Ehe also ihr letztes Stündlein schlägt, bleibt den Narren noch Zeit für Frohsinn und sündiges Treiben, gemäß den Initialen »ELF« des mittelalterlichen Narrenspruchs: »Ey lustig fröhlich.« Und am Aschermittwoch ist alles vorbei.

Quellen: Dietz-Rüdiger Moser: Fastnacht, Fasching, Karneval. Das Fest der verkehrten Welt, Styra, Graz/Wien/Köln 1986; Peter Fuchs/Wolfgang Oelsner/Max Leo Schwering/Hansherbert Wirtz/Klaus Zöller: Kölner Karneval. Seine Bräuche, seine Akteure, seine Geschichte, Köln 1997; Günter Schenk: Fassenacht in Mainz. Kulturgeschichte eines Volksfestes, Konrad Theis Verlag, Stuttgart 1986; Werner Mezger: Narren, Schellen und Marotten. 11 Beiträge zur Narrenidee, Verlag Ute Kierdorf, Remscheid 1984; Christina Frohn: Der organisierte Narr. Karneval in Aachen, Düsseldorf und Köln 1823 bis 1914, Jonas Verlag, Marburg 2000.

11

Rückennummern beim Fußball

11 Freunde sollten sie sein, hat Ex-Bundestrainer Sepp Herberger gefordert. Und selbst, wenn Profifußballer mittlerweile eher Berufskollegen sind und Millionen verdienen, ihre Gemeinschaft zeigt sich mental im gemeinsamen Gewinnstreben und optisch im einheitlichen Trikot. Und wenn sie auf dem Platz sind, dann sollen wir sie anhand von 11 Zahlen unterscheiden können, die sie auf dem Rücken tragen.

Im Baseball kannte man durchnummerierte Mannschaften schon länger, im Fußball hatten nur ein, zwei australische Teams mit Rückennummern gespielt – bis das Endspiel um den englischen Fußballpokal 1933 kam. Zur besseren Unterscheidbarkeit für den Schiedsrichter und die Zuschauer hatte der Verband den beiden Finalisten im Londoner Wembley-Stadion neue Trikots verpasst; auf ihre gewohnten Club-Farben mussten sie verzichten. Doch nicht nur das: Die Spieler des FC Everton liefen mit den Rückennummern 1 bis 11 auf, die Gegner von Manchester City hatten die Nummern 12 bis 22.

Erst sechs Jahre später zählte man jede Mannschaft für sich von 1 bis 11 durch. Dabei entwickelte sich rasch die für viele Jahre klassische Rückennummerierung, die die Zahl auf dem Trikot fest mit der Position im damals üblichen 5-3-2-System verband.

1
Torwart

2   3
Rechter Verteidiger   Linker Verteidiger

4   5   6
Rechter Läufer   Mittelläufer   Linker Läufer

7   8   9   10   11
Rechtsaußen   Halbrechts   Mittelstürmer   Halblinks   Linksaußen

Die Deutschen mussten erst noch einen Weltkrieg verlieren, ehe man im Fußball zur Saison 1948/49 den einzelnen Spielern identifizierende Nummern auf die Trikots nähte. Der damalige Rekordmeister, der 1. FC Nürnberg, sperrte sich sogar noch drei Jahre länger gegen die Regelung.

Mit der Entwicklung der taktischen Spielsysteme löste sich auch langsam die feste Zuordnung von Spielposition und Rückennummer auf. Legendär ist dabei ein Länderspiel zwischen England und Ungarn 1953, als der mit der Nummer 9 auflaufende Hidegkuti nicht als ungarischer Mittelstürmer agierte, sondern weit zurückhängend im Mittelfeld eher die Rolle des Spielgestalters übernahm. Für seinen Gegenspieler entstand ein Dilemma: »Mittelläufer Harry Johnston wusste nicht, was er tun sollte: Dieser komischen ungarischen 9 folgen und so die Verteidigung aufreißen oder hinten bleiben und das Mittelfeld preisgeben?« (Broder-Jürgen Trede) Überragende Spieler, aber auch die ungewöhnliche Zahlenverteidigung bescherten den Ungarn letztlich einen 6:3-Sieg.

Seit in der deutschen Bundesliga mit der Saison 1993/94 feste Rückennummern Pflicht wurden – das heißt, ein Spieler behielt seine Zahl mindestens eine Spielzeit lang –, haben die Rückennummern ihre symbolische Kraft verloren. Ein Trikottausch ist also nur noch als Freundschaftsgeste mit dem Gegner nach dem Spiel möglich. Zudem drucken die Vereine zusätzlich die Spielernamen auf den Stoff, was vor allem den Absatz von Trikots im Fanshop ankurbeln soll. Die verbindliche Nummerierung soll laut Statuten der Deutschen Fußball Liga mit der 1 beginnen; auf besonders hohe Nummern, etwa das Geburtsjahr des Spielers, soll verzichtet werden.

Und doch gibt es mit Blick auf die Rückennummern eine ganze Reihe von zusätzlichen Bedeutungen, Geschichten und aus dem Spielsystem hergeleiteten Zuordnungen:

0 Als der marokkanische Nationalspieler Hicham Zerouali 1999 zum schottischen Spitzenclub FC Aberdeen wechselte, tauften ihn die Fans, vielleicht der einfacheren Aussprache wegen, »Zero«. Und vom schottischen Fußballverband erhielt er tatsächlich die Ausnahmegenehmigung, die 0 auf dem Rücken zu tragen.

1 Ganz traditionell steht die 1 für den Stammtorhüter, da auf dieser Position eher wenig gewechselt wird. Entsprechend umkämpft ist die Nummer 1 etwa in Nationalteams, legendär die Auseinandersetzung zwischen Jens Lehmann und Oliver Kahn vor der WM 2006. In jener Zeit lief Lehmann bei einem Freundschaftsspiel der Deutschen gegen Frankreich mit der ungewöhnlichen Rückennummer 9 auf. Er wollte unbedingt die 12, die klassische Nummer des Ersatztorhüters, vermeiden, um sich nicht vorzeitig im Duell mit Kahn geschlagen zu geben.

Die erste große Ausnahme von der 1 war der holländische Torwart Jan Jongbloed, der für das WM-Turnier 1974 die Rückennummer 8 erhielt. Die Niederländer brachen nämlich mit der Tradition, Spieler nach ihrer Position zu nummerieren, und vergaben die Rückennummern calvinistisch nach Alphabet.

3 Die Tradition, gewisse Rückennummern zu Ehren von besonders verdienstvollen Spielern zu sperren, wird in den amerikanischen Profiligen schon länger praktiziert. Die 23 für den Basketball-Star Michael Jordan oder die 99 für Eishockey-Ausnahmespieler Wayne Gretzky sind die prominentesten Beispiele. Auch im Fußball gibt es solche »ewigen« Rückennummern. So ging mit Paolo Maldini beim AC Mailand auch seine Rückennummer 3 in den Ruhestand, und höchstens einer der Maldini-Söhne darf sie wieder tragen.

Die gleiche Ehre erhielten unter anderem Franco Baresi

(6), der dem AC Mailand 20 Jahre die Treue hielt, Giacinto Facchetti (3) beim Lokalrivalen Inter und Johann Cruyff (14) bei Ajax Amsterdam.

4   Als rechter Außenläufer stand »die Vier für Grätschen an der Seitenauslinie, Schienbeine aus Eisen und den Geruch von nassem Rasen.« (Andreas Bock) Die Entwicklung zum 4-2-4-System brachte eine Stärkung der Abwehrreihen mit sich, wobei sich die beiden Innenverteidiger noch staffelten. So wurde die Rückennummer 4 häufig zum Vorstopper, der in Georg »Katsche« Schwarzenbeck wohl seinen besten Vertreter hatte, ein Manndecker und Abräumer, dem von den gegnerischen Fans häufig entgegenschallte: »Kein Mensch, kein Tier – die Nummer vier.«

5   In den 1970er- und frühen 1980er-Jahren spielten viele Mannschaften mit einem Libero, einem freien Mann ohne direkten Gegenspieler, der hinter der eigenen Abwehr stand, sich aber auch gut in den Aufbau einschalten konnte. Da sich die Position aus dem ehemaligen Mittelläufer entwickelte, trug der Libero zumeist die Rückennummer 5, und niemand hat die Rolle besser interpretiert als Franz Beckenbauer.

6   Der 6er ist ein in der Fußballsprache konventionalisierter Begriff für einen defensiv orientierten Mittelfeldspieler, der vor der Abwehrkette als Abräumer agiert. Viele sagen auch Staubsauger dazu. Defensiv eingestellte Mannschaften stellen sogar zwei Spieler auf diese Position, dann spricht man von einer »Doppelsechs«.

9   Dass der Zahlenmythos keine Geschlechtergrenzen kennt, zeigt die traditionelle 9 des Mittelstürmers, mit der schon Uwe Seeler und Gerd Müller zu Torjägern wurden. Auch Birgit Prinz trug dieses Insignium der Torgefährlichkeit und konnte mit der 9 weltweit mehr Ländespieleinsätze und vor allem mehr Länderspieltore

aufweisen als jeder andere – auch männliche – Konkurrent.

10   Die Rückennummer 10 hat sich zum Symbol für den
Spielmacher entwickelt, zum »Dirigent im Mittelfeld«,
wie eine Biografie über Günter Netzer heißt. International geprägt wurde die Rolle der 10 durch Maradona
oder Platini, in Deutschland durch Netzer, Matthäus
und Overath, der sie so beschreibt: »Ein Zehner ist bereit, etwas zu unternehmen, aber im Sinne der Gruppe.«
Die 10 des Mittelfeldstrategen hat unter allen Rückennummern die vielleicht stärkste Ausstrahlung, sodass
sie von vielen Spielern schon wieder als Last empfunden wird. Zu Ehren von Maradona vergibt der SSC Nea-
pel die 10 nicht mehr, sogar die argentinische Nationalmannschaft spielt ohne diese Rückennummer – nur bei
Weltmeisterschaften muss eine 10 auflaufen.

12   Manche Vereine reservieren ihre Rückennummer 12
für den 12. Mann auf dem Platz, und das sind die eigenen Fans. Die Ehre für die meist lautstarke Unterstützung ist extra in den Statuten der Deutschen Fußball-
liga vorgesehen. Entsprechend beliebt sind Trikots mit
der Rückennummer 12, auf die der Fan seinen eigenen
Namen aufdrucken lässt.
Umgekehrt ist es beim Traditionsclub Eintracht Braunschweig, da ist die 1 für die Fans gesperrt, und der
Stammtorhüter muss mit der 12 spielen.

13   Auch der griechische Erstligist Panathinaikos Athen hat
eine Rückennummer für seine Fans reserviert, hier ist
es aber die 13, weil die Fans durch das Tor 13 ins Stadion kommen.

17   Dass die Vereine RC Lens und Olympique Lyon diese
Rückennummer nicht mehr vergeben, hat einen trau-
rigen Grund. Die 17 trug der Kameruner Marc-Vivien
Foé, der während des Halbfinales im Confederations

Cup, im Spiel gegen Kolumbien, einen Herzanfall erlitt und verstarb. Auch sein letzter Arbeitgeber, Manchester City, verzichtet Foé zu Ehren auf seine Rückennummer, hier ist es die 23.

Ähnlich verhält es sich beim FC Sevilla mit der Rückennummer 16, die dem auf dem Spielfeld verstorbenen Verteidiger Antonio Puerta gewidmet ist.

18 Als der Superstar Ronaldo von Inter Mailand gekauft wurde, beanspruchte er als Torjäger die Rückennummer 9 für sich. Der bisherige 9er Iván Zamorano musste zähneknirschend verzichten, schaffte es aber mit einer kleinen List, seiner 9 nahe zu kommen. Er wählte nämlich die Rückennummer 18 und ließ sich vom Zeugwart zwischen 1 und 8 ein kleines Pluszeichen kleben.

23 Auch David Beckham musste mit dem Verein seine Rückennummer wechseln, als er zu Real Madrid kam. Seine zuvor bei Manchester United getragene 7 war nun von Raúl belegt. Beckham wählte in Verehrung des US-Basketballstars Michael Jordan für das Trikot die 23. Seine Lieblingsnummer aber trug er künftig noch enger. Als eines seiner vielen Tattoos prangt über der Zeile »Perfectio in spiritu« die »VII« nun auf Beckhams Unterarm.

33 Maik Franz, wegen seiner provozierenden und überharten Spielweise auch »Iron Mike« genannt, wählte sich in der Bundesliga beim VfL Wolfsburg die Rückennummer 33 und erklärte das mathematisch: »Drei mal drei ist sechs. Eigentlich wollte ich die Nummer 6 haben, aber die war schon besetzt.« Ob er damit am Ende die Rechenkünste des fragenden Journalisten provozieren wollte, ist ungeklärt.

69 Der Baske Bixente Lizarazu, der von 1997 bis 2006 für Bayern München spielte, wählte sich die Rückennummer 69 und gab gleich drei verschiedene Gründe dafür an: Er sei Jahrgang 1969, er sei genau 1,69 groß, und er bringe (zurzeit) 69 Kilogramm auf die Waage.

77   Die höchste in der Bundesliga bisher getragene Rückennummer war die 77, die sich Andreas Görlitz beim Karlsruher SC aussuchte, weil die Rockband, in der Görlitz Gitarre spielt, »Room 77« heißt.

80   Superstar Ronaldinho wählte sich beim AC Mailand die Rückennummer 80, weil dies sein Geburtsjahr war.

100   Eine dreistellige Rückennummer durfte in Europa bisher nur der Österreicher Andreas Herzog in seinem 100. Länderspiel tragen. Der »Alpen-Maradona« erhielt vom Weltverband FIFA für das Spiel gegen Norwegen die einmalige Ausnahmegenehmigung.

618   Die wohl höchste Rückennummer in einem Ligaspiel trug der brasilianische Torwart Rogério Ceni am 28. Juli 2005 im Spiel gegen Atlético Mineiro. Sonst lief »Mücke«, wie er genannt wird, mit der Rückennummer 01 auf, da es aber sein 618. Match für den FC São Paulo war, wurde dieser Rekord auf seinem Trikot festgehalten. Inzwischen hat er sogar über 1.000 Spiele für seinen Club absolviert.

Quellen: Seit 15 Jahren mit festen Rückennummern, unter: bundesliga.de; Broder-Jürgen Trede: An ihren Rücken sollt ihr sie erkennen! 75 Jahre Trikotnummern, unter: einestages.spiegel.de; Philipp Köster: 25 Dinge über Rückennummern. in: 11Freunde. Magazin für Fußball-Kultur, vom 13.11.2006, unter: 11freunde.de; Spieler mit der 0, Torwart mit der 8. Bildergalerie unter: sueddeutsche.de; Andreas Bock: Nummer Fünf lebt nicht mehr. Der Bedeutungsverlust der Rückennummern: unter 11freunde.de; Christian Eichler: Lexikon der Fußballmythen, Eichborn, Frankfurt am Main, 2000; Lars Wallrodt: Wolfgang Overath ist die ewige Nummer 10, unter: welt.de vom 23.10.2009; Geheiligte Rückennummern, vom 16.3.2007, unter: FIFA.com; Frauen EM 2009: Küken, Stars und Neid, vom 10.9.2009, unter: focus.de; David Beckham's Tattoos and It's Meaning, unter: squidoo.com; Ronaldinho erhält Rückennummer 80 beim AC Mailand, unter: fussball-berichte.de.

Elf Drei Nullneun

Trauma-Therapie in Winnenden

Von rechts ragt in das Bild eine Ecke des Schulgebäudes, der Weg dorthin ist flankiert von einem Meer aus Blumen und roten Grablichtern. Diese Zeichen einer unfassbar großen Trauer werden von extra aufgestellten Scheinwerfern ins rechte Licht gerückt, postiert wohl von der Besatzung verschiedener Übertragungswagen, die sich am rechten Bildrand aufreihen. Menschen sind keine zu sehen, weder Trauernde noch jene, die über diese Trauer berichten. Das Bild heißt: »ElfDreiNullneun«.

Die Zahl steht für jenes Datum, das aus der schwäbischen Kleinstadt Winnenden eine »traumatisierte Stadt« gemacht hat. Am 11.3.2009 starben bei dem Amoklauf eines Schülers an der Albertville-Realschule 12 Mitschüler und Lehrer, auf seiner Flucht tötete er drei weitere Menschen und schließlich sich selbst. Elf Opfer wurden teils schwer verletzt in Krankenhäuser eingeliefert.

Der 11. – wie man den Amoklauf in Winnenden nur nennt – hat nicht nur das Leben der Hinterbliebenen verändert, der Angehörigen und Freunde, der Kollegen, der Klassenkameraden und deren Eltern, er hat sich tief in die Seelen der Bewohner eingegraben. Nichts war mehr wie zuvor – ein Trauma wie 9/11 für New York. Nach einer Schockstarre von etwa einem Vierteljahr löste die Verarbeitung des Amoklaufs vielfältige Emotionen aus. Das gemeinsame Schicksal hatte die Winnender zu einem sensibleren Miteinander gebracht, zu einer neuen Verbundenheit durch das gemeinsame Schicksal. »Die Behandlung von psychischen Krankheiten zum Beispiel ist in dieser Stadt kein Tabuthema mehr«, sagt die Leiterin der Volkshochschule. Es gab zahllose Veranstaltungen, um über das Unerklärliche zu reden, mit Diskussionen zu Waffenrecht oder Mobbing versuchten die Bewohner, ihre Ohnmacht zu verarbeiten.

Für den Winnender Künstler Markus Hallstein, der zugleich Lehrer an dem der Albertville-Realschule gegenüberliegenden Lessing-Gymnasium ist, mündete die Bearbeitung des eigenen Traumas in dem Bild »ElfDreiNullneun«. Er malte sich seine Hilflosigkeit von der Seele: das nach der Tat täglich wachsende Meer aus Kerzen und Blumen, niedergelegt von Schülerinnen und Schülern, die zugleich der Sensationsgier dreister Reporter ausgesetzt waren, persönliche Trauer und Anteilnahme werden dem unpersönlichen Medienrummel gegenübergestellt.

Doch »ElfDreiNullneun« stieß bei einer Ausstellung im Winnender Rathaus im Herbst 2009 auf heftige Entrüstung – auch ein Ausdruck für die Empfindsamkeit und Erregbarkeit der Winnender so kurz nach dem »11.«. Der Bürgermeister reagierte und ließ das Bild abhängen, was wiederum den Künstler verärgerte. Schließlich wurde ein Trauma-Psychologe als Berater hinzugezogen, der bestätigte, dass das Bild Betroffene re-traumatisieren könne. Das sah auch Markus Hallstein ein, und so einigte man sich auf einen Kompromiss: »ElfDreiNullneun« wurde separat im Trauzimmer des Winnender Rathauses ausgestellt, um niemanden ungewollt mit dem Thema Amoklauf zu konfrontieren.

Aber Trauerarbeit verläuft nicht synchron. Eineinhalb Jahre nach dem Amoklauf wird die umgebaute Albertville-Realschule wieder bezogen, um einer neuen Schülergeneration die Chance zu geben, sich unbefangen und frei zu entwickeln. Manche Winnender versuchen die Tat zu vergessen oder zu verdrängen, andere trauern still, wieder andere versuchen in einem »Aktionsbündnis Amoklauf« politische Konsequenzen zu bewirken, etwa eine Verschärfung des Waffenrechts. Zugleich zeigt sich in der Stadt immer mehr normale Lebensfreude, und doch werden die Erfahrungen aus dem 11.3.2009 sehr lange nicht Geschichte sein. Nur das Bild »ElfDreiNullneun« hat mittlerweile historischen Status erlangt, es wurde vom Baden-Württembergischen »Haus der Geschichte« angekauft.

Quellen: Kathrin Wesely/Frederieke Poggel: Die traumatisierte Stadt, in: Stuttgarter Zeitung vom 1.2.2011; Interview mit Herrn Hallstein am 19.10.09, in Prisma 3/2009. Schulinformation am Lessing Gymnasium Winnenden, unter: lgw.wn.bw.schule.de.

11 + 2 − 1 = 12

Sprachliche Gleichung

Es gibt eine Gleichung, die mathematisch korrekt ist, sich aber auch sprachlich lösen lässt – zumindest im Englischen. Nachvollziehen lässt sich das am besten an einer Tafel. Schreiben Sie das englische Wort für 11 auf, also »ELEVEN«, und fügen Sie die 2, also »TWO«, hinzu. An der Tafel steht nun »ELEVENTWO«. Um die 1, also »ONE«, abzuziehen, müssen Sie nur die drei Buchstaben auswischen, dann steht dort: ELEVTW. Wenn Sie nun die sechs Buchstaben umgruppieren, heißt die Lösung: TWELVE.

Quelle: Martin Gardner: Die Zahlenspiele des Dr. Matrix, Ullstein, Berlin 1980.

12

Bessere Basis fürs Zahlensystem

Eine der größten Errungenschaften der Menschheit war die Entwicklung eines Stellenwertsystems bei den Zahlen, d. h. eine Ziffer hat einen unterschiedlichen Wert, je nachdem, an welcher Stelle einer Zahl sie steht. Durchgesetzt hat sich dabei das Dezimalsystem. Bei der Zahl 1.959 zum Beispiel bedeutet die hintere 9 neun Einer, die vordere neun Hunderter, jede Stelle steht für eine Zehnerpotenz. Doch dieses Dezimalsystem ist historisch nicht das einzige – und es ist nicht unbedingt das praktischste. Viel besser wäre nach Ansicht einiger Experten ein Zahlensystem mit der Basis 12.

12er-Systeme sind in unserem Denken stark verankert. Das Judentum baut auf den 12 Stämmen Israels auf, Jesus Christus hatte 12 Apostel, wir teilen das Jahr in 12 Monate und den Tag in zweimal 12 Stunden. Die Astrologen unterscheiden 12 Tierkreiszeichen, selbst die Europäische Union hat sich 12 Sterne auf die Flagge gesetzt, denn die 12 gilt in viele Kulturen als Zahl der Vollkommenheit. Einige Kaufleute rechnen noch mit dem Dutzend, verkaufen Eier im Schock (5 mal 12) oder Schrauben im Gros (12 mal 12). Die Längeneinheit Fuß besteht aus 12 Zoll. Und selbst Wissenschaftler bauen noch auf die Basis 12, wenn sie die Stunden in 5 mal 12 Minuten und den Kreis in 30 mal 12 Grad unterteilen.

Kein Wunder, dass andere Wissenschaftler dafür plädieren, noch stärker auf das Dutzend zu setzen. In England und den USA gibt es duodezimale Gesellschaften, die mehr oder weniger ernsthaft die grundsätzliche Umstellung des Zahlensystems auf die Basis 12 vorantreiben. Die Vorteile seien eindeutig.

Die 12 ist eine viel handlichere Zahl, sie hat doppelt so viele Teiler wie die 10 und lässt sich problemlos halbieren, dritteln, vierteln und sechsteln. Die 10 kann dagegen nur mit Halben und Fünfteln in ganzen Zahlen aufwarten. Im Alltag ist das von großem Vorteil, denn wir teilen das Jahr in vier Quartale und den Arbeitstag in drei 8-Stunden-Schichten. Die 5er-Teilung ist dagegen sehr selten. Außerdem käme bei der neuen Basis die Zahl ⅓ nicht mehr als krummer Wert daher, weil er dezimal 0,33333333 geschrieben wird; ⅓ schreibt sich dann schlicht und einfach: 0,4. Und auch viele der bisherigen Prozent-Angaben etwa von ⅔ wären glatt und rund, nämlich 80 Progros. Aus all diesen Gründen funktionieren Berechnungen mit der Basis 12 einfacher und schneller. Das spart Zeit und Geld.

Eine Umstellung – davon sind zahlreiche Mathematiker, Statistiker und Finanzbeamte überzeugt – würde uns gar nicht so schwerfallen, hält doch unsere Sprache sogar schon die nötigen Zahlwörter elf und zwölf bereit, statt sie regelmäßig als einundzehn bzw. zweiundzehn zu bilden. Als zusätzliche Ziffern würden für die 10 X oder # und für die 11 E oder eine auf den Kopf gestellte 3 gebraucht.

Sicher müssten wir ein neues Einmaleins lernen, doch die Rechenoperationen würden alle funktionieren, und binnen einer Generation – so die Optimisten unter den 12-Befürwortern – würden sich alle fragen, warum früher mit dem unlogischen und unvernünftigen 10er-System gerechnet worden sei.

Natürlich würde uns das Duodezimalsystem leichter fallen, wenn wir schon mit sechs Fingern an der Hand geboren wären und somit manuell mit 12 rechnen würden. Doch die Natur ist gegen die Duodezimalisten, genauso wie die Tradition. Bei aller Vernunft, die man für ein 12er-System ins Feld führen kann, es werden sich wohl nie genügend Fürsprecher für die Basis 12 finden. Zumal durch die technische Entwicklung eines der Hauptargumente für die System-Umstellung an Gewicht verloren hat: Computer und Taschenrechner sind mittlerweile so schnell, dass man auch im Dezimalsystem keine Zeit mehr sparen muss.

Quellen: Georges Ifrah: Universalgeschichte der Zahlen, Campus, Frankfurt/New York 1991; Dudley Underwood: Mathematik zwischen Wahn und Witz, Birkhäuser, Basel/Boston/Berlin 1995; Dozenal Society of America, unter: polar.sunynassau.edu/~dozenal; Dozenal Society of Great Britain: Introduction to Base Twelve, unter: www.dozenalsociety.org.

Zwölf-Elf

Morgensterns Zeremonienmeister

 Es ist Mitternacht, wenn »Der Zwölf-Elf« seine linke Hand hebt und er damit eine Reihe von unheimlichen Ereignissen auslöst: Der Teich lauscht mit offenem Mund, der Moosfrosch lugt aus dem Moor, Schneck und Kartoffelmaus horchen auf. Und weiter:

Das Irrlicht selbst macht Halt und Rast
auf einem windgebrochnen Ast.

Sophie, die Maid, hat ein Gesicht:
Das Mondschaf geht zum Hochgericht.

Die Galgenbrüder wehn im Wind.
Im fernen Dorfe schreit ein Kind.

Erst als der Rabe Ralf schaurig krähend das nahe Ende verkündet, senkt der Zeremonienmeister, der Zwölf-Elf, seine linke Hand, und das ganze Land versinkt wieder in Schlaf.

Der Zwölf-Elf ist eines jener merkwürdigen Wesen, die die »Galgenlieder« von Christian Morgenstern bevölkern. Entstanden sind die Gedichte ab 1895 für einen studentischen Freundeskreis, der sich

»Galgenberg« nannte. »Abscheuliche, greuliche« Treffen hielten die Galgenbrüder ab, in verdunkelten Kneipenzimmern, mit schwarz verhülltem Tisch, Henkersmahlzeit, Bibel und blutigem Schwert. Das Ganze war so gespenstisch anzusehen, dass kein Wirt sie ein zweites Mal aufnehmen wollte. Morgenstern nannte sich Rabenaas und war Zeremonienmeister der Gruppe. In dieser Szene von Studentenulk, Mummenschanz und Geheimgesellschaft präsentierte er humorvolle, groteske Gedichte. Da wird eine dämonische Welt heraufbeschworen, die zugleich voll spielerischem Nonsens ist. Hier wie in der späteren Gedichtsammlung »Gingganz« zeigt sich Morgensterns Sprachskeptizismus, wenn er Wörter verlebendigt, sie verschiebt oder ineinandermischt, wenn er sie orthographisch verdreht oder andere Wörter anklingen lässt. Mehrfach geht er auch den Zahlwörtern auf den Grund. Da gibt es das Siebenschwein, das Vierviertelschwein und den Dreiachtelhasen. Das Gedicht »Anto-logie« erklärt, dass »gig eine Zahl sei, die es nicht mehr gibt – so groß war sie« – und dass »ant« eine Tierart sei, der nicht nur der »Elef-ant«, sondern auch der »Zwölef-ant« und der »Zehen-ant« angehörten.

Auch der Nachtmahr Zwölf-Elf weiß von seiner Zahlenzugehörigkeit und ist damit nicht zufrieden. Das schildert zumindest »Das Problem«, ein zweites Gedicht aus den »Galgenliedern«:

Der Zwölf-Elf kam auf sein Problem
und sprach: Ich heiße unbequem.
Als hieß' ich etwa Drei-Vier
statt Sieben – Gott verzeih mir!

Und siehe da, der Zwölf-Elf nannt' sich
von jenem Tag ab Dreiundzwanzig.

Quellen: Christian Morgenstern: Galgenlieder nebst dem ›Gingganz‹, Verlag Bruno Cassirer, Berlin 1923; Ernst Kretschmer: Christian Morgenstern, Metzler, Stuttgart 1985; Christos Platritis: Christian Morgenstern: Dichtung und Weltanschauung, Verlag Peter Lang, Frankfurt/M. 1992.

Vierzehn

Ein mysteriöser Ortsteil

Die kleine Gemeinde Rainbach liegt auf 14° 30′ 0″ östlicher Länge und 48° 31′ 60″ nördlicher Breite auf 719 Meter Höhe, oder anders gesagt: Rainbach liegt in Österreich, im Bezirk Freistadt, im Mühlkreis, es hat das Kfz-Kennzeichen FR und die Postleitzahl 4240. Ganz früher hat Rainbach mal zu Bayern gehört, dann zum Fürstentum »Österreich ob der Enns«, wurde während der Napoleonischen Kriege mehrfach besetzt, von den Nazis dem »Gau Oberdonau« und schließlich dem Bundesland »Oberösterreich« zugeordnet. Rainbachs Wappen ziert ein goldenes Rad und ein goldenes Hufeisen auf grünem Grund. Grün ist auch die Umgebung, ein Drittel der Fläche wird landwirtschaftlich genutzt, ein weiteres Achtel ist Wald. Viele der knapp 3.000 Einwohner von Rainbach sind Landwirte.

Doch genau 111 Einwohner von Rainbach im Mühlkreis haben ein Geheimnis, sie wohnen nämlich in dem Ortsteil »Vierzehn«, und woher diese 14 stammt, ist nicht wirklich bekannt. Im Ort Vierzehn kursieren eine ganze Reihe von sehr unterschiedlichen Erklärungsversuchen:

Manche meinen, die Bauern in Vierzehn seien so arm gewesen, dass sie an ihre Herren weniger hätten abgeben müssen, nämlich nur ein ¼ Zehent, und dieses »Viertzehen« habe den Ortsnamen ergeben. Andere glauben, die schwere Bauernarbeit selbst sei namensbildend gewesen, hätten doch die Gespanne in Vierzehn mühsam einen steilen Berg hinaufgetrieben werden müssen, mehr ein Zerren als ein Führen. Aus dem »fürigezogen« oder »fieri-ziang« sei dann der Ortsname entstanden.

Möglicherweise liegt der Name auch in der katholischen Volksfrömmigkeit und den weitverbreiteten 14 Nothelfern begründet. Die Heiligen Achatius, Ägidius, Blasius, Christopherus, Cyriakus,

Dionysius, Erasmus, Eustachius, Georg, Pantaleon, Vitus sowie die Heilige Barbara, Katharina und Margaretha wurden in gewissen Notsituationen um Hilfe angerufen. In Vierzehn hing lange ein Bild dieser 14 Nothelfer am Haus Nummer 6.

Die Entfernung nach Prag von rund 140 Meilen und somit der Standort des 14er-Meilensteins könnte für den Ort genauso namensstiftend gewesen sein wie ein 14-Ender-Hirsch. Und ganz kurios ist schließlich die Geschichte, die Einwohner von Vierzehn hätten früher nur vier Zehen gehabt.

Die wahrscheinlichste Herleitung stammt von der Sprach- und Heimatforscherin Inge Resch-Rauter, die »(a)uf den Spuren der Druiden« war und dem keltischen Ursprung der Ortsnamen nachging. Viele ursprünglich keltische Begriffe seien von den späteren Siedlern übernommen worden, da sie aber deren ursprünglichen Sinn nicht mehr verstanden hätten, seien die Worte mit deutschen Bezeichnungen gleichgesetzt und so verballhornt worden. So könnte Vierzehn auf den zusammengesetzten keltischen Begriff »Vircaion« zurückgehen. Viros war ein Krieger und Caion ein eingezäunter Platz, Vircaion demnach ein Versammlungsplatz für freie Krieger, wie das Zollfeld in Kärnten, auf dem vom Herzog Recht gesprochen wurde. Und tatsächlich lassen eine ganze Reihe von Flur- und Parzellennamen aus der Umgebung von Vierzehn darauf schließen, dass in der Frühzeit hier ein Vircaion, ein solcher Versammlungsplatz, war.

Quellen: Zusammenstellung der Erklärungen durch Gottfried Pascher von der Gemeinde Rainbach im Mühlkreis; dazu: Offizielle Website: rainbach-mkr.at.

17

Dringendes Bedürfnis im Kaufhaus

 Früher schallten sie fast alle fünf Minuten durchs Kaufhaus, Durchsagen wie »4 bitte 121« oder »22 bitte 418«. Alle Kunden hörten die Stimme über die Lautsprecher, aber verstanden hat die Informationen keiner. Die mysteriösen Zahlen-Kombinationen waren interessant und unheimlich zugleich, kein Wunder, dass darüber im Internet ein Text wie »Die Karstadt-Verschwörung« kursiert.

Welche Informationen mittels der Zahlen-Aufrufe an die Mitarbeiter gehen, ist bei den verschiedenen Kaufhausketten unterschiedlich, es schwankt sogar von Filiale zu Filiale. Doch ein paar Grundregeln gibt es: Sehr häufig soll ein Mitarbeiter dazu gebracht werden, einen anderen anzurufen. Daher ist der erste Teil der Durchsage zumeist die Nummer für einen bestimmten Angestellten. Die 1 oder 01 steht selbstverständlich für den Geschäftsführer; die 2 für seinen Stellvertreter, die 3 vielleicht für den Personalchef usw., je nachdem, wie jemand in der hausinternen Hierarchie eingeschätzt wird. Der zweite Teil des Codes ist dann in der Regel die Nummer des Telefonanschlusses, bei dem sich die ausgerufene Person melden soll.

Anders ist es, wenn ein Mitarbeiter in einer bestimmten Abteilung gebraucht wird, dann entspricht die zweite Zahl der Durchsage der Abteilungsnummer, z. B. steht bei Karstadt 025 für »Damenschuhe«, 026 für »Herrenschuhe« oder 028 für »Freizeitschuhe, Hausschuhe und Schnürsenkel«. Rund 100 solcher Abteilungen hat ein Kaufhaus. Auf diese Weise wird personelle Verstärkung angefordert, oder aber der Reinigungsdienst erfährt, dass er irgendwo ein Malheur beseitigen muss.

Auch besondere Vorkommnisse können in Einkaufszentren einen Zahlencode haben, weil im Klartext die ganze Kundschaft aufgeschreckt würde. So weist mancherorts die 99 auf ein Feuer hin, und mit der 100 ruft man jemanden herbei, um Erste Hilfe zu leisten. Für Ladendiebe soll die Zahl 55 stehen, doch in der Regel wollen Geschäfte einen Langfinger nicht durch eine Zahlen-Durchsage aufschrecken. Der Hausdetektiv kommt direkt aus der Videoüberwachungszentrale, oder er wird über einen Knopf im Ohr gesteuert.

Als Konvention in fast allen Häusern hat sich der Code 17 für Toilette eingebürgert. »Ich bin mal auf 17« klingt für Kundenohren auch viel freundlicher als der entsprechende Klartext. Warum aber gerade die Zahl 17 die Kaufhaus-Toilette symbolisiert, ist unbekannt. Es ist eine Konvention, deren Ursprung niemand hinterfragt, den ein dringendes Bedürfnis plagt. Die Abteilungsnummer stand dafür jedenfalls nicht Pate. Die ist nämlich nicht etwa »Keramik« oder »Badezimmer-Zubehör«, sondern die 17 steht für »Tischwäsche und Kissen«.

Quellen: Interviews mit Karstadt und Kaufhof; Romina Lenzlinger: Codierte Kaufhaus-Durchsagen, unter: 3plus.tv; Kaufhaus-Codes, unter: telefon-treff.de.

18

Seife aus der Tube

»Was brauchen wir wirklich zum Leben?«, fragten sich die Redakteure des Hamburger ZEITmagazins und gaben die Antwort gleich selbst: »Weniger, als man glaubt.« So stellten sie eine Liste von gerade mal 100 Dingen zusammen, lauter praktische und schöne Alltagsgegenstände, vom Abfalleimer bis zur Zahnbürste, die wirklich in eine Wohnung gehören. Mehr als diese Design-Favoriten brauche es nicht. Für die körperliche Sauberkeit in der minimalistischen Edel-Welt ist dabei die »Nummer 18« zuständig, eine Seife aus der Tube.

Hergestellt wird »No 18« von der Firma San Floriano, einem Naturkosmetik-Unternehmen aus Bad Boll, das das biedere Image der Branche abstreifen will. »Lifestyle in Tuben« soll »No 18« sein und »die erste Demeter Luxuspflegelinie, die Tradition, Modernität und Nachhaltigkeit inhaltlich und optisch widerspiegelt.«

Für die Nachhaltigkeit arbeitet das Unternehmen nach anthroposophischen Grundsätzen, die Inhaltsstoffe wie Olivenöl und Kakaobutter stammen alle aus Demeter-Erzeugung oder zumindest aus biologisch kontrollierten Verfahren. Traditionell sind die Parfümrezepte der verschiedenen Tubenseifen. Der Duft von »No 18« heißt »Buckingham Flowers«, eine mondän elegante Komposition aus Jasmin, Rosengeranie und erdigen Hölzern, die ein royales Erlebnis in englischer Tradition garantieren soll. Modernität schließlich sollen der nüchterne Name und das dazu passende Design der Verpackung ausstrahlen. Tube und Karton werden von der Zahl 18 dominiert, die Tube aus recyclebarem Aluminium, die Schachtel innen in einem grellen Gelb-Grün bedruckt.

Beauty-Bloggerin Vilete lobt »No 18« für seinen sofort wahrnehmbaren Duft, der auch nach dem Abwaschen erhalten bleibt. Zudem fühlten sich die Hände nach dem Waschritual sehr weich an. Trotzdem erhebt sie praktische Einwände. Würden nämlich zuerst die Hände befeuchtet, flutsche die gelbe Paste allzu gern direkt in den Abfluss. Und schließlich müsse die Tubenseife selbst ab und an gereinigt werden, denn »man nimmt ja eigentlich die Tube immer mit schmutzigen Händen hoch«. Daher sei »No 18« eher ein Eye-Catcher für Besucher.

Und auch das ZEITmagazin sieht die »Freude bis zum letzten Tropfen« gefährdet, dann nämlich, wenn »man die Seifentube mal mit der Zahnpastatube verwechselt«.

Quellen: 100 Dinge, die man braucht, in: ZEITmagazin Nr. 15 (Das Designheft) vom 7.4.2011; Tradition und Vision, unter: sanfloriano.de; Vilete: Hände mit Blumen säubern, unter: pflege-beauty.blogspot.com.

19

Vietnamkrieg auf dem Dancefloor

Bis zum Jahr 1985 war Paul Hardcastle nicht gerade als politischer Aktivist aufgefallen, eher als technisch versierter Musikarbeiter. 1957 geboren, entstammte Hardcastle einer Musikerfamilie, lernte Schlagzeug und experimentierte als Teenager mit billigen Synthesizern und Kassettenrecordern herum. Er jobbte als Meldefahrer bei der britischen Armee, als Fließbandarbeiter und Verkäufer von Fernsehgeräten. Seine erste Band war ein Flop, die zweite, First Light, konnte zumindest in Großbritannien Erfolge verbuchen. Dann gründete Hardcastle sein eigenes Label und produzierte Club-Musik. Sein Durchbruch gelang ihm zehn Jahre nach Ende des Vietnamkriegs mit einer Antikriegshymne: »19«.

Es fing damit an, dass Hardcastle die Dokumentation »Vietnam Requiem« im Fernsehen sah. Er war so beeindruckt, dass er sich sofort in ein Flugzeug nach New York setzte, um mit den Machern des Films einen Vertrag auszuhandeln. Hardcastle erhielt die Rechte, die optischen und akustischen Elemente des Films zu verarbeiten, und machte sich an die Arbeit. Beim Remix verwendete er Waffengeräusche, Hubschrauber, laufende Soldaten und fahrende Jeeps, nahm dazu die Stimme der Kriegsberichterstattung des Fernsehens und peppte die Geräuschspuren schließlich mit tanzbaren Beats auf. Paul Hardcastle nutzte dabei alles, was die zeitgenössische Studiotechnik an Dance-Effekten so zu bieten hatte.

Der Titel bezog sich auf die zentrale Aussage des Textes: Während im Zweiten Weltkrieg das durchschnittliche Alter der Soldaten 26 Jahre betrug, lag es im Vietnam-Krieg bei 19. Ruhig und sachlich werden die ersten Sätze von einem Nachrichtensprecher vorgetragen, darunter pumpt schon ein elektronischer Rhythmus. Dann dreht das Stück auf, den Text unterbrechen Beats, die wie Maschinengewehr-Salven pulsieren, die Zahl 19 wird von einer anonymen Stimme wieder und wieder hervorgestoßen, zerfleddert in rhythmisches Stottern, Kaskaden von Synthesizer-Drums wechseln sich ab mit Schüssen, der Nachrichtentext verkündet weitere unheilvolle Fakten, und unter allem liegt ein stampfender Tanzrhythmus.

Das Resultat kam an, obwohl oder gerade weil es ungewöhnlich war, Musik für Diskotheken mit einem anspruchvollen Text zu unterlegen. Im Mai 1985 stieg »19« in die britischen Charts ein und eroberte rasch Platz 1. Einen Monat später war der Song auch in Deutschland Spitzenreiter der Hitparade und blieb dort sechs Wochen lang. »19« wurde zum Welthit, schaffte es in insgesamt 13 Ländern auf den ersten Platz, auch weil für Japan, Italien, Frankreich und Spanien Cover-Versionen in der jeweiligen Landessprache produziert wurden.

In der deutschen Fassung wurden die Nachrichten-Sequenzen von Tagesschausprecher Werner Veigel vorgetragen. Das adelte »19« und seinen Inhalt. Stolz verkündete die Plattenfirma: »Die knallharten Disco-Rhythmen, verbunden mit dem fantastischen deutschen Text, ergeben einen Song, dessen Botschaft brisant und ohne jede Möglichkeit sich zu entziehen ist.« Unbarmherzig aufklärend durfte Veigel verkünden:

Nach einer Statistik der US-Armee leiden mehr als 50 % aller ehemaligen Vietnam-Soldaten an schweren psychischen Schäden, haben quälende Schuldgefühle und Selbstmordgedanken. 10 Jahre nach der Rückkehr in die Heimat kämpfen noch heute fast 800.000 Männer ihren einsamen Kampf: Den Kampf gegen Vietnam!

Doch weniger der Text, vielmehr der Sound von »19« steht für einen Wendepunkt in der Popgeschichte. Paul Hardcastle zeigte, dass seine damals neuen Studio-Techniken – Scratch, Sound-Samples oder Gimmicks wie das Zerhacken der Stimme – durchaus kommerziell erfolgreich sein können, und läutete die Ära der synthetischen

Klänge ein, »in der das Studio und die elektronischen Klangerzeuger endgültig wichtiger als die Musiker selbst wurden« (Rock-History). Mit dem Titel »19« ebnete damit ein weißer Engländer jenen schwarzen Musikern den Weg in die Charts, von denen diese Techniken eigentlich stammen. Und das im Alter von 27.

Quellen: Frank Laufenberg: Pop Diary. Daten, Fakten, Geschichten, Schott, Mainz 1995. Paul-Hardcastle-Fan-Page, unter: weltdeswissens.com; Paul Hardcastle, unter: rock-history.de; Ariola: Ninteen (German Version). Single-Facts, Beilage zur Platte.

20/20

Durchschnittlich scharfes Sehen

Die meisten Menschen kennen die Prozedur: Beim Augenarzt legen wir den Kopf auf eine Kinnstütze, um dann Buchstaben oder Zahlen vorzulesen. Dabei werden die Zeichen auf dem Dia oder auf der Tafel an der Wand von Reihe zu Reihe immer kleiner. Oben ist es kinderleicht, aber irgendwann klappt das Erkennen nicht mehr richtig, und wir müssen anfangen zu raten, bis wir so häufig danebenliegen, dass der Arzt den Test abbricht. Wenn es trotzdem einigermaßen gut gelaufen ist, haben wir eine Sehschärfe von 20/20.

Der Wert geht auf den niederländischen Augenarzt Hermann Snellen zurück, der den Test mit den Tafeln entwickelte. Dabei muss sehr genau auf den Abstand von Auge und Zahlen bzw. Buchstaben geachtet werden, üblicherweise sind das 20 englische Fuß. Auch die sogenannten Sehprobetafeln sind mittlerweile definiert, bei den Dias z. B. existieren DIN-Vorschriften für die Größe und die Form, die Helligkeit und den Kontrast der Zahlen/Buchstaben, und es wurden sogar besondere Zeichen für den Sehtest entwickelt, die beispielsweise bei Kindern oder Analphabeten die Kommunikation erleichtern, etwa der einem E ähnelnde Snellen-Haken oder der Landolt-Ring, der an acht unterschiedlichen Stellen eine Lücke aufweist.

Die Sehschärfe, der Visus, wird nun als Bruch angegeben. Der Nenner von $20/20$ bezeichnet die Prüfentfernung, der Zähler gibt die Entfernung an, aus der jemand mit normaler Sehfähigkeit die entsprechende Buchstabenreihe erkennen könnte. $20/20$ ist Durchschnitt.

Wer nur einen Visus von $20/40$ erreicht, sieht demnach aus 20 Fuß Entfernung Gegenstände klar und deutlich, die Normalsichtige schon aus einer Entfernung von 40 Fuß erkennen können. Aber es gibt auch Menschen, die wesentlich besser sehen. So sollen manche Autisten eine Sehschärfe von ca. $20/7$ haben.

Haustiere dagegen sehen schlechter: Bei Hunden liegt der Visus zwischen $20/50$ und $20/100$, Katzen haben nur eine Sehschärfe zwischen $20/100$ und $20/200$. Dafür besitzen manche Greifvögel einen Visus von $20/2$ und sehen damit zehn Mal besser als der Durchschnittsmensch.

Quellen: Sehschärfe, unter: wikipedia.org; Glossar, unter; vision-training.com; Sabine Wacek: Die Welt mit den Augen von Hund und Katze, unter: tieraugen.at; Das Auge. Was sieht die Katze?, unter: katzenzeitung.eu.

21

Sommerloch-Quiz mit Skandalgeschichte

Nach dem erfolgreichen Start von »Wer wird Millionär?« schwamm RTL auf der Quiz-Welle, und die Verantwortlichen wollten auch in Günther Jauchs Sommerpause tolle Quoten einfahren. Also zogen sie Mitte 2000 ein weiteres Quiz-Format aus der Schublade: »Einundzwanzig«. Aber das Quiz war gar nicht *so* neu. Und es hatte eine ernste und skandalöse Geschichte.

Bei »Einundzwanzig« sitzen zwei Kandidaten in schalldichten Boxen und beantworten wechselweise zu verschiedenen Sachgebieten Multiple-Choice-Fragen. Den Schwierigkeitsgrad dürfen sie vorher wählen, er reicht von eins bis elf. Bei der schwersten, der 11-Punkte-Frage, müssen sogar zwei richtige Antworten aus fünf Möglichkeiten gegeben werden. Wer zuerst 21 Punkte erreicht, hat gewonnen. Aber man kann auch früher gewinnen. Nach der zweiten Fragerunde können die Kandidaten nämlich das Spiel stoppen. Wer in diesem Moment mehr Punkte hat, gewinnt. Das Problem ist dabei nur: Die Kontrahenten bekommen vom jeweils anderen nichts mit, wissen also gar nicht, auf welchem Punktestand er steht. Richtig Geld verdienen konnte nur der Gewinner in einer Bonusrunde, bei der er Aussagen als »wahr« oder »unwahr« einschätzen musste. Da waren bis zu 210.000 Euro drin, und der Champion durfte immer wieder antreten – darum wurde »Einundzwanzig« großspurig als »die Spielshow mit der unbegrenzten Gewinnsumme« bezeichnet.

Für die Zuschauer war der Unterhaltungsgewinn der Sendung offensichtlich gering, obwohl RTL als Quizmaster extra sein altes Moderationsschlachtross Hans Meiser aufgeboten hatte. Trotzdem wurde die Show als langweilig, ohne Pep und steif empfunden. In Internet-Foren kursierte bald die Forderung, »Einundzwanzig« abzusetzen. RTL hielt jedoch drei Jahre durch und machte Meiser mit »Quiz Einundzwanzig« noch bis 2002 zum Sommerpausenclown.

Das Format war altbekannt. In den USA lief das Original »Twenty-One« einige Zeit sehr erfolgreich, bis der Sender und der Sponsor 1958 einräumen mussten, dass sie um der Quoten Willen das ganze Rätselraten manipuliert hätten. Der Super-Champion Charles van Doren – ein Assistenzprofessor der Columbia-Universität, jung, attraktiv, mit einem Gewinn von über 100.000 Dollar bis dahin ein amerikanischer Fernsehheld – gestand, dass Fragen und Antworten mit ihm vorher einstudiert worden seien, auch das telegene Zögern,

Stottern und Auf-die-Lippe-Beißen vor der Antwort seien geprobt worden. Und damit die Kandidaten auch die richtige Anspannung ausstrahlten und ins Schwitzen kamen, wenn es um die Wurst ging, wurde in der Ratekabine einfach die Lüftung abgeschaltet. Öffentlich gemacht hatte den Skandal van Dorens Vorgänger, der ebenfalls sehr erfolgreich, aber nicht sonderlich beliebt war. Ihn hatte nicht das erzwungene Ausscheiden gewurmt, sondern dass er ausgerechnet eine Frage zu seinem Lieblingsfilm falsch beantworten sollte. Der Quiz-Skandal hatte gravierende Folgen, einige Kandidaten wurden verurteilt, und Quiz-Sendungen mit hohen Gewinnen verschwanden auf Jahre aus den amerikanischen TV-Programmen.

Dessen ungeachtet übernahm die ARD das Format noch im selben Jahr – skandalfrei, gemächlich, ernsthaft. Elf Jahre lang durfte Heinz Megerlein die deutschen Zuschauer »Hätten Sie's gewusst?« fragen. Dabei ging es weder um Quote noch um Geld – die Quiz-Sieger bekamen lediglich Sachpreise –, sondern es ging um Volksbildung. Eine entsprechende Strenge strahlte Quizmaster Megerlein aus, der auf die Zuschauer wirkte wie ein »Studienrat für Erdkunde, der den Lateinlehrer ersetzen muss« (Der Spiegel), und die Wissenskategorien hatten so bildungsbürgerliche Namen wie »Was man weiß, was man wissen sollte«. Mithin Höhepunkt der Sendung war, wenn ein Kandidat »um Bedenkzeit« bat. Dann wurde eine säuselnde Musik eingespielt, und der deutsche Fernseh-Zuschauer durfte einem anderen Menschen eine Minute lang live beim Denken zusehen.

Quellen: Gerd Hallenberger/Joachim Kaps (Hg.): Hätten Sie's gewusst? Quizsendungen und Game Shows des deutschen Fernsehens, Jonas Verlag, Marburg 1991; TV-Lexikon, unter: liycos.de; 21, unter: rtl.de; Der Pausenclown, unter: tv-trash.de; Erfahrungsberichte, unter: ciao.de.

21

Stallorder in der Formel 1

 Zu einem Formel-1-Team gehören immer zwei Fahrer: Der vermeintlich bessere gilt im Rennstall als die Nummer 1, der zweite muss im Zweifelsfall zurückstehen. Dafür sorgen Anweisungen der Teamleitung während des Rennens, die sogenannte Stall- oder Teamorder. Deren Code 21 sorgte zu Beginn der Saison 2013 für Aufregung.

Beim zweiten Rennen des Jahres in Malaysia liegen die Red-Bull-Piloten Sebastian Vettel und Marc Webber vorne – Webber vor dem amtierenden Weltmeister Vettel. Beim letzten Boxenstopp beschließt die Teamleitung, dass die beiden Fahrer Motoren und Reifen schonen und das Rennen in der aktuellen Reihenfolge nach Hause fahren sollten, d. h. Webber vor Vettel. Über Funk wird der entsprechende Code ausgegeben: »Multi 21«, das heißt, die Nummer 2 im Rennstall soll vor der Nummer 1 die Ziellinie überqueren. Doch Vettel ignoriert dies und hält sich – warum auch immer – nicht an die Stallorder. Stattdessen attackiert und überholt er den Teamkollegen in einem riskanten Manöver. Webber ist düpiert und reckt verärgert den Mittelfinger hoch, doch der Code 21 ist dahin – und die Stimmung im Team ist trotz eines überlegenen Doppelsiegs am Boden.

Ganz anders verhielt sich im selben Rennen Mercedes-Fahrer Nico Rosberg. Auch er war als Nummer 2 des Teams deutlich schneller als sein Silberpfeil-Kollege Lewis Hamilton. Doch die Teamleitung gab die offizielle Order aus, Sprit zu sparen, und Rosberg musste hinter seinem Teamkollegen zurückbleiben. Nichts war's da mit einer 21.

Quellen: René Hofmann: Der Unbelehrbare, in: Süddeutsche Zeitung vom 26.3.2013; Simon Pausch/Burkhard Nuppeney: Podest der Unglücklichen, in: Die Welt vom 25.3.2013.

21, 22, 23

Das Sekundenmaß

 Der Mensch lief nicht schon immer mit einer Quarzuhr am Handgelenk durch die Welt, mit deren Hilfe er sieht, welche Stunde, Minute und Sekunde ihm geschlagen hat, und mit der er jederzeit die Länge eines bestimmten Vorgangs stoppen kann. Doch das Zeitnehmen geht auch ohne Uhr: Für die Dauer einer Sekunde gibt es die Zahlen 21, 22, 23. Der Deutsche spricht bei normalem Gesprächsfluss etwa vier Silben in der Sekunde aus, und die Zahlen ab 21 haben – bis auf die Zehner – vier Silben. Wer also etwas stoppen will, zählt einfach: »Einundzwanzig, zweiundzwanzig, dreiundzwanzig« und kann so problemlos bis zu 80 Sekunden abzählen.

Am verbreitetsten ist das 21-Verfahren wohl bei Gewitter. Selbst der uhrlose Wanderer kann damit leicht feststellen, wie weit ein Unwetter noch von ihm entfernt ist. Da sich Blitz und Donner unterschiedlich schnell verbreiten, muss er nur den Zeitraum dazwischen abzählen. Eine Sekunde Zeitdifferenz zwischen dem mit Lichtgeschwindigkeit daherkommenden Blitz und dem nur in Schallgeschwindigkeit sich nähernden Donner entspricht einer Entfernung von rund 340 Metern. Kann der Wanderer nach dem Blitz »21, 22, 23« zählen, bis es donnert, ist das Gewitter demnach einen Kilometer von ihm entfernt.

Mit der 21er-Sekunde wird auch im Straßenverkehr gezählt. Polizisten haben durch Abzählen schon manchem Autofahrer nachgewiesen, dass er bei Rot über die Ampel fuhr. Und auch jeder Fahrschüler muss die entsprechende Faustregel lernen, um den Sicherheitsabstand zum Vordermann abzuschätzen. Dazu wählt er einen markanten Punkt, an dem der Vordermann gerade vorbeifährt, z. B. ein Verkehrsschild, dann wird gezählt: 21, 22 – zwei Sekunden sollten mindestens vergangen sein, bis man selbst den Punkt passiert. Ansonsten sollte man den Fuß vom Gas nehmen.

Selbst Segler nutzen das Sekundenmaß der 21, etwa zur Identifizierung von Leuchtfeuern. Andreas Siemoneit rät in seinem »Nautischen Lexikon« deshalb, den natürlichen Zählrhythmus zu üben, »entspannt, flüssig, mittellebhaft« soll er sein; doch leider würden viele den Fehler begehen, »beim Abzählen ihren Sprechrhythmus künstlich zu verlangsamen« und so »die Idee von 21, 22 ad absurdum« führen. Als Tipp gibt er mit auf den Weg, die vollen Zehner doppelt zu sprechen, um so wieder auf vier Silben zu kommen.

Quellen: Wenn's blitzt und donnert, unter: quarks.de; Innenministerium Brandenburg: Verkehrsüberwachung durch die Polizei, Vorschriftensystem IV/4.3.2-6250; Deutscher Verkehrssicherheitsrat: Komm mir nicht zu nah, unter: dvr.de; Andreas Siemoneit: Nautisches Lexikon, unter: nautisches-lexikon.de.

24

Echtzeit-Krimi mit Sucht-Charakter

  Wenn um Mitternacht das Telefon des CIA-Agenten Jack Bauer klingelt, steht ihm ein besonderer Tag bevor, 24 atemlose Stunden. Auf den schwarzen Präsidentschaftskandidaten sei für diesen Tag ein Attentat geplant, erfährt der Anti-Terror-Spezialist, das muss vereitelt werden. Doch die Täter sind heimtückisch. Sie entführen Bauers Tochter, um ihn zur Kooperation zu zwingen. Zu allem Unglück muss der Agent auch noch feststellen,

dass die Verschwörer offensichtlich über einen Informanten in seiner nächsten Umgebung verfügen und der Maulwurf jeden seiner Schritte beobachtet. Dann explodiert zudem ein Flugzeug, und Jack Bauer ahnt, dass alles irgendwie zusammenhängt und er nur die Marionette in einem Spiel ist, dessen Regeln er erst langsam lernt. Dazu hat er 24 Stunden Zeit. Jede Sekunde zählt!

Die Story der amerikanischen TV-Krimi-Serie »24« hat ein ungeheures Tempo, ein halbes Dutzend spannender Handlungsstränge sind miteinander verwoben, ständig klingelt ein Mobiltelefon, immer wieder tun sich unerwartet weitere Nebenlinien auf. So wird der mit dem Tod bedrohte Politiker auch noch wegen einer Familienaffäre erpresst. Und das alles passiert innerhalb von 24 Stunden, nicht nur für die handelnden Personen, sondern – das ist der Clou der Serie – auch für den Zuschauer in Echtzeit. Die 24 Folgen zeigen exakt 24 Stunden der Handlung, jede Minute, die für den Zuschauer vergeht, entspricht einer Minute im Leben von Jack Bauer – ohne Zeitsprünge. Dafür werden manchmal mehrere Schauplätze gleichzeitig ins Bild gerückt, denn bei den ineinander verschränkten Geschichten geschieht natürlich einiges parallel, folglich wird der Bildschirm dann in zwei oder mehr Bilder geteilt. Nur nichts verpassen, die Zeit läuft, und ständig pocht der Sekundentakt einer eingeblendeten Uhr. Das alles verleiht »24« eine einzigartige Spannung.

Die Serienerfinder Joel Surnow und Robert Cochran hatten einen verzwickten und mitreißenden Plot konstruiert, dessen Konstruktion nur an wenigen Stellen etwas gewollt wirkte. Andererseits verführte das Konzept der Echtzeit den Zuschauer dazu, die Authentizität, die diese Serie vorgaukelt, zu überprüfen. Und da stieß man selbstverständlich auf Ungereimtheiten: Warum erscheint Jack Bauer schon nach knapp vier Minuten in seinem Büro, wohnt er in der Tiefgarage? Warum wurden die Menschen nicht müde? Warum wusste die CIA so schnell, dass das Flugzeug wegen eines Attentats abstürzte? Auf Fan-Seiten im Internet wurden solche Punkte fleißig aufgelistet und diskutiert. Hier tauchte auch die ganz profane Frage auf, wann denn die Protagonisten in Echtzeit mal beim Gang auf die Toilette zu sehen seien. Die prompte Antwort: »Die machen das wie wir: in der Werbepause.«

Solche Detailfragen taten aber der generellen »24«-Begeisterung von Zuschauern und Kritikern keinen Abbruch. Letztere attestierten der Serie: Sie »lässt Ihren Puls rasen und macht, dass Sie wieder einschalten wollen« (New York Times), ein »Ausnahmethriller mit Suchteffekt« (Focus), »fesselnder kann Fernsehen kaum sein« (Tagesspiegel). »24« bekam 2002 zwei Emmys, und Kiefer Sutherland erhielt für seine Darstellung als Raubein Jack Bauer einen Golden Globe.

Die Sucht nach »24« konnte auch in den Folgejahren befriedigt werden. Mittlerweile wurden sieben weitere Staffeln, ein TV-Film und eine Mini-Serie gedreht; für den indischen TV-Markt entstand ein eigenes »24«-Remake. Auch die Vermarktung der Serie durch Romane, Comics, Computerspiele und »24«-Merchandising-Produkte ist beachtlich.

Das Echtzeit-Konzept hatte bei der Ausstrahlung der ersten Staffel in Deutschland durch RTL 2 nur einen kleinen Haken. In der amerikanischen Originalfassung waren vier Werbeblöcke von insgesamt 19 Minuten in die einstündige Handlung eingerechnet. So viel Kommerz ist bei uns aber nicht erlaubt, weshalb die deutschen Folgen sieben Minuten weniger als eine Stunde dauerten. Zwei überharte Szenen fielen zudem dem Jugendschutz zum Opfer. Handlungsdichte und Tempo von »24« forderten dem Zuschauer aber auch so einiges ab. Wer nicht konzentriert am Bildschirm blieb oder ganze Folgen verpasste, verlor den Anschluss. Konsequenterweise müsste man »24« eigentlich als Ereignis-Fernsehen zelebrieren, indem alle Episoden an einem Stück gesendet werden, von 0 Uhr bis 24 Uhr. Doch so viel Echtzeit kann sich kein Sender und kaum ein Zuschauer leisten. RTL 2 zeigte immerhin drei Mal pro Woche zwei Doppelfolgen, schob sicherheitshalber am jeweils darauffolgenden Tag Wiederholungen nach und hatte die erste »24«-Staffel damit in einem Monat quasi doppelt abgespielt. Mit den sehr bald produzierten Folgen der zweiten und der dritten Staffel ging der Sender nicht so pfleglich um, da gab es nur noch eine Folge pro Woche, und folglich geriet der rasante 24-Stunden-Tag zu einem fast halbjährigen Martyrium.

Quellen: Frank Fleschner: Jede Sekunde zählt, in: Focus vom 15.9.2003; Uwe Deecke: Thriller mit Suchtfaktor, in: Stuttgarter Zeitung vom 11.9.2003; Jens Bey: Atemlos, in: Stuttgarter Nachrichten vom 6.9.2003; Harald Keller: Die Uhr läuft, in: Frankfurter Rundschau vom 2.9.2003; Marc Winkelmann: Ganz oder gar nicht, in: Süddeutsche Zeitung vom 2.9.2003; Dietmar Dath: Wer hat an der Uhr gedreht?, in: Frankfurter Allgemeine Zeitung vom 2.9.2003; André Mielke: Echtzeitfernsehen, in: Die Welt vom 2.9.2003; Oliver Gassner: Der längste Tag, in: Stuttgarter Zeitung vom 2.9.2003; Barbara Nolte: Echt im Stress, in: Der Tagesspiegel vom 2.9.2003.

39,90

Skandalroman aus der Werber-Welt

Ein Buch, das seinen Preis am Ladentisch im Titel führte, musste ein Buch über die Warenwelt und ihre Marketingstrategien sein. Und Frédéric Beigbeders Roman »39,90« ist in der Tat eine Generalabrechnung mit der »Weltmacht der Werbung.« Damit kannte sich der Autor aus, war Beigbeder doch selbst zehn Jahre lang Texter in der renommierten Werbeagentur Young & Rubicam und wurde prompt zum Erscheinen des Buches dort gekündigt.

So wundert es nicht sehr, dass der Protagonist von »39,90«, Octave Parango, selbst ein hochbezahlter Werbemanager ist, der im Luxus lebt, umgeben von schnellen Autos, Prostituierten und sehr viel Kokain. Doch sein Job ekelt ihn an:

Ich bin Werber: ja, ein Weltverschmutzer. Ich bin der Typ, der Ihnen Scheiße verkauft. Der Sie von Sachen träumen lässt, die Sie nie haben werden. [...] In meinem Metier will keiner Ihr Glück, denn glückliche Menschen konsumieren nicht.

Statt aber selbst zu kündigen, will Parango sich lieber feuern lassen und seziert derweil mit kaltem Röntgenblick das Milieu der Kreativen, ihre Gefühlskälte und ihre Oberflächlichkeit, die von den edlen Markenklamotten kaum verhüllt wird. Die Werbeindustrie funktioniert für ihn wie Goebbels' NS-Propaganda. Wortgewaltig beschreibt Beigbeder die Manager und ihre Werber als exzentrisch, ignorant, sadistisch, zynisch, pervers, auch wenn die Gesellschaftskritik teilweise zu marketing-kompatiblen Sinnsprüchen führt:

Kennt ihr den Unterschied zwischen Arm und Reich? Die Armen verkaufen Drogen, um sich Nikes zu kaufen, und die Reichen verkaufen Nikes, um sich Drogen zu kaufen.

Octave Parango sitzt im goldenen Käfig, und seine Frustration steigert sich, als er nicht gekündigt, sondern sogar befördert wird. Ein Teufelskreis, der sich höchstaggressiv bei den Dreharbeiten zu einem Jogurt-Werbespot in Florida entlädt. Parango sucht einen Verantwortlichen für den Zustand der Welt und findet ihn in Person einer amerikanischen Rentnerin, die sich wegen ihrer Kapitalanlagen schuldig gemacht haben soll. Betrunken dringt er gemeinsam mit einem Kollegen in die Villa der Rentnerin ein, foltert und tötet sie, nicht ohne ihr zuvor einen langen moralischen Vortrag gehalten zu haben. Schließlich werden beide verhaftet, als sie bei einem Werbefilm-Festival in Cannes gerade einen Preis für den besten Spot entgegennehmen wollen ...

»39,90« bzw. »99 francs«, wie das Buch in Frankreich hieß, erstürmte in seinem Erscheinungsjahr 1999 in Windeseile die Bestsellerlisten, war aber nicht nur an der Ladentheke erfolgreich. Vor allem das Fernsehen promotete das Buch, Beigbeder war Gast in zahlreichen Sendungen und wurde zum Kronzeugen für die Verführungsmacht der Werbung. Acht Jahre später wurde »39,90« dann von Regisseur Jan Kounen verfilmt und kam unter demselben Titel in die Kinos. Die Eintrittskarte war natürlich deutlich billiger.

Vom Wert des Buches waren die Kritiker in den deutschen Zeitungen eher weniger überzeugt. »Das Bewusstsein der eigenen sozioökonomischen Verstrickung hält offenbar nicht mehr vom Willen zur Fundamentalkritik ab«, meinte die Frankfurter Allgemeine Zeitung, Beigbeder bediene mit seiner eindeutigen Unterscheidung von Gut und Böse das »globale Gemeinschaftsgefühl«. »39,90« sei ein »Einwegroman« (Jungle World), der als »Satire zu verspielt«, aber als philosophisches »Pamphlet zu banal« sei (Süddeutsche Zeitung). Auch wenn Beigbeder eine »unbestreitbare Virtuosität im Umgang mit deprimistischen Aphorismen« zugestanden wurde, so funktioniere das ganze Buch doch nur nach dem Prinzip »möglichst grell, möglichst geil, möglichst geschmacklos« (Frankfurter Rundschau). Und für den Rezensenten der Berner Zeitung war es sogar unverständlich, dass das Buch auch auf den eidgenössischen Bestsellerlisten landete. »Dabei sollten wir Schweizer die Mogelpackung eigentlich bereits beim Kauf riechen: Bei uns kostet ›39.90‹ nämlich 36,10.«

Quellen: Frédéric Beigbeder: 39,90 Neununddreißig neunzig. Roman, Rowohlt, Reinbek 2001; Bernhard Schmid: Begrenzung der Kampfzone, in: Jungle World vom 18.10.2000; Susanne Gießen: Manchmal geraten auch Joghurts ins Zweifeln, in: Frankfurter Rundschau vom 7.6.2001; Katharina Döbler: Ich entscheide heute, was Sie morgen wollen, Frédéric Beigbeder schreibt einen Werbetext für sich selbst, nennt ihn Roman und hat Erfolg, in: Die Zeit vom 13.6.2001; Fritz Göttler: Logos statt Logos, in: Süddeutsche Zeitung vom 11.6.2001; Sacha Verna: Ab in die Prada-Brusttasche, in: Frankfurter Rundschau vom 30.6.2001; Adrian Zurbriggen: Hosen runter zwischen Buchdeckeln, in: Berner Zeitung vom 28.5.2001.

40/40

Der Pomp des Potentaten

Glamouröse Feste, Massenaufmärsche und Spektakel gehörten schon immer zum Repertoire der Herrschenden, denn sie befriedigen die Marotten der Monarchen und sind zugleich eine Machtdemonstration gegenüber dem Volk. Dass dies noch im 21. Jahrhundert funktioniert – auch und gerade in einem Land, das bettelarm ist –, dafür steht 40/40, eine Party von Mswati III.

Sein Königreich, Swasiland, ist ein Binnenstaat im Osten Südafrikas, rund eine Million Einwohner, gerade mal so groß wie Schleswig-Holstein. 66 Jahre lang war der kleine Staat britisches Protektorat, 1968 wurde er in die Unabhängigkeit entlassen. Nach fünf Jahren setzte König Mswatis Vater, Sobhuza II., die Verfassung außer Kraft und machte sich selbst zum absolutistischen Herrscher. Das Parlament schaffte er zunächst ab, um es dann mit Günstlingen zu besetzen. Nach Sobhuzas Tod ging 1986 die Macht an den Sohn über, der die autoritäre Tradition fortsetzte und jegliche politische Reformbewegung im Keim erstickte. Eine von ihm vorgelegte Verfassung zementierte vor allem die Macht des Monarchen.

Im Land herrschen feudale Strukturen. Während der König auf der Liste der reichsten Monarchen mit 200 Millionen Dollar immerhin Platz 15 einnimmt, leben mehr als zwei Drittel der Bevölkerung in Armut. Nur wenige bringen sich mit Subsistenzwirtschaft und etwas Zuckerrohr-Anbau durch, 40 Prozent sind arbeitslos, jeder zweite Swasi ist auf Nahrungsmittelhilfe aus dem Ausland angewiesen. Das Land zählt zu den Armenhäusern Afrikas.

Doch das kümmert Mswati III. wenig. Er liebt höfischen Glanz und einen ausschweifenden Lebensstil, trägt nur Designerkleidung und schmeißt reihenweise Partys. Und er pflegt auch eine andere Tradition des Landes: die Polygamie. Bis zum Jahr 2013 hatte er 14 Ehefrauen, die er alle standesgemäß mit Rolls-Royce und eigenen

Palästen ausstattete. Der König selbst fährt lieber Maybach oder Mercedes mit vergoldeten Nummernschildern. Ob auch die zahlreichen Geliebten mit Luxuslimousinen ausgestattet werden, ist offiziell nicht bekannt. Dabei liegt Mswati III. mit seiner Polygamie und Promiskuität aber noch weit hinter der Quote seines Vaters, der bei seinem Tod 120 Frauen und – so schätzen manche – 600 königliche Nachkommen hinterließ.

Mit seinem Harem gibt der Herrscher aber ein höchst problematisches Vorbild ab, denn Swasiland hat die höchste Aids-Rate der Welt. Über ein Drittel der erwachsenen Bevölkerung ist Träger des HI-Virus, bei Schwangeren ist es weit über die Hälfte. Mit Medikamenten behandelt werden die wenigsten, und Präventionskampagnen, die auf eine Änderung des Sexualverhaltens abzielen, zeigen kaum Wirkung, denn sie kommen einer Kritik am Lebensstil des Königs gleich.

Pompös sollte auch Mswatis 40. Geburtstag werden, zumal sich zugleich die Unabhängigkeit des Landes zum 40. Mal jährte. Für seine 40/40-Party machte der König aus dem Staatssäckel 20 Millionen Emalangeni locker, das sind rund zwei Millionen Euro; Kritiker rechnen aber vor, dass das Spektakel das Fünffache gekostet habe. Als Erstes brach der Herrscher mit seinen damals 13 Ehefrauen zu einer Shoppingtour nach Dubai auf, um sich mit Geburtstagsgeschenken einzudecken, unter anderem mit einer ganz neuen Flotte von – natürlich – 40 Luxuslimousinen.

Den Auftakt der 40/40-Feierlichkeiten machte der dreitägige Umhlanga, ein traditioneller Schilftanz, der dieses Mal besonders prunkvoll ausfiel. Nicht weniger als 50.000 Jungfrauen hatten Tage zuvor Riedgras geerntet, um damit nun barbusig vor dem Palast zu tanzen. Das uralte Ritual soll die Mädchen eigentlich an sexuelle Abstinenz vor der Ehe erinnern und ist heutzutage ein folkloristisches Tanzspektakel und Augenschmaus für Touristen. Für den König aber hat der Schilftanz vor allem einen Zweck – er kann sich eine der Tanzenden als potenzielle neue Ehefrau aussuchen.

Dann kam der eigentliche 40/40-Festtag. In einem der brandneuen Wagen, einem offenen schwarzen BMW, fuhr Mswati III. in das Fußballstadion seiner Hauptstadt Mbabane ein. Gekleidet in ein Leopardenfell mit traditioneller Perlenkette begrüßte er seine Untertanen, 50.000 waren gekommen, jubelten und schwangen Fahnen. Auf der Ehrentribüne saß eine ganze Reihe afrikanischer Staatsoberhäupter, Simbabwes Diktator Robert Mugabe wurde mit riesigem Applaus bedacht. Der König hielt eine Rede, verkündete, dass Swasiland trotz der vielen Herausforderungen eine glückliche Nation sei, dann marschierten Musikkapellen auf, Tanzgruppen zogen durch das Stadion, und schließlich gab es eine riesige Gartenparty.

Doch ganz so ungestört verliefen Glückwünsche und Huldigungen beim 40/40 nicht. Erstmals gab es Protestkundgebungen von Gewerkschaftern und einer Gruppe HIV-positiver Frauen. Sie kritisierten die Verschwendungssucht des Königshauses, vor allem den Shoppingtrip, und forderten Mittel zur Bekämpfung der Aids-Epidemie und eine grundsätzliche Demokratisierung des Landes. Mswati III. ließ die Demonstration kalt. Von sich aus wird er seinen autoritären Regierungsstil wohl kaum ändern – zumindest nicht vor der 50/50-Party.

Quellen: Jean-Pierre Kapp: Zu Aids schweigt König Mswati III., in: Neue Züricher Zeitung am Sonntag vom 1.10.2006; ders.: Swasiland feiert, in: Neue Züricher Zeitung am Sonntag vom 7.9.2008; König Mswati III. in Partylaune, in: Frankfurter Rundschau vom 8.8.2008; Mswati III. feiert Geburtstag, Bildstrecke unter: n-tv. de; Aberle, Marion: Die entführte Braut, in: Frankfurter Allgemeine Zeitung vom 5.11.2002; Guerin, Orla: Swaziland king celebrates in style, BBC-News vom 6.9.2009; 50.000 Jungfrauen tanzen für den Despoten, Welt-online vom 1.9.2008.

43

Likör-Geschmack des Mittelmeers

»Licor 43« ist der bekannteste und meistgetrunkene Likör Spaniens – vielleicht, weil die Destillerie verspricht, dass »43« nur aus natürlichen Zutaten hergestellt werde, die für die Mittelmeer-Region typisch seien: feine ätherische Öle, saftige Zitrusfrüchte, weitere Früchte, würzige Kräuter, erlesene pflanzliche Essenzen und hocharomatische Gewürze. Eine Besonderheit sei der leichte Hauch exotischer Vanille, der das milde, aber ausdrucksvolle Aroma von »Licor 43« abrunde.

Um den »43«-Mythos zu begründen, holt das Marketing der Brennerei weit aus: Der Ursprung des Rezepts solle mehr als 2.000 Jahre alt sein, denn schon zur Zeit der Neugründung Karthagos habe man sich auf der iberischen Halbinsel auf die Herstellung von Likören spezialisiert – wohl weil die Region die passenden Zutaten geliefert habe. So entstand in der Gegend von Quart Hadas, dem heutigen Cartagena, ein Likör, dessen geheimes Rezept aus insgesamt 43 Zutaten bestand – daher auch der Name.

In der römischen Zeit hieß der Likör noch »licor mirabilis«, also »wundervoller Likör«, ein Name, der den römischen Befehlshabern offensichtlich suspekt war. Denn als sie 206 v. Chr. unter Publius Cornelius Scipio die iberische Halbinsel eroberten und Quart Hadas unterwarfen, ließen sie die Herstellung des Gebräus untersagen. Doch die Iberer produzierten heimlich weiter. Nun gab es aber unter den römischen Besatzern selbst ebenfalls genügend genussfreudige Menschen, die den süßen Likör kosteten, sodass man das Verbot daraufhin wieder aufhob. Das Getränk wurde beliebter und beliebter und selbst in die entferntesten Teile des römischen Reiches exportiert.

Doch die Zusammensetzung – so sagt die Firmen-Legende – blieb weiter ein streng gehütetes Geheimnis und wurde von Generation zu Generation weitergereicht. Zu Beginn des 20. Jahrhunderts war das Rezept im Besitz einer kleinen Spirituosenbrennerei in Cartagena, die 1924 von der einheimischen Familie Zamora erworben wurde. Die neuen Besitzer erkannten das Potenzial des Likörs und begannen »Licor 43« professionell zu vermarkten. Auch wenn die spanische Werbeindustrie damals noch in den Kinderschuhen steckte, gelang es ihnen mit innovativen Werbestrategien binnen kürzester Zeit, den spanischen Markt zu erobern. Plakate, Radiowerbung, TV- und Kino-Spots ließen »43« für das Unternehmen zum »flüssigen Gold« werden. Die 1960er-Jahre bescherten »Cuarenta y Tres«, wie der Saft im Original heißt, dann so große Umsätze, dass man sich den internationalen Markt erschließen konnte, wieder mit entsprechend großem Marketingeinsatz. Heute wird die mediterrane Spirituose in über 60 Länder exportiert.

Zu dem Erfolg trägt vor allem bei, dass sich »43« sehr gut mischen lässt. In den Diskotheken und Clubs Mallorcas etwa wird aus einem Drittel »43« und zwei Dritteln Milch das Partygetränk »Blanco 43« oder – für die deutschen Touristen – »Muttermilch«. Das Unternehmen pflegt das Bar-Image und schreibt Jahr für Jahr einen Cocktail-Wettbewerb aus, an dem sich Profi-Mixer und Hobby-Shaker gleichermaßen beteiligen. Selbstverständlich haben die neuen Mixturen häufig Zahlen-Namen, mal spanisch wie »Desayuno 43«, »Toro 43 rabioso« oder »Angel y Diabolo 43«, mal englisch wie »Fun Beach 43«, »Magic Light of 43« oder schlicht »M-Shake 43«.

»Tentación 43« zum Beispiel besteht aus 2 cl Safari-Likör, 1 cl Mangosirup, 6 cl Cranberrysaft, 6 cl Erdbeersaft und 5 cl Licor 43. Das Ganze wird im Shaker geschüttelt und dann in eine Cocktailtulpe gegossen. Obenauf kommt eine Garnitur aus drei Mangoscheiben, einer Erdbeere und Nelken, die – richtig zusammengesteckt – ein Paradiesvögelchen ergeben. Für süße Leckermäuler eine echte Versuchung.

Quellen: licor43.de, Licor 43, unter: wikipedia.org; 43 gute Gründe, in: Fachzeitschrift Getränkegroßhandel 12/2003, unter: fzarchiv.sachon.de.

46

Shakespeare und die Bibel

Vieles in Shakespeares Leben ist rätselhaft: Sein genaues Geburtsdatum kennt niemand, in seiner Biografie klafft eine acht Jahre große Lücke, seine Todesursache ist unbekannt, und manche Literaturwissenschaftler zweifeln daran, dass Shakespeare selbst Urheber all der Theaterstücke war, die ihm zugeschrieben werden. Andere Forscher dagegen wollen ihm eine zusätzliche Autorenschaft andichten, und die Numerologie hat dafür sogar einen Beweis, die Zahl 46.

Shakespeare soll nämlich insgeheim an der Übersetzung der King-James-Bibel mitgewirkt haben. 1604 hatte der englische König Jakob I. auf einer Synode eine neue Bibelübersetzung angeregt, um den Text jedermann in seiner Umgangssprache zugänglich zu machen. Die Übersetzung wurde unter 47 Gelehrten in mehreren Arbeitsgruppen erstellt.

Dass Shakespeare inoffiziell mit unter ihnen war, ist für die Numerologen offenkundig. Ihr Beweis: Schlägt man den 46. Psalm in der King-James-Bibel auf und liest das 46. Wort, so heißt dies: »shake«. Zählt man nun vom Ende dieses Psalms 46 Wörter zurück, liest man: »speare«. Darüber hinaus wurde Shakespeare am 23. April getauft, er starb an einem 23. April, und 2 x 23 ergibt 46. Schließlich war Shakespeare, als die Bibelübersetzung erschien, genau 46 Jahre alt. Das alles kann doch kein Zufall sein.

Quellen: Martin Gardner: Die Zahlenspiele des Dr. Matrix, Ullstein, Berlin 1980; william-shakespeare.de.

49/98

Kürzbarer Bruch

Es gibt einige Foren im Internet mit kleinen mathematischen Wettbewerben. Ein Teilnehmer stellt eine Aufgabe, und die anderen senden so schnell wie möglich die richtige Lösung zurück. So auch auf der Seite »BesserWissen« des populären Wissenschaftsmagazins »pm«. Da warf der Teilnehmer TrailerParkBoy am 30.8.2007 um 16.14 Uhr die Frage auf: »Wie kann man den Bruch $\frac{49}{98}$ vollständig kürzen?«

Schon nach einer Minute war die erste richtige Lösung eingetroffen: $\frac{1}{2}$. Andere Antworten folgten im Minutentakt, teilweise mit Anmerkungen wie: »Nenner und Teiler immer durch 7« oder: »Also Zähler und Nenner durch 49 teilen« oder auch: »Mein Taschenrechner sagt dazu $\frac{1}{2}$«. Andere beklagten sich sofort in Kommentaren über die simple Aufgabe, so wie Forumsteilnehmer Masukaru: »Nun langt's aber mal mit der Brüche-Kürzerei! Wenn du das nicht langsam selber hinkriegst, solltest du dringend Mathenachhilfe nehmen! Ansonsten sehen wir echt schwarz für deine Zukunft!«

Dabei haben all die ernsten Online-Mathematiker den Gag dieses Bruches wohl gar nicht erfasst. Den bemerkt nur, wer gesundes mathematisches Halbwissen anwendet und auf die irrige Idee kommt, in dem Bruch $\frac{49}{98}$ einzelne Ziffern zu kürzen. Streicht man nämlich in Zähler und Nenner jeweils die 9, erhält man den Bruch $\frac{4}{8}$, der wiederum problemlos zur richtigen Lösung $\frac{1}{2}$ führt.

Solche Brüche, bei denen falsches Kürzen trotzdem zum richtigen Ergebnis führt, gibt es neben $\frac{49}{98}$ nur wenige, und lediglich drei weitere haben Zahlen, die kleiner als 100 sind.

$$\frac{16}{64} = \frac{1}{4}, \quad \frac{19}{95} = \frac{1}{5}, \quad \frac{26}{65} = \frac{2}{5}$$

Quellen: besserwissen.pm-magazin.de; David Wells: Das Lexikon der Zahlen. Fischer, Frankfurt/M. 1990.

'54, '74, '90, 2006

WM-Song der Sportfreunde Stiller

Sie war ein Sommermärchen, die Fußball WM 2006 in Deutschland, ein internationales Volksfest, bunt, laut und fröhlich. Die Stadien waren voll, Kaiser Franz jettete von Spiel zu Spiel, die Organisation klappte, das Wetter spielte mit, und alle waren glücklich: Zuschauer wie Funktionäre, Fans wie Spieler – wenn die eigene Mannschaft nicht gerade ausgeschieden war. Und die Deutschen jubelten. Angespornt durch die überraschende Leistung der Klinsmann-Elf wehte ein neues Nationalgefühl durchs Land: Zahllose Fahnen hingen an Häusern und Autos, man zeigte Mützen, Schals, Blumenketten und Gesichter in Schwarz-Rot-Gold. Am stärksten zu spüren war diese positive Stimmung bei den vielen Public-Viewing-Veranstaltungen, und fast keine dieser gemeinsamen »Spielbetrachtungen« fand statt, ohne dass die Menschen vor den Leinwänden gemeinsam sangen. Nicht die Nationalhymne, sondern:

> '54, '74, '90, 2006
> ja so stimmen wir alle ein,
> mit dem Herz in der Hand
> und der Leidenschaft im Bein
> werden wir Weltmeister sein!

»'54, '74, '90, 2006« der Sportfreunde Stiller wurde zum musikalischen Weltmeister auf den Fanmeilen, obwohl im Vorfeld der WM viele Musiker und Produzenten angetreten waren, um von der Großveranstaltung zu profitieren; unter anderem buhlten Herbert Grönemeyer, Oliver Pocher, Sasha und Max Raabe um die Käufergunst der Fußballfans. Doch die Band aus Germering bei München setzte sich mit ihrer Aufzählung der Jahreszahlen historischer und gewünschter WM-Siege durch. Ihr Lied paarte eine »eher hintergründige Ironie« (Der Tagesspiegel) mit absoluter Grölfähigkeit. Die ausgewiesenen Fußballfans der Sportfreunde Stiller – der Bandname geht übrigens auf ihren ehemaligen Fußballtrainer zurück – hatten schon im Mai 2006 die CD »Zweikampf« auf den Markt gebracht, ein reines Fußball-Album. Die Auskopplung »'54, '74, '90, 2006« schaffte es dann bis auf Platz 1 der deutschen Single-Charts.

Dass die deutsche Nationalmannschaft schließlich im Halbfinale scheiterte und in Stuttgart »nur« den dritten Platz schaffte, war für die Sportis indes kein Beinbruch. Sie hatten vorgesorgt. Schnell stellten sie auf ihrer Website eine neue Version des Hits zur Verfügung. »'54, '74, '90, 2010« hieß es weiterhin optimistisch – den Blick nun auf die WM in Südafrika gerichtet. Die neue Version war schon vor der Weltmeisterschaft im Studio aufgenommen worden. »Wir haben gehofft, dass wir sie nie hören müssen«, ließ die Plattenfirma verlauten, war aber bestimmt nicht unglücklich, dass beim großen Abschlussfest der WM auf der Fanmeile in Berlin die Nationalelf und tausende Fans den neuen Text sangen.

Schon während der Weltmeisterschaft hatte übrigens auch der italienische Sänger Fabrizio Levita das Lied »'54, '74, '90, 2006« in seiner Version aufgenommen, angepasst auf die Erfolge der Squadra Azzurra hieß das Lied hier »'34, '38, '82, 2006 (La Coppa del 2006)«. *Er* musste seinen Text nicht umändern.

Quellen: Hoffen auf WM-Hymnen, in: Der Spiegel vom 8.5.2006; Axel Vornbäumen: Das nächste Lied ist immer das schwerste, in: Der Tagesspiegel vom 7.6.2006; Sportfreunde Stiller, unter: Wikipedia.de; Sportfreunde Stiller: »Dann halt erst 2010!«, unter: laut.de.

55

Apfelwein-Zahl

»Fünfundfünfzich« ist die einzig noch sprechbare Zahl für Äppelwoi-Trinker. Das behauptete zumindest Heinz Schenk mit gespitztem Mund, und der musste es wissen, schließlich war er von 1965 bis 1986 Moderator der vom Hessischen Rundfunk produzierten Unterhaltungssendung »Zum Blauen Bock«. In der Rolle des Oberkellners schenkte er einmal im Monat den sauren Apfelwein aus und überreichte den Prominenten nach getaner Sanges- oder Gesprächsleistung als Geschenk den legendären Bembel. Sein zahlen-sprachliches Fazit aus dieser Tätigkeit in voller Länge: »Beim Äppelwoi kann man nur noch 55 sagen, zu 88 kriegt man den Mund nimmer auf.«

Quelle: Heinz Schenk, in: Beckmann, ARD, vom 6.12.2004.

57

Amerikas revolutionäre Zahl

Wer die Geschichte der Vereinigten Staaten von Amerika betrachtet, den Kampf gegen die Engländer, die Unabhängigkeitserklärung, die ersten Präsidenten, der stößt immer wieder auf die Zahl 57. Es scheint eine mysteriöse Konstante zu sein, und Arthur Finnessy hat ihr gehäuftes Auftreten in seiner 1983 veröffentlichten Arbeit »Gerechnete Geschichte« aufgelistet. Doch er zog daraus keine numerologischen oder geschichtstheoretischen Schlüsse, sondern überließ die Interpretation dem Leser.

Auffällig ist schon, dass vier der ersten sechs amerikanischen Präsidenten genau 57 Jahre alt waren, als sie ihr Amt antraten. Der fünfte Präsident hat das Alter mit 58 nur knapp verfehlt.

Noch deutlicher tritt die 57 bei der Boston Tea Party hervor, als sich am 16. Dezember 1773 amerikanische Bürger als Indianer verkleideten und eine Ladung Tee vernichteten, um so gegen die von Großbritannien verhängte Teesteuer zu protestieren. Der Anführer Molineux war mit 57 Jahren das älteste Mitglied der Freiheitskämpfer. Genau 342 Kisten mit Tee warfen sie ins Wasser des Hafens, so steht es auch heute noch auf einer Gedenktafel, und das sind 6 x 57. Zugleich war es ein Vorbote auf die Seeschlacht der amerikanischen Revolution, bei der 342 (= 6 x 57) Männer starben und laut Verteidigungsministerium 114 (also 2 mal 57) Menschen verwundet wurden. Nur 57 Tage nach der Boston Tea Party wurden die Teilnehmer daran angeklagt, und das Parlament beschloss Vergeltungsmaßnahmen, deren Wortlaut wiederum 57 Tage später veröffentlicht wurde.

Der Unabhängigkeitskrieg begann mit der Schlacht von Lexington und Concord, und genau 57 Tage später wurde George Washington zum Kommandanten der Kontinentalarmee ernannt. Seine Wahl erfolgte 57 Wochen nach dem Tag der Zurückweisung des britischen Ultimatums.

Washingtons Vorname George selbst ergibt schon 57, wenn man ihn gematrisch betrachtet, d. h. wenn man die Buchstaben durch Zahlenwerte ersetzt, 1 für A, 2 für B usw. Auf diese Weise lässt sich »George«, aber auch »England« und »History«, zu der mysteriösen 57 transformieren, »Boston-Tea-Party-Revolution« ergibt die schon bekannte 342, und »United States of America« summiert sich zu 4 x 57 auf. Und schließlich dauerte die amerikanische Revolution insgesamt 3.192 Tage, also 56 x 57.

Seitenlang hat Finessey weitere Funde der 57 zusammengetragen. Muss man sich nun sagen: Die Zahl kommt so häufig vor, das kann kein Zufall sein? Doch wer hat dann die 57 platziert? Und aus welchem Grund? Der Mathematiker Dudley Underwood sieht die zahlreichen 57-Belege nüchterner. Für ihn zeigt die »gerechnete Geschichte« nur, dass es keine Schwierigkeit sei, aus einer genügend großen Menge von Zahlen Dinge abzuleiten und beliebige Zusammenhänge zu konstruieren. Die 57 stecke nicht in der Revolution, sondern die Amerikanische Revolution biete so viele Fakten, Zahlen wie Namen, aus denen mit etwas Fleiß die 57 reihenweise herausgelesen werden könne. Auch die Maße der Pyramiden und Stonehenge mussten übrigens für einen derartigen Mystizismus schon herhalten.

Wären die Amerikaner Finessey gefolgt, hätten sie nicht Barack Obama wählen dürfen, da dieser bei seinem Amtsantritt längst keine 57 Jahre alt war. Werden sie das beim 57. Präsidenten der USA wiedergutmachen? Und allemal spannend könnte für sie das Jahr 2052 werden. Das ist nämlich 36 x 57.

Quellen: Arthur Finessey: History Computed, Atlanta 1983; Dudley Underwood: Mathematik zwischen Wahn und Witz, Birkhäuser, Basel/Boston/Berlin 1995; ders.: Die Macht der Zahl. Was die Numerologie uns weismachen will, Birkhäuser, Basel/Boston/Berlin 1999.

66

Kartenspiel aus Paderborn

 Viele der traditionellen Kartenspiele entstanden irgendwo im Orient und kamen im Laufe des Mittelalters nach Europa, doch nur von einem Spiel ist Genaueres bekannt, von »66«. Das stammt nämlich aus Paderborn – zumindest wenn man einer alten Geschichte Glauben schenken kann.

Es war eines Abends im Jahre 1652, kurz nach dem schreckli-chen Schwedenkrieg, als sich die Leute wieder einem angenehme-ren bürgerlichen Leben zuwenden wollten, da saß Ernestus Frölick mit drei Freunden beisammen. Um sich die Zeit zu vertreiben, be-schlossen sie, sich ein Kartenspiel mit dem damals neuen franzö-sischen Blatt auszudenken. Zu Ehren ihres Gastgebers sollte der-jenige gewinnen, der als Erster 66 Punkte erreicht, denn Ernestus Frölick wohnte neben der Paderborner Jesuitenkirche im Haus am Eckkamp Nummer 66. Und so bekam auch das ganze Spiel seinen Namen: »66«.

Schnell soll sich das Spiel in der Stadt herumgesprochen haben, und binnen eines Jahres spielte Alt und Jung in allen Paderborner Wirtshäusern »66«. Weil das Spiel um teilweise sehr hohe Einsätze überhandnahm, ließ der Fürst es verbieten und drohte den Wirten drastische Strafen an, falls sie doch heimlich »66« spielen ließen. Das kümmerte die vier »66«-Erfinder aber nicht, sie spielten in ei-nem fort, selbst als die Obrigkeit sie erwischte und hart bestrafte. Doch ihre Spielsucht war stärker, und als man sie ein weiteres Mal ertappte und verhaftete, wurde Frölicks Haus dem Erdboden gleich-gemacht und die Hausnummer 66 aus dem städtischen Gebäude-Register gestrichen.

Doch die Paderborner Bürger hatten das »66«-Spiel zwischen-zeitlich so liebgewonnen und baten den Fürsten deshalb flehentlich um Gnade für die vier Zocker. Der ließ sich erweichen, aber nur unter der Bedingung, dass die Bürger nur um den Einsatz eines Bie-res, die vornehmen Leute um einen Wein spielen durften.

So setzte das Kartenspiel seinen Siegeszug um die Welt fort, wie ein Artikel des »Gemeinnützigen Paderborner Wochenblatts« aus dem Jahre 1848 referierte. Es sei am Rhein und in Belgien und so-gar »in den Hinterwäldern von Amerika« als »Paderborner 66« be-kannt. Und schon ein paar Jahre später erschien das erste Büchlein über das Spiel, in dem es hieß:

Möge das Werkchen freundliche Aufnahme bei allen Patrioten und Weltbürgern, bei allen Familien und Ständen des Erdballes finden; es spielen ja doch alle: Vom Meister bis zum Küster, Generäle wie Nationalliberäle, Chauvinisten und Juden und Christen. Überall, zu Wasser und zu Land, ist das Paderborner 66 bekannt.

Gespielt wird »66« eigentlich zu zweit mit 24 Karten in vier Farben, vom Ass bis zur Neun. Ziel ist es, 66 Punkte zu erreichen. Die Karten zählen wie bei Skat oder Doppelkopf: das Ass 11 Augen, die Zehn 10, König 4, Dame 3, Bube 2 und Neuner 0 Augen. Jeder bekommt sechs Karten, die darauf folgende wird offen ausgelegt und quer unter den Stapel der restlichen Karten gelegt. Sie bestimmt die Trumpffarbe. Nun wird gespielt. Nach jedem Stich zieht jeder Spieler vom Stoß eine Karte nach. Die Farbe bekennen muss er erst, wenn der Stoß aufgebraucht ist; kann er die Farbe nicht bedienen, muss er trumpfen. Darüber hinaus gibt es Sonderregeln, die »66« erst reizvoll machen. Die wichtigsten:

- Wer König und Dame einer Farbe hat, kann eine »Hochzeit« anmelden, weswegen das Spiel mancherorts auch »Mariage« heißt. Eine Hochzeit bekommt 20 Punkte extra, in der Trumpffarbe sogar 40 Punkte.
- Wer die Trumpf 9 hat, kann sie gegen die höhere Trumpfkarte unter dem Kartenstapel »rauben«, d. h. austauschen.
- Wer den letzten Stich macht, bekommt 10 Punkte extra.
- Glaubt ein Spieler, seine 66 Punkte beieinanderzuhaben, kann er »ausmelden« und das Spiel so vorzeitig beenden. Hat er bei der Abrechnung doch keine 66 Punkte, ist das Spiel für ihn verloren.
- Glaubt ein Spieler, mit den Karten, die er noch auf der Hand hat, zu gewinnen, kann er »decken«, d. h. den Kartenstapel sperren. Zum Zeichen dafür wird die unten querliegende Trumpfkarte verdeckt auf den Stapel gelegt.

Darüber hinaus gibt es »66«-Variationen für drei und vier Spieler und Variationen wie »Scharfes 66«, »Russisches Schnapsen«, »Bauernschnapsen« oder »Nürnberger Dreck«. Ob sie alle ihren Ausgang in Westfalen haben, ist ungewiss, doch der Paderborner Patriotismus forderte schon Mitte des 19. Jahrhunderts für diese »geistreiche Unterhaltung« ein »Denkmal von Granit und Erz«. Am Platz des Hauses am Eckkamp befand sich zu jener Zeit das Hotel Löffelmann »Zum weißen Schwan«, ein Gebäude, das im Zweiten Weltkrieg zerstört wurde. Heute steht dort ein wenig ansehnlicher Zweckbau mit der Adresse »Eckkamp 17«. Er gehört einer Bank und ist an die Kirche und die Caritas vermietet. Nicht gerade der beste Ort, um an die historische Spiele-Erfindung zu erinnern. Doch an einer Hausecke prangt zumindest ein kleines Relief, das zwei verbissene Zocker zeigt, die gütig von einem dritten umarmt werden. Und auch die Stadt Paderborn selbst macht sich »66« zu eigen und vertreibt als Mitbringsel für Touristen ein Kartenspiel mit Städtemotiven.

Quellen: Herrmann Tölle (Hg.): Das Paderborner 66, Selbstverlag, Paderborn 1966; Das Paderborner »Spiel 66«, unter: paderborn.de; Sid Sackson/Walter Luc Haas: Kartenspiele der Welt, Hugendubel, München 1984.

69

Oralverkehr mit Hindernissen

Wenn manche junge Menschen erstmals von verschiedenen Techniken beim Liebesspiel erfahren und hören, dass eine der Stellungen »69« heißt, glauben sie, die sexuellen Praktiken seien durchnummeriert, schließlich wird der Geschlechtsverkehr umgangssprachlich ja auch »Nummer« genannt. Tatsächlich ist der Zahl 69 aber ein Symbol für die Gleichheit der beiden Parter bei dieser Stellung und zugleich eine bildliche Umsetzung der entsprechenden Körperhaltung: Die Liebenden haben ihr Gesicht jeweils dem Genitalbereich des anderen zugewandt, um sich gegenseitig oral zu stimulieren. Die Körper bilden so in etwa die Form der Zahl 69.

Im Volksmund wird »69« gleichfalls »geschlossener Kreisverkehr« oder »Circulus vitiosus«, also »lasterhafter Kreis« genannt, aber auch »Duettbläserei« oder »Tuten und Blasen«.

Die verschiedenen Bezeichnungen machen schon die Licht- und Schattenseiten dieses Liebesspiels deutlich. Für manche Paare ist die gegenseitige orale Befriedigung der Gipfel der Gefühle, weil die Partner gleichzeitig geben und nehmen. »69« gilt als die gerechteste Stellung. Vielen fällt es aber sehr schwer, sich auf die eigene Lust und parallel auf die des Partners zu konzentrieren. Suzi Godson schließt daraus: »Vielleicht ist 69 eine der Stellungen, die in der Theorie verlockend wirken, aber in der Praxis nicht immer halten, was sie versprechen.«

Ratgeber in Liebesangelegenheiten stellen zahlreiche praktische Probleme von »69« heraus. Sind die Partner sehr unterschiedlich groß, funktioniert es nur unter äußersten Verrenkungen. Auch gibt es Paare, die sich nicht riechen können, die den Intimgeruch des Partners nicht so intensiv ertragen. Und manche Männer befürchten, die Frau könnte ihren Penis verletzen, wenn sie sich in der Ekstase verliert.

Ausgeführt werden kann »69« im Stehen, aufeinanderliegend und in Seitenlage. Die aufrechte Stellung ist fast akrobatisch, und beide Partner müssen Kraft und Klammertechniken aufs Beste vereinen. Liegt bei »69« eine Person auf der anderen, bekommt die untere leicht einen steifen Nacken, selbst wenn man ihr ein Kissen unterlegt. »Joy of Sex« rät daher zu der »69«-Variante, bei der beide auf der Seite liegen, der Oberschenkel dient dann als Kissen für den Kopf des Partners. Der gegenseitige Intimkuss könne so Stunden dauern, aber auch nur ein kleines Zwischenspiel sein. Besonders wirkungsvoll sei »69« als Methode der Totenerweckung, um eine zweite Erektion auszulösen. Doch wenn man zum Orgasmus kommen will, solle man sich abwechseln.

Lesbische Paare verwenden für »69« lieber eine andere Zahl, nämlich die 88. Auch dieses Zahlensymbol lässt sich auf den Kopf stellen, ohne dass es sich verändert. Zudem betont die 88 die Gleichartigkeit der beiden Partner.

Quellen: Alex Comfort: Die Spiele der Liebe. Joy of Sex, Albatros, Zollikon 1988; Suzi Godson: Das Buch vom Sex, Rogner & Bernhard, Berlin 2003; Ernest Bornemann: Sex im Volksmund. Der obszöne Wortschatz der Deutschen, Pawlak, Herrsching 1984.

73

Chuck Norris oder Das Beste für einen TV-Nerd

 Wer nicht verstanden hat, was ein Nerd ist, muss sich nur eine Folge der amerikanischen Sitcom »The Big Bang Theory« ansehen, um den Begriff zu verstehen. Alles dreht sich in der 2007 gestarteten Serie um eine WG zweier Physiker, die in ihrem Fach erfolgreich, trotz ihres jungen Alters aber schon reichlich verschroben sind. Einer von ihnen, Sheldon, kennt die beste Zahl, auch sie ist nerdtypisch: die 73.

Die Serienfigur Dr. Dr. Sheldon Lee Cooper hat eine wissenschaftliche Blitzkarriere hingelegt. Mit einem IQ von 187 hochbegabt und ausgestattet mit einem fotografischen Gedächtnis, interessierte er sich schon als Kind für theoretische Physik. Mit 13 versuchte er einen Atomreaktor zu bauen, mit 14 schloss er die Schule ab, mit 15 ist er Gastdozent an der Universität Heidelberg, mit 16 zum ersten Mal promoviert. Zu Beginn der Serie arbeitet er am »Institut of Technology« in Kalifornien. Doch menschlich hat Sheldon zahlreiche Defizite, weil die Welt für ihn logisch und eindeutig sein soll. Er ist pedantisch und hängt zwanghaft an Gewohnheiten und Ritualen. Für andere Menschen Empathie zu entwickeln, fällt Sheldon schwer, meist gibt er sich arrogant, weil er sich intellektuell überlegen fühlt. Seine exakt durchgeplante Freizeit verbringt er mit Fantasy-Rollenspielen, Superhelden-Comics und Science-Fiction-Serien. Und er trägt gern T-Shirts mit der aufgedruckten 73.

Manche Rezipienten der Serie mutmaßen, Sheldon müsse am Asperger Syndrom leiden, doch er ist nur das extreme Musterbeispiel eines Nerds, eines Menschen, der früher als »Stubenhocker«, »Streber« oder »Eierkopf« gehänselt worden wäre. Doch mittlerweile gibt es eine Computergeneration, die diese Bezeichnung eher als Ehre sieht, überzeugt davon, dass auch Bill Gates oder Steven Hawkins Nerds sind oder waren.

Genauso überzeugt ist Sheldon, als er in seiner WG zum vermeintlichen Small Talk die Frage »Welches ist die beste Zahl, die bekannt ist?« aufwirft und verkündet: »Aber bedenkt: Es gibt nur eine korrekte Antwort.« Es folgt, ebenso schrullig wie mathematisch korrekt, seine Erklärung:

Die beste ist nämlich die 73. Ihr fragt euch bestimmt, wieso. Die 73 ist die 21. Primzahl, ihre Spiegelzahl, die 37, ist die 12., deren Spiegelzahl, die 21, ist das Produkt der Multiplakation von – haltet euch fest: 7 und 3. Na, na, was hab ich gesagt.

Der Kommentar des genervten Mitbewohners: »Schon klar. Die 73 ist der Chuck Norris des Zahlenuniversums.« Doch Sheldon legt noch ein weiteres Argument nach. Binär ausgedrückt sei die 73 ein

Palindrom, nämlich 1001001, was rückwärts gelesen exakt dasselbe sei, während Chuck Norris rückwärts einfach nur Sirron Kcuhc ergebe.

So, wenn wir jetzt einmal all den Gefühlskram von Symbolik und Metaphysik weglassen und rein logisch denken – dann entscheiden Sie selbst: Kann es eine bessere Zahl als 73 geben? Kein Wunder, dass es im Internet verschiedene 73-T-Shirts zu kaufen gibt. Und nebenbei bemerkt: Selbstverständlich präsentiert Sheldon seine persönliche Zahlentheorie bei »Big Bang Theory« in Folge Nummer 73.

Quellen: Die beste Zahl ist die 73 – Erklärung, unter bigbangtheory.wikia.com; Szene aus »The Big Bang Theory«, unter: youtube.com/watch?v=33pH6ELDEeI; The Big Bang Theory, unter: wikipedia.org; Gunther Reinhardt: Die Rache der Eierköpfe, in: Stuttgarter Nachrichten vom 1.9.2012; Dominik Imseng: Aufstieg und Fall der Nerds, in: NZZ am Sonntag vom 9.9.2012.

75

Nichts als die Zahl

Bis zum Ende des 19. Jahrhunderts waren Zahlen in der Bildenden Kunst Europas nur funktional. Zu sehen sind sie etwa in Entwürfen, Aufrissen und Studien als Mittel der Komposition, aber kaum in den fertigen Arbeiten. Diese Zahlen waren für die Werkstatt gedacht und nicht für die Ausstellung bestimmt. Zu sehen und vor allem zu deuten ist eine zweite Gruppe von Zahlen, jene mit symbolischem Gehalt aus der christlichen oder humanistischen Tradition. Schließlich tauchen Zahlen häufig in der Porträtmalerei auf. Hier sind es Jahreszahlen und Lebensdaten, die das Werk, vor allem aber den Porträtierten charakterisieren. Die Zahl ganz ohne diesen funktionalen Zusammenhang wiederum ist ein künstlerisches Mittel des 20. Jahrhunderts, und die erste reine Zahl malte wohl Georges Braque mit der 75.

Die 1911 entstandene Radierung »Fox« ist ein leichtes, helles Blatt, einige schraffierte Flächen und Linien scheinen sich treppenartig aufzutürmen. Rechts im fast hellen Nichts kann man das Wort »FOX« lesen, auf einem halb abgedunkelten Rechteck steht klar und deutlich die Zahl 75. Die Arbeit bezieht sich auf eine Bar, die mit vollem Namen »Fox's English Bar« heißt, ein Treffpunkt von Künstlern und Schriftstellern in der Nähe des Pariser Bahnhofs St. Lazare. Wahrscheinlich bezieht sich die Zahl auf einen der Preise für Essen oder Getränke, die an der Wand angeschlagen waren. Doch so, wie der Name der Bar unvollständig ist, fehlt der 75 das Währungszeichen. Ihre Bedeutung bleibt für den Betrachter offen. Diese 75 hat in der Bildkomposition keine eindeutige Funktion mehr. Die Zahl ist völlig selbständig geworden und hat sich von der dienenden Rolle im Bild emanzipiert.

Entstanden ist das Bild wahrscheinlich in Ceret, einem südfranzösischen Städtchen, das damals Treffpunkt der künstlerischen Avantgarde war, die sich gerade dem Kubismus zuwandte. Hier kam Braque mit Pablo Picasso zusammen, zu dem er in diesen Jahren eine sehr intensive Beziehung pflegte. Fast täglich besuchten sie sich gegenseitig in ihren Ateliers, redeten viel, präsentierten dem anderen die neuesten Arbeiten. »Wir verglichen unsere Gedanken, unsere Bilder und unsere Techniken«, beschrieb Braque den Künstler-Dialog später einmal. »Was uns gelegentlich gegenseitig anstachelte, trug stets bald Früchte für uns beide.« Selten war eine Künstlerbeziehung intensiver, nachgerade eine gegenseitige Abhängigkeit, die Braque mit einer »Seilschaft beim Klettern« auf dem Berg der Entdeckungen verglich. Beide Künstler malten etwa Stillleben, auf denen sie den Titel der Lokalzeitung »L'Indépendant« in seiner typischen Frakturschrift abbildeten, und waren somit die ersten, die reale Typographie in einem Bild wiedergaben.

Intensiv studierten Picasso und Braque die Gegenstände, die sie malend zerlegten und wieder zusammensetzten. Ihr abstrakter Kubismus benutzte Alltagsgegenstände und beschwor so eine »Poesie der Straße«, zugleich löste er sich von dem Gedanken, die Welt als solche abbilden zu wollen. Wichtiger als die Botschaft eines Bildes war Braque und Picasso dessen Form. Eine Vorgehensweise bei der Abkehr vom Gegenständlichen war zum Beispiel das Zitieren von Bildmotiven des anderen. So experimentierten beide mit Buchstaben-Schablonen, und Picasso malte Anfang des Jahres 1912 das Stillleben »Bouillon KUB« mit den Buchstaben »KUB« in einem Rechteck. Das Wortfragment spielte mit dem Begriff Kubismus wie mit dem französischen Markennamen für Maggi-Brühwürfel, dessen damaliger Preis von 10 Centimes über den Buchstaben zu lesen war. Braque antwortete mit dem Bild »Mozart/Kubelik«, bei dem er die Silbe »Kub« zu dem Namen des Stargeigers Jan Kubelik transformierte. Picasso nahm den Künstlerwettstreit an und malte ein Bild mit Brühwürfel-Schriftzug samt Preisangabe, das aus lauter Kubenformen bestand.

Das Stillleben »Bouillon KUB« enthielt aber noch ein weiteres Zitat. Die vor allem in schweren Brauntönen gehaltenen Formen werden überstrahlt von der Zahl 75. Groß und kräftig prangt sie rechts oben, deutlich wie die Wertangabe einer Briefmarke. Sie scheint über den anderen Motiven zu schweben, was die perspektivischen grauen Schatten noch betonen.

Der schaffensgewaltige Picasso lässt es damit aber nicht bewenden, sondern zitiert die 75 noch zwei weitere Male. In der ovalen Radierung »Stillleben mit Schlüsselbund« von 1912 nimmt die Zahl wieder die Fläche rechts oben ein, muss in der Eindringlichkeit aber gegen Röhren, Schraffuren und karierte Flächen ankämpfen. Umso prägnanter ist die 75 auf »Weingläser, Pfeife und Anker« aus demselben Jahr. Picasso konzipierte das ovale Bild voller Anspielungen auf eine gemeinsame Reise mit Braque nach Le Havre. Wieder türmen sich auf der Leinwand braun-graue Flächen und ausgebleichte Schriftfragmente aufeinander, doch das hochkant ovale Bild hat eine kompositorische Spitze, oben wird es heller und bunter: Zwei gelbe Flächen sind da und eine blaue, klar umrissen die Buchstaben »Bo« und »W«. Und dazwischen prangt in roter Farbe die 75. Als Braque das Bild zu Gesicht bekam, solle er gesagt haben: »Die Waffen sind gewechselt worden.«

Die Freundschaft zwischen Braque und Picasso währte nicht lebenslang. Nach rund sechs Jahren trennten sich ihre Wege im Künstlerischen wie im Privaten. Über die Gründe des Auseinanderdriftens schweigen sich beide aus, so wie sie auch während ihres intensiven Dialogs gegenüber der Öffentlichkeit absolutes Stillschweigen bewahrt hatten. Den Briefwechsel hat sowohl Braque als auch Picasso vernichtet. »All das wird mit uns enden«, resümierte Braque knapp.

Quellen: William Rubin: Picasso und Braque. Die Geburt des Kubismus, Prestel-Verlag, München, 1990; Josep Palau i Fabre: Picasso cubism (1907-1917), Rizzoli, New York, 1990; Karin von Maur: Vom Bild der Zahl zwischen ›Objet Trouve‹, Code und Metasprache, in: Magie der Zahl, Ausstellungskatalog Staatsgalerie Stuttgart, 1997; dies.: Braque und die Kubisten, ebenda; Ulrich Heimann: Picassos Kubismus und die Ironie, Wilhelm Fink Verlag, München, 1998; Alex Danchev: Georges Braque. A Life, Hamish Hamilton, London, 2005; Mary Ann Caws: Picasso, Piet Meyer Verlag, Bern, 2011.

81

Tsunami-Baby mit neun Müttern

Das Seebeben im Indischen Ozean am 26. Dezember 2004 und der anschließende Tsunami wurden zur bisher größten Naturkatastrophe des 21. Jahrhunderts. Rund 230.000 Menschen in elf Ländern starben, unzählige wurden verletzt. In den Küstenländern wurden

1,7 Millionen Menschen obdachlos oder verloren ihre wirtschaftliche Existenz. Nachrichtensendungen und TV-Dokumentationen waren voll mit erschreckenden Details, in Tageszeitungen und Magazinen wurde in den Wochen danach von immer neuen menschlichen Schicksalen erzählt. Und zwischen all dem Leid erlangte rund zwei Monate nach der Katastrophe ein Einzelschicksal große Aufmerksamkeit. Es war das Happy End der Geschichte von Baby 81.

Am Tag der Flutwelle wird in Kalmunai, einem Ort an der Ostküste Sri Lankas, zwischen Schutt und Leichen, ein etwa drei Monate alter Junge gefunden. »Er war verdreckt und hatte viele Kratzer«, erinnert sich der Arzt Dr. Saseenthirian, aber er hat den Tsunami wie durch ein Wunder überlebt. Der Junge wird in das örtliche Hospital gebracht, und da er der 81. Patient an diesem Tag ist, bekommt er die Nummer 81.

An diesem Katastrophentag landen viele Kinder im Krankenhaus. In der Folge spielen sich in dem Hospital ergreifende Szenen ab. Verzweifelte Eltern und Verwandte tauchen auf, um nach ihren Babys zu suchen und sie abzuholen. Die meisten Babys haben Glück, obwohl die Flutkatastrophe viele Kinder in Sri Lanka zu Waisen machte.

Ganz anders verläuft die Geschichte von Baby 81 – vielleicht auch, weil es ein auffallend hübscher Junge ist. Zu ihm kommt nicht nur ein Elternpaar, sondern es erscheint eine ganze Reihe »verschiedener Verwandter«. Immer wieder ist es eine neue Mutter oder Großmutter, die weinend behauptet, der hübsche Junge sei ihrer. Am Ende erheben insgesamt neun Mütter Anspruch auf Baby 81, nur beweisen kann es keine der Familien. Sieben Wochen lang wird mit allen Mitteln um den Säugling gekämpft. Eine der Frauen droht sogar mit Selbstmord, wenn man ihr das Kind nicht mitgebe, und einer der Väter versucht Baby 81 einer Krankenschwester aus den Armen zu reißen, die Tat misslingt, der Mann wird festgenommen und Baby 81 unter Polizeischutz gestellt.

Doch gerade der vermeintliche Kidnapper, Junitha Jeyarajha, lässt nicht locker. Nach seiner Freilassung aus der Haft wendet er sich an das örtliche Gericht. Der 31-jährige Friseur erklärt, er und seine Frau Murugapillai Jeyarajha hätten in den Flutwellen ihr gesamtes Hab und Gut verloren, leider auch alle Dokumente, die beweisen könnten, dass sie die Eltern von Baby 81 seien, der übrigens Abilash heiße und am 19. Oktober geboren sei. Der Richter ordnet daraufhin einen DNA-Test an. Für die Kosten kommt das Kinderhilfswerk UNICEF auf, denn mittlerweile blickt die ganze Welt nach Kalmunai. Baby 81 ist weltweit zum Symbol für die zahlreichen von der Naturkatastrophe zerrissenen Familien geworden.

Beschützt von der Polizei und umsorgt von Krankenschwestern wird der kleine Junge in die 260 Kilometer entfernte Hauptstadt Colombo zum DNA-Test gebracht. Das Ergebnis dieser Genanalyse kann der Richter schließlich am 21. Februar 2005 – fast zwei Monate nach dem Tsunami – im überfüllten Gerichtssaal von Kalmunai verkünden: Junitha und Murugapillai Jeyarajha sind tatsächlich die Eltern. Baby 81 ist der kleine Abilash. An Ort und Stelle wird er seinen glücklichen Eltern wieder übergeben. Abilash, so berichten anwesende Journalisten, unterbrach die juristische Prozedur nur kurz durch lautes Schreien und beruhigte sich rasch, als ihm sein Fläschchen gereicht wurde.

Quellen: Ingrid Raagard: Flutopfer »Baby Nr. 81« sucht Zuhause, in: Die Welt vom 20.1.2005; Can Merey: Baby 81 kommt zu seinen Eltern zurück – DNA-Test beendet Drama, dpa-Bericht vom 23.2.2005.

81

Grabsteintauglicher Biker-Code

Wie nützlich es sein kann, über Zahlen Bescheid zu wissen, weiß man im Duisburger Stadtteil Beeck zumindest, seit es im Sommer 2013 reichlich Ärger um eine Zahl gab, deren symbolische Bedeutung nicht jedermann bekannt ist: der 81.

In dem Stadtteil mit seinen eher kleinstädtischen alten Arbeitersiedlungen hatte Dominic gewohnt. Der Junge litt an einem äußerst seltenen Gendeffekt, dem Pearson-Syndrom, das häufig schon im Kindesalter tödlich endet. Dominic starb im Alter von siebzehn. In den letzten Jahren seines Lebens hatte sich der Motorrad begeisterte Junge mit ein paar Hells Angels angefreundet. Die Motorradrocker sollen bei der Beerdigung sogar den Sarg getragen haben. Und die großen Motorradfreunde spendeten einen Stein für Dominics Grab, auf den sie die Buchstabenfolge »Affa« eingravieren ließen und dazu die Zahl 81.

Obwohl die Friedhofssatzung der St.-Laurentius-Gemeinde ausschließlich christliche Symbole als Abbildung auf Grabsteinen und -platten zulässt, genehmigte der zuständige Ausschuss den Stein, ohne seinen Inhalt groß zu prüfen. Erst als andere Gemeindemitglieder sich beschwerten und verärgert nachfragten, ob ein solcher Stein überhaupt auf dem Friedhof stehen dürfe, wurden die Gemeinde-Oberin auf die Bedeutung der 81 aufmerksam.

Die 81 folgt einem altbekannten Zahlencode, wie ihn zum Beispiel auch Rechtsradikale häufig benutzen. Dabei steht die 8 für den achten Buchstaben des Alphabets, die 1 für den ersten. Die 81 steht also für HA, die Initialen von »Hells Angels«. Das Kürzel »Affa« wiederum bedeutet »Angels forever, forever angels«. Diese Kürzel sind bei den 81ern wichtig, weil der eigentliche Name nur innerhalb des Clubs verwendet werden soll.

Nun sind die Hells Angels wahrlich keine himmlischen Samariter und ihre Mitglieder keine harmlosen Schäfchen, im Gegenteil: Zahlreiche Mitglieder des Rockerclubs sind im Rotlichtmilieu aktiv, sie werden mit Schutzgelderpressung, Drogenhandel und illegaler Prostitution in Verbindung gebracht. Immer wieder sind sie in gewalttätige Auseinandersetzungen und tödliche Bandenkriege verwickelt. Der Hells-Angels-Club in Duisburg kam in die Schlagzeilen, als im November 2009 das Clubhaus des konkurrierenden Rocker-Clubs Bandidos gestürmt und teilweise zerstört wurde. In Deutschland sind mehrere Clubs durch die jeweiligen Innenminister verboten worden, so der Club in Düsseldorf – nur 30 Kilometer von Duisburg entfernt.

Und doch herrschte in der Kirchenleitung von St. Laurentius lange Zeit Ahnungs- oder zumindest Arglosigkeit gegenüber dem Rocker-Club und seinen Insignien. Ein Sprecher des eingeschalteten Bistums Essen räumte ein, auch ihm hätten die Ziffern nichts gesagt. Doch die Klagen über den unchristlichen Grabstein brachten auch hier Aufklärung. Der Kirchenvorstand der Gemeinde beriet daraufhin intensiv, wie man mit dem 81er-Stein umgehen wolle. Schließlich entschied man sich, nicht streng nach der Friedhofssatzung zu verfahren, vor allem, um Rücksicht auf die Mutter des verstorbenen Dominic zu nehmen. Die Seelsorge siegte über die Kirchensatzung, und der Grabstein mit der 81 durfte in Duisburg-Beeck stehenbleiben.

Quellen: Rockergrabstein in Duisburg darf bleiben, unter: wdr.de, Aktuelle Stunde vom 7.8.2013; Aaron Clamann: Rocker-Grabstein darf bleiben, rp-online.de, 8.8.2013; Ch. Witte: Friedhofs-Zoff um Rocker-Geheimcode, in: Bild vom 1.8.2013; Christian Schwerdtfeger: Sonderkommission gegen Rocker-Gewalt, unter: rp-online.de, 1.11.2009.

88

Verschlüsselter Gruß der Neonazis

Verbote erzeugen meist Umgehungsstrategien – genauso ist es mit der durch das Strafgesetzbuch verbotenen Verwendung national-sozialistischer Symbole. Die rechte Szene verwendet stattdessen einfach Zahlensymbole. So steht die 8 für den achten Buchstaben des Alphabets, die 88 demnach für HH, und das bedeutet für Nazis »Heil Hitler«. Die auf diese Weise verschlüsselte Botschaft wird nicht nur als Grußformel verwendet, sie ist auch auf einer Vielzahl von Kleidungsstücken zu sehen, ziert Namen und Embleme rechtsradikaler Musikgruppen oder wird von Nazis direkt auf die Haut tätowiert.

Für die norddeutsche Neonaziszene gab es im Schleswig-Holsteinischen Neumünster den »Club 88«, der mit dem Logo »C88« auf Autoaufklebern, Aufnähern und Schirmmützen bundesweit warb. Das Lokal galt als gemeinsamer Treffpunkt von politisch Aktiven und der Skinheadszene. An manchen Abenden kamen bis zu 250 Besucher, auch aus Dänemark, Schweden und der Schweiz. Der »Club 88« wurde vom Schleswig-Holsteinischen Verfassungsschutz beobachtet und schließlich 2014 geschlossen.

Musikalisch agitiert das Musikprojekt »Spirit of 88«, dessen CD »Totale Kontrolle« Hass-Rock verspricht, mit Titeln wie: »Wer kämpft, der kann verlieren«, »Die Straße frei«, »Lasst unsre Büder raus« oder »Umgestürzter Grenzstein«. Zu haben ist die Musik etwa über den einschlägigen Internetversand »Panzerfaust« – genauso wie die Platten der Gruppe »Section 88 – British Bootboys«.

Mit der 88 schmücken sich aber auch die Hooligan- und Skingruppe »Skinhead 88« aus Chemnitz, die amerikanische Band »Chaos 88«, die in ihren Liedern eine »Welt unter dem Hakenkreuz« herbeisehnt, und der in Dänemark ansässige Vertrieb »NS 88«, der Mitteilungsblätter aus der rechten Szene verschickt.

Sehr häufig ist die 88 auf T-Shirts oder Polo-Shirts zu sehen, die im Stil der Marke Fred Perry gestaltet sind. Zwar war der Firmengründer und Namensgeber Jude, doch er gewann als Erster aus dem Arbeitermilieu stammender Tennisspieler das Turnier von Wimbledon, was ihn zum Idol der Skinhead-Bewegung werden ließ. Immerhin wehrt sich die Marke Fred Perry seit Jahren konsequent gegen ihre Vereinnahmung durch die Szene, doch der politisch rechte Teil der Skins deutet die zwei Lorbeerzweige des Markenlogos weiter als Siegerkranz, den er etwa auf Sweatshirts durch die Zahl 88 »veredelt«.

Quellen: Lexikon Rechtsextremismus, unter: lexikon.idgr.de; Zahlencodes, unter: turnitdown.de; Informations- und Dokumentationszentrum für Antirassismusarbeit in Nordrhein-Westfalen, unter: ida-nrw.de; Annett Schwarz: Wo fischt die NPD in Chemnitz?, in: Junge Welt vom 5.2.1998; Neumünsters Neonazi-Treff »Club 88« geschlossen, in: Hamburger Abendblatt vom 4.4.2014.

96

Historisches in South Carolina

Ninety Six ist ein beschauliches kleines Fleckchen Erde im Bezirk Greenwood im US-Bundesstaat South Carolina. Auf 3,8 Quadratkilometern leben gerade mal 2.000 Einwohner, 55 Prozent davon sind Frauen. Der Altersdurchschnitt liegt bei 38,2 Jahren. Drei Viertel der Einwohner sind Weiße, ein Viertel Farbige. Das Jahreseinkommen der Haushalte liegt bei rund 33.500 Dollar. Alles in allem ein durchschnittliches amerikanisches Provinznest.

Die prominentesten Kinder des Ortes sind ein Militär aus dem Mexikanisch-Amerikanischen Krieg, ein Footballspieler, den man

»Superman« nannte, ein Senator des Staates South Carolina und – allen voran – der Baseballstar Bill Voisell, der unter anderem für die New York Giants spielte und stets auf den Spitznamen »Ole 96« hörte.

Wenn der Gemeinderat der 96er zusammentritt, diskutiert er, ob die streunenden Katzen sterilisiert werden sollten, wann endlich die Büsche in der Park Avenue beschnitten würden und ob der Lärm von Kirchenglocken durch eine Verordnung geregelt werden solle. Ein Höhepunkt des Jahres ist das Hoffest des Vereins zur Wiederbelebung der Innenstadt. Die hat ansonsten ein Rathaus, mehrere Kirchen und Einkaufszentren, einen Bahnhof und ein Besucherzentrum zu bieten. Letzteres wurde für die Touristen erbaut, die reichlich nach Ninety Six strömen sollen, denn der Ort hat noch mehr zu bieten – vor allem eine glorreiche Vergangenheit.

Die Siedlung Ninety Six entstand im frühen 18. Jahrhundert an einem Handelsweg, den Kaufleute auf ihrem Weg zu Indianerstämmen nutzten. Der Name selbst leitet sich von einem Missverständnis her: Ein Landvermesser schätzte nämlich, dass von hier aus die Hauptsiedlung der Cherokee noch 96 Meilen entfernt sei. Der Ort bestand damals vor allem aus einem kleinen Store, der Reisende mit Rum, Zucker oder Schwarzpulver versorgte.

Pulverdampf lag auch an den drei wichtigsten Tagen seiner Geschichte über Ninety Six. Während des ganzen amerikanischen Unabhängigkeitskrieges war South Carolina heftig umkämpft, und vom 19. bis zum 21. November 1775 fand in Ninety Six die erste Landschlacht des Südens statt. Eilig hatten damals 500 amerikanische Unabhängigkeitskämpfer ein Fort aus Zäunen, Gleisen und Strohballen errichtet und widerstanden so den Angriffen einer deutlich größeren Truppe von Loyalisten. Es gab Verluste auf beiden Seiten, das vergossene Blut war jedoch sinnlos, die Schlacht endete mit einem formellen Waffenstillstand.

Trotzdem hatten die Briten nun die Bedeutung von Ninety Six erkannt. Sie befestigten den Ort als strategischen Außenposten, bauten eine Palisade und schütteten in einer Ecke eine sternförmige Befestigung auf. In diesem Star Fort hielten die Briten 1781 fast einen Monat aus, als sie von General Green und seiner Kontinentalarmee belagert wurden. Dann begannen die Amerikaner, einen Tunnel zu graben, um das Fort in die Luft zu sprengen, mussten aber abziehen, als die britische Garnison aus der damaligen Hauptstadt Charleston Unterstützung erhielt.

Auf der »Ninety Six National Historic Site« können Teile des Forts und zehn Meter Tunnel noch besichtigt werden, und alle zwei Jahre gibt es ein großes Spektakel mit Kanonen, Feldlager und zahlreichen Darstellern, die die historischen 96er-Schlachten nachstellen.

Quellen: Homepage der Stadt, unter: townofninetysixsc.com; Ninety Six National Historic Site, unter: magazinusa.com; American Revolution: Mai 22, 1781 – Patriot siege of Ninety Six, South Carolina, begins, unter: history.com.

99

Eishockeystar Wayne Gretzky

Er gilt als der beste und universellste Eishockeyspieler aller Zeiten, weshalb Wayne Gretzky in der nordamerikanischen Eishockeyszene nur »The Great One« genannt wird. Für andere ist er wegen seiner Rückennummer nur die »99«.

Als Gretzky seine Spielerkarriere beendete, dichtete ihm sein Fan David Flurey voller Inbrunst die Abschiedsverse:

Hey, 99, we'll miss you
The plays, the goals, the Cups you held up high
And the song will soon be written
For the greatest one of all
If ya see Ol' 99, please say goodbye.

Wayne Gretzky wurde im kanadischen Brantford geboren und beeindruckte auf dem Eis schon als Sechsjähriger im Spiel gegen Zehnjährige. Als er selbst zehn Jahre alt war, stellte er in der Schülerliga von Ontario seinen ersten Rekord auf: Als Center hatte er in 68 Spielen 378 Treffer erzielt und 120 Vorlagen gegeben. Auch Gretzkys zweiter Rekord stammt aus dieser Zeit: Er schoss einen Hattrick, also drei Tore, in nur 45 Sekunden.

Das legendäre Trikot mit der Rückennummer 99 erhielt er mit 16 Jahren, als er in das Team der Sault Ste. Marie Greyhounds kam. Gretzky wollte eigentlich die Rückennummer 9 tragen, so wie sein großes sportliches Vorbild Gordie Howe. Aber das war schon an einen zwei Jahre jüngeren Spieler namens Brian Gualazzi vergeben. Ein paar Wochen versuchte Gretzky es mit der 19, war mit der Trikotnummer aber nicht wirklich zufrieden. Dann sah er im Fernsehen den legendären Eishockeycrack Phil Esposito, der die Rückennummer 77 trug. Gretzky war vom Spieler genauso begeistert wie von der Zahl, woraufhin ihm sein Trainer vorschlug, die 9 einfach zu verdoppeln. Die 99 als Gretzkys Markenzeichen war gefunden.

Bald wurde die nationale Liga auf ihn aufmerksam, und Gretzky erhielt bei den Edmonton Oilers einen Vertrag bis zum Jahr 1999. Mit der langen Laufzeit des Vertrags von über 20 Jahren hat die Rückennummer 99 aber nichts zu tun, wie manche behaupten. Mit den Oilers kam Gretzky groß raus. Er beeindruckte durch seine technischen Fähigkeiten, durch präzise Schüsse und Pässe sowie durch seine Wendigkeit auf den Schlittschuhen. Im Team wurde er schnell zu einer Führungspersönlichkeit, die auch durch mannschaftsdienliche Spielweise glänzte. Als die eigene Profiliga aufgelöst wurde, wechselte er mit dem Team in die National Hockey Leage (NHL).

Vier Mal gewann Gretzky mit Edmonton den Stanley-Cup, die nordamerikanische Meisterschaft: 1984, 1985, 1987 und 1988. Als er daraufhin einen Vertrag bei den Los Angeles Kings unterschrieb, war die Enttäuschung in Edmonton so groß, dass die Zeitungen mit einem Trauerrand erschienen. Mit den Kings erreichte Gretzky nochmals das Finale, wechselte dann zu den St. Louis Blues und schließlich zu den New York Rangers. Sein Trikot mit der 99 behielt er selbstverständlich in allen Mannschaften.

Während seiner einzigartigen Karriere schoss Gretzky 894 Tore, er gab 1.963 Vorlagen und erzielte 2.857 Scorerpunkte. Damit belegt er in all diesen Kategorien den ersten Platz der NHL-Statistik. Gretzkys Popularität strahlte auch über den Sport hinaus: Er erhielt eine Ehrendoktorwürde der Universität von Alberta, und sogar Andy Warhol verewigte die Nummer 99. Für Gretzky-Fans gibt es massenhaft 99-Devotionalien: Trikots, Figürchen, Münzen, Bücher, DVDs.

Passend zur Rückennummer beendete Gretzky seine sportliche Karriere im Jahr 1999. Während andere drei Jahre auf den Einzug in die Ruhmeshalle des Eishockeys warten müssen, wurde Gretzky schon ein halbes Jahr später in die Hall of Fame aufgenommen. Seine Rückennummer 99 hat die NHL ihm zu Ehren für alle Zeiten gesperrt.

Quellen: Horst Eckert: Eishockey Lexikon, Copress, München 1993; »Nichts kann Eishockey ersetzen«, in: Rhein Zeitung vom 23.11.1999; Gretzky-Biografie in 99 Punkten, unter: nhl.com; Gretzky-Biografie, unter: upperdeck.com; Wayne Gretzky, unter: wikipedia.org; legendsofhockey.net; Your Poems on the Great One; unter: www.cbc.ca.

99

Schwingungen in der Brust

Gleich zwei Zahlen werden gebraucht, wenn deutsche Ärzte die Lungen untersuchen. Bei der ersten Untersuchung legt der Arzt seitengleich seine Handteller flach auf den Rücken oder den Brustkorb des Patienten, dann muss dieser mit tiefer Stimme »99« sagen, sodass die Wand des Brustkorbs zu vibrieren beginnt. Der Arzt kann derart die Schwingungen, den sogenannten Stimmfremitus, wahrnehmen. Ist dieser verstärkt, deutet das darauf hin, dass sich Flüssigkeit in den Lungenbläschen angesammelt hat. Der Grund dafür ist, dass die tiefen Frequenzen des Wortes »neunundneunzig« von den lufthaltigen Lungenbläschen abgefiltert werden; bei verdichtetem Gewebe wie Wassereinlagerungen werden die Schwingungen besser geleitet, und der Brustkorb vibriert stärker, mögliches Zeichen einer Lungenentzündung.

Das zweite Diagnoseverfahren, die sogenannte Bronchophonie, wird häufig auch von Hausärzten bei der allgemeinen körperlichen Untersuchung angewendet. Dabei legt der Arzt wieder die Hände hinten auf den Brustkorb, und der Patient muss möglichst mit zischenden S-Lauten »sechsundsechzig« sagen, am besten flüstern. Diesmal geht es dem Arzt um die hohen Frequenzen des Wortes, die normalerweise nur über den Bronchien zu hören sind, denn das Lungengewebe ist ein schlechter Schallleiter. Im Krankheitsfall werden die Geräusche aber bis an die Brustwand weitergeleitet, sodass sie der Arzt fühlen kann.

Quellen: Untersuchung der Lunge, Leitfaden der Uniklinik Erlangen, unter: med1.med.uni-erlangen.de; Untersuchungsmethoden – Askultation, unter: lungenaerzte-im-netz.de; Stimmfremitus, unter: Wikipedia.de; Pschyrembel. Klinisches Wörterbuch, de Gruyter, 266. Auflage, Berlin/New York 2014.

102

Krümelfreier Kaffeegenuss

Kaffee gab es in Europa seit dem 17. Jahrhundert, doch der Genuss war stets getrübt – im wahrsten Sinne des Wortes. Man pflegte bis dahin das Kaffeepulver einfach ins Wasser zu schütten und aufzubrühen. Folglich gab es am Boden jeder Tasse einen krümeligen Kaffeesatz, der beim Kaffeeklatsch einen bitter-sandigen Nachgeschmack am Gaumen hinterließ und den nur Wahrsagerinnen schätzten. Erst im Jahre 1908 kam die Erlösung in Gestalt der Hausfrau Melitta Benz aus Dresden. Sie hatte über das Problem länger gebrütet, nahm dann einen alten Messingtopf, bohrte mit Hammer und Nagel ein paar Löcher hinein und legte ein Löschblatt aus dem Schulheft ihres Sohnes auf den Boden. Nun kam Kaffeepulver hinein, siedendes Wasser darüber, und schon tropfte unten eine braune wohlschmeckende Brühe heraus – ohne die bitteren Krümel. Der Kaffeefilter war erfunden.

Melitta Benz ließ ihre Erfindung beim Kaiserlichen Patentamt in die Gebrauchsmusterrolle eintragen, gründete mit ihrem Mann eine Firma, und nach der ersten Präsentation auf der Leipziger Messe war das Auftragsbuch voll. Zunächst arbeitete die ganze Familie Benz in der umgebauten Abstellkammer, doch schon bald wurden Arbeitskräfte eingestellt und Maschinen angeschafft. Es gab Rundfilter aus Aluminium, später auch aus Steingut und Porzellan. Das dazugehörige Filterpapier hatte einen Durchmesser von 94 mm und entsprach der späteren Größe 1. Ab 1925 gab es verschiedene Filtergrößen.

Im Jahr 1936 ließ die Firma Melitta das für sie typische Filtersystem patentieren, und ein Jahr später bekam das Filterpapier die noch heute bekannte Form, die 100er-Serie war geboren. Den Begriff »Filtertüte« ließ man sich gleich mitschützen. Die läuft genauso wie der nun ovale Filter nach unten spitz zu, und es gibt drei Größen:

100	Handfilter für zwei Tassen
101	Handfilter für drei und vier Tassen
102	auch »Größe 2« genannt, für schmale 8-Tassen-Geräte Bis 1963 wurde die »102« am häufigsten verkauft, seither bietet Melitta neue Filtertüten an, die die Dosierung erleichtern sollen; schon der Name zeigt an, wie viele Tassen mit einem einmaligen Aufguss gebrüht werden können.
1 x 2	für kleine Kaffeemaschinen im Single-Haushalt
1 x 4	die mittlerweile gängigste Größe für 8- bis 10-Tassen-Maschinen, die andere Hersteller nur Nr. 4 nennen.
1 x 6	für Handfilter bis zu zwölf Tassen mit zwei Mal aufgießen
1 x 10	in einem Aufguss zehn Tassen, die für den großen Kaffeeklatsch reichen

Darüber hinaus gibt es noch pyramidenförmige Filtertüten für die Gastronomie mit den Nummern 203, 206, 220, 240 und 270. Mit der größten können bis zu 560 Tassen gebrüht werden. Für die moderne Hausfrau hat Melitta mittlerweile verschiedene Filterpapiere auf den Markt gebracht: neben dem traditionellen gibt es »natürliches« Papier aus Bambus; es gibt weitporiges Papier für kräftigen Kaffee oder dichtporiges für sanften Blümchenkaffee und schließlich Tüten mit drei Aromazonen. Allen aktuellen Filtertüten gemeinsam ist eine Prägenaht, die einen besseren Sitz verspricht, wenn man sie vor dem Einsetzen umknickt. Der Kniff bei der modernen Filtertüte.

Quellen: Warenkunde Melitta-Kaffee-Genuss, unter: melitta.info; Eine kleine Melitta Geschichte, unter: sammeln-sammler.de; Joerg Aeschbacher: Dauerbrenner. Von Dingen, die perfekt auf die Welt kamen, Ullstein, Frankfurt/M. 1994: Antje Schmidt: Endlich Schluss mit dem sandigen Kaffeesatz auf der Zunge, in: Stuttgarter Zeitung vom 8.3.2008.

112

Der lebensrettende Notruf

 Wer in Not gerät, braucht so schnell wie möglich Hilfe. Deshalb gibt es dafür in fast jedem Kommunikationssystem kurze und klare Zeichen: Orangefarbener Rauch oder rote Leuchtspurmunition steigen auf, Piloten funken »Mayday«, Seeleute morsen »SOS«, Alpinisten klopfen sechs Mal in rascher Folge, und Motorradfahrer binden einen Schal an den linken Rückspiegel. Die meisten Notrufe werden heute jedoch per Telefon übermittelt. Hier wählt man einfach die Nummer 112.

Es war indes ein langer politischer Weg zu dieser einheitlichen Telefonnummer, und am Anfang der 112-Geschichte steht ein tragisches Unglück.

Björn Steiger aus Winnenden bei Stuttgart ist neun Jahre alt, als er am 3. Mai 1969 auf dem Heimweg vom Schwimmbad von einem Auto erfasst und schwer verletzt wird. Passanten arlarmieren sofort die Polizei und das Rote Kreuz, doch bis ein Krankenwagen eintrifft, dauert es fast eine Stunde. Auf dem Weg ins Krankenhaus stirbt der Junge. Die Todesursache sind nicht seine Unfallverletzungen, sondern ein Schock, den er in der Stunde des Wartens erleidet.

Die Familie um Vater Siegfried Steiger ist entsetzt, doch sie belässt es nicht bei der Trauer, denn Björns Tod ist kein Einzelfall. Die Steigers gründen eine gemeinnützige Stiftung, die den Aufbau eines Nothilfesystems in Deutschland fördern soll. Eines der zentralen Themen der Björn-Steiger-Stiftung ist die Schaffung eines einheitlichen Notrufs. Zwar existieren die Telefonnummern 110 für die Polizei und 112 für die Feuerwehr bereits, doch die funktionieren zu Beginn der 1970er-Jahre nur in rund 150 größeren Städten und den angrenzenden Landkreisen. Im Rest Deutschlands gibt es weder einheitliche Nummern noch Rettungsleitstellen, die die Notrufe entgegennehmen können. Im Unglücksfall muss man im Telefonbuch nach Nummern von Polizeidienststellen nachschlagen, die nachts oder an Wochenenden oft nicht besetzt sind. Der deutsche Staat verfügt weder über die Infrastruktur noch über die gesetzlichen Regelungen für eine zentrale Nothilfe.

Die Björn-Steiger-Stiftung schreibt Briefe an Politiker und Beamte, doch denen ist ein flächendeckender Notruf einfach zu teuer. Siegfried Steiger lässt sich die genauen Kosten ausrechnen und beginnt Spenden zu sammeln, um die 110 und die 112 zumindest in Nordwürttemberg einzuführen. Als die Stiftung die notwendigen 20.000 DM pro Landkreis zusammenhat, ziehen alle Kreise des Regierungsbezirks mit. Doch Steiger will mehr und verklagt das Land Baden-Württemberg auf landesweite Einführung der Nummern. Zwar verliert er den Prozess, doch nun stehen die Medien hinter dem Projekt. Der öffentliche Druck ist bald so groß geworden, dass die Ministerpräsidenten der Länder drei Wochen später, am 20. September 1973, schließlich zustimmen. Bundespostminister Ehmke ruft Steiger persönlich an: »Ich darf Ihnen sagen: Ihr Dickschädel hat sich durchgesetzt. Wir haben den Notruf beschlossen.«

Die technischen Anforderungen an einen flächendeckenden Notruf waren für einen analogen Betrieb recht kompliziert und wurden von der Bundespost im sogenannten »Notrufsystem 73« umgesetzt. Zunächst musste der Notruf bundesweit ohne Vorwahl funktionieren. Vor allem aber musste jeder Anruf immer bei der richtigen Dienststelle landen, und das war regional sehr unterschiedlich, mal die Polizei, mancherorts die Feuerwehr und teilweise eine integrierte Leitstelle. Für die Anrufer durften keine Gebühren anfallen, und der Anruf musste jederzeit rückverfolgbar sein, um den Anrufer identifizieren (bzw. später das Handy orten) zu können. Schließlich musste die Dienststelle jederzeit Anrufe wegschalten können, um Blockaden zu verhindern.

Ob der technischen Voraussetzungen erklärt sich auch, warum die 112 die Notfallnummer geworden war. Die Startziffer 1 bot sich an, weil die Post schon in den 1930er-Jahren Servicenummern eingeführt hatte, die mit einer 1 begannen: Mit der 101 erreichten Kunden die Vermittlung, die 102 war die Störungsstelle usw. Als für den Polizei- und Feuerwehrnotruf kurze Nummern gesucht wurden, die sich jeder leicht merken kann, waren die 110 und 112 die nächsten freien Nummernfolgen. Die 111 musste übersprungen werden, weil sie im analogen Telefonnetz Störsequenzen auslöste.

Andere erklären das Entstehen der 112 eher pragmatisch. Man habe damals bewusst nicht die britische Ziffernfolge 999 oder die amerikanische 911 übernommen, weil in Notfällen zu viel Zeit vergangen wäre, bis eine 9 auf einem Telefonapparat mit Wählscheibe durchgerattert ist. Die 1 und die 2 hätte man dagegen sogar wählen können, wenn die Wählscheibe mit einem Schloss gesichert gewesen wäre. Nur die 0 im Polizeinotruf lässt sich so nicht erklären.

In den 1970er-Jahren setzte sich das Notrufsystem in der Bundesrepublik durch und mit ihm die 112. Nach der deutschen Wiedervereinigung wurde die in der DDR übliche Notrufnummer 115 für die schnelle medizinische Hilfe in die 112 integriert. Doch erst 1991 kam die räumliche Ausweitung, wie sie die Björn-Steiger-Stiftung immer gefordert hatte: Die Europäische Union führte die 112 als Notrufnummer in der ganzen EU ein, und in den Folgejahren schlossen sich fast alle anderen europäischen Staaten an: Island, Kroatien, Liechtenstein, Mazedonien, Montenegro, Norwegen, Serbien, die Schweiz und die Ukraine.

Leider pflegen viele Länder parallel zur 112 noch ihre eigenen alten Notfalltelefonnummern. Das führt dazu, dass die Europäer kaum wissen, dass die 112 länderübergreifend und flächendeckend gilt. Im Jahre 2008 waren es gerade mal 22 Prozent der EU-Bürger, wie die EU-Kommission beklagte. Aus diesem Grund hat sie für den notleidenden Euronotruf einen eigenen Gedenktag erfunden: Es ist der 11.2.

Quellen: Notrufe, Notsignale, unter: code-knacker.de; Wenke Böhm: Ein »Dickkopf« boxte vor 40 Jahren die »112« durch, dpa-Bericht vom 9.2.2013; Björn Steiger Stiftung. Historie, unter: steiger-stiftung.de; Isabel Hartmann: Nummern, die das Leben retten, in: Süddeutsche Zeitung vom 20.9.2003; »112« – Geschichte einer Hotline, unter: anstageslicht.de; Geschichte der Notrufnummer 112, unter: feuer-wehr-graevenwiesbach.de; Melanie Mann: Die Wahl der Zahl. In ihren Notrufnum-mern finden die Nationen der Welt sich wieder, in: Frankfurter Allgemeine Sonn-tagszeitung vom 3.4.2005; »Notruf«, »Euronotruf« und »Notrufsystem 73«, unter: wikipedia.org; Notrufsystem 73, unter: sebastian-scheidt.de; Presseerklärungen der EU-Kommission vom 11.2.2008 und 16.2.2011.

143

I love you

 Das Herz ist das wohl weltweit am weitesten ver-breitete Symbol für die Liebe. In den verschiedenen Kulturen stehen der Drache, die Lotusblüte oder die Feige für amouröse oder erotische Gefühle. In der Bibel ist es der Apfel, der für die menschliche Liebe und die damit verbundene fleischliche Versuchung steht. Liebende werden von Amors Pfeil getroffen, sie schenken sich rote Rosen, oder sie tauschen Ringe aus. Kein Wunder, dass auch eine Zahl die Liebe symbolisiert: die 143.

Wann und wo genau der Code entstand, ist nicht bekannt. Er nimmt einfach die drei englischen Worte »I love you« und übersetzt sie in die Anzahl ihrer Buchstaben: 143. Fertig.

In die Welt hinausgeschickt hat die 143 wohl erstmals Minot's Ledge, ein Leuchtturm, der 20 Meilen südlich von Boston ins Meer gebaut wurde. 1894 erhielt der Turm ein neues Leuchtfeuer, wobei ein landesweites System ausprobiert wurde, nach dem jeder Leucht-turm sein eigenes Lichtsignal setzen sollte. Das besondere Licht von Minot's Ledge bestand aus einem einzelnen Blitz, dann war drei Se-kunden Pause, es folgten vier Blitze im Abstand von einer Sekunde, wieder drei Sekunden Pause, und schließlich noch einmal drei

Blitze im Sekundentakt: 1-4-3. Die Seeleute auf den Schiffen im Atlantik und wohl auch die Daheimgebliebenen am Ufer übersetzten die Lichtsignale mit »I love you« oder auch mit »I miss you«, und schon bald war der romantische Leuchtturm so populär, dass er in Gedichten gepriesen und Liedern besungen wurde.

Größere Verbreitung fand der Zahlencode dann rund 100 Jahre später, als in den 1990er-Jahren das Versenden von kurzen Textmitteilungen mittels Pager in Mode kam. Der ursprünglich für Ärzte-Notrufe konzipierte Funkempfänger konnte Ton-, Text- und rein numerische Nachrichten übermitteln. Letztere nutzten einige Paare, um sich so ihrer weiterhin bestehenden Gefühle zu versichern. Ein kurzes Vergnügen, denn das Paging konnte sich gegen die aufkommenden Mobiltelefone nicht durchsetzen. Die Netze wurden abgeschaltet, aber die 143 blieb.

Den Siegeszug feierte 143 dann per SMS. Die Kurzmitteilungen, in der Länge beschränkt und umständlich zu tippen, zwingen einen fast dazu, Abkürzungen zu nutzen. Der Code hielt Einzug in die Jugendsprache, und den reichlich durch die Mobilfunknetze geschickten Liebesschwüren folgte die weltweite Verarbeitung in den verschiedensten Formen der Popkultur: Die amerikanischen Rapper Bobby Brackins und Ray J. sowie das australische Kinder-Popsternchen Cody Simpson schufen jeweils einen »143«-Song, in der Londoner Carnaby Street eröffnete 2009 eine gleichnamige Boutique, und die 143 hat sogar eine eigene Facebookseite. Im Jahre 2011 kam die Romantikkomödie »143 I miss you« in die Kinos, die mit mit vielen Tanz- und Gesangseinlagen aufwartete, denn sie wurde in der Bollywood-Traumfabrik in Indien produziert.

Wem die 143 mittlerweile zu weit verbreitet ist, um den eigenen Liebesgefühlen Ausdruck zu verleihen, kann seinen Liebesschwur natürlich auch ganz individuell im Binärcode als SMS versenden: 01001001 00100000 01101100 01101111 01110110 01100101 00100000 01111001 01101111 01110101 00001101 00001010.

Quellen: 143, unter: urbandictionary.com; Minot's Ledge, unter: lighthousefriends.
com; Minot's Ledge Light, unter: lighthouse.cc/minots; 143 and the »I Love You«
Lighthouse, Minot's Ledge, unter: bbc.co.uk; Minots Ledge Lighthouse, unter: light-
housefriends.com; Kurze Einführung in das mobile Paging, unter: teltarif.de; binary
it's digitalicious!, unter nickciske.com.

168:1

Dresscode der Nazi-Szene

Bei Demonstrationen machen Neonazis aus ihrer Gesinnung keinen Hehl, aber es gibt als Botschaften der Zugehörigkeit auch versteckte Zeichen – besonders in der wachsenden rechten Jugend-
szene. Dazu gehört neben Musik, Alkohol und Kameradschaft auch
die Wahl der richtigen Kleidermarke. Die sicher makaberste Version dieser Gruppensymbolik ist der geheime Zahlencode der Klei-
dungsmarke 168:1.

Der Name spielt auf den Sprengstoffanschlag in Oklahoma City
an. Am 19. April 1995 deponiert der Golfkriegsveteran Timothy
McVeigh einen mit drei Tonnen Sprengstoff beladenen Mietwagen
vor einem Regierungsgebäude. Kaltblütig stellt er das Auto ab und
sprengt das achtstöckige Murrah Building in die Luft: Trümmerteile
werden bis zu zehn Häuserblocks weit geschleudert, das Haus sackt
in sich zusammen, herabstürzende Gebäudeteile reißen Arbeiter,
Bundesbeamte, Besucher und die Kinder einer Tagesstätte in die
Tiefe. Insgesamt sterben bei dem Bombenanschlag 168 Menschen,
500 Personen werden verletzt. Es ist das bis dahin schwerste Attentat in der amerikanischen Geschichte. Attentäter McVeigh wird
noch am selben Tag festgenommen. 1997 verurteilt ihn ein Bundes-
gericht zum Tode; vier Jahre später wird er durch eine Giftspritze
hingerichtet.

Die Naziklamotten von 168:1 verherrlichen dieses Attentat, in dem sie die Toten bilanzieren und wiedergeben wie ein sportliches Ergebnis.

Früher griff die rechte Szene in ihrem Dresscode auf vorhandene Marken zurück, etwa auf die Boxsportmarke Lonsdale. Trug man deren Sweatshirts mit dem großen Logo auf der Brust unter einer Jacke, so war nur noch der Schriftzug »NSDA« zu lesen – eine Anspielung auf die Hitlerpartei NSDAP. Heute transportieren zahlreiche eigene Marken wie Walhalla, Endzeit oder Thor Steinar die rechte Gesinnung.

Vom Namen her unscheinbarer ist das Mode-Label Consdaple, das gegründet wurde, nachdem sich Lonsdale mit bewusst antirassistischer Werbung von der rechten Szene abgrenzte. Consdaple setzt auf den gleichen Buchstabeneffekt. Die von einem langjährigen Funktionär betriebene Marke aus dem bayerischen Landshut will geschickt den Paragrafen 86a des Strafgesetzbuches und damit das Verbot der Verwendung von nationalsozialistischen Symbolen umgehen. Denn auch hier entsteht in der Namensmitte die Abkürzung NSDAP. Zudem werden viele Textilien mit einem Adler bedruckt, der dem von den Nazis verwendeten sehr ähnlich kommt.

Quellen: Toralf Staud: Der braune Pop, in: Die Zeit vom 23.9.2004; Jan Sternberg: Nationale Haute Couture. Eine märkische Modemarke steckt Rechte in Designerklamotten, in: Märkische Allgemeine Zeitung vom 5.10.2004; Informations- und Dokumentationszentrum für Antirassismusarbeit in Nordrhein-Westfalen, unter: ida-nrw.de; Zahlencodes, unter: turnitdown.de; Zahlencodes: unter: hyperlinks-gegen-rechts.de; Skinhead-Bewegung, unter: politikarena.ch.

171

Brasilianischer Betrüger und Filou

Vielleicht haben Sie in São Paulo mit einem Geschäftsmann einen Vertrag abgeschlossen, oder Sie haben als Mann in Rio de Janeiro mit einer Bikini-Schönheit geflirtet, dann aber die Verabredung platzen lassen. In beiden Fällen kann es Ihnen passieren, dass Sie hinterher »171« genannt werden. Diese Zahl verheißt nicht wirklich etwas Gutes, und Sie sollten genau überlegen, von wem und vor allem warum sie so genannt werden, denn »171« bedeutet in Brasilien so viel wie Betrüger oder Gauner.

Der umgangssprachliche Ausdruck entstammt dem »Código Penal«, dem brasilianischen Strafgesetzbuch. Dort definiert Artikel 171 den Tatbestand des Betrugs und der Unterschlagung, auch in Brasilien ein Delikt, das mit Gefängnis geahndet werden kann. Der Geschäftsmann aus São Paulo erhebt mit 171 also tatsächlich einen sehr schwerwiegenden Vorwurf, den Sie keinesfalls auf sich beruhen lassen sollten. Entweder Sie rufen die Polizei, oder Sie machen sich – wenn er recht hat – ganz schnell aus dem Staub.

Keine dieser Reaktionen ist dagegen an der Copacabana von Nöten, wenn die Samba-Schöne Sie »171« tituliert. Denn so ein Gauner kann durchaus intelligent und wortgewandt sein. Vielleicht meint es das Mädchen auch scherzhaft und hält Sie für einen charmanten Schwätzer, vielleicht für einen Aufschneider, der nur auf seinen Vorteil bedacht ist. Dann haben Sie einen Korb mit 171 bekommen, aber das ist ja nicht strafbar.

Quellen: Wenn man sich 171 fühlt. Blog-Artikel, unter: deblog.dic55.com; O rei do 171, unter: brigadefaca.blogspot.com; Portuguese for all, Forumsbeiträge, unter: orkut.com; Estelionato?, Language Forum, unter: wordreference.com.

175

Gold im Essen – E-Nummern

Wer sich ein Fertigprodukt im Supermarkt kauft und die Liste der Zutaten liest, dem kann schon angst und bange werden. Da wimmelt es von seltsamen Begriffen und Zahlen, denen ein E vorangestellt ist. Gerade viele Light-Produkte, die fett- oder kalorienreduziert sind und Genuss ohne Reue versprechen, stammen vom Reißbrett der Food Designer und stecken voller unbekannter Zusatzstoffe. Dabei sollten gerade die E-Nummern dem Verbraucher eigentlich Klarheit darüber schaffen, was in den Lebensmitteln drinsteckt.

Die Industrie setzt Zusatzstoffe ein, um ihre Lebensmittel-Produkte haltbarer, schöner und schmackhafter zu machen oder um ihnen zusätzliche Eigenschaften wie Back- oder Streichfähigkeit zu verpassen. Damit dies kontrolliert geschieht, gibt die Europäische Union seit Mitte der 1980er-Jahre Richtlinien heraus. Deren Kern ist eine Liste der erlaubten Lebensmittelzusatzstoffe, die alle mit einer E-Nummer versehen sind. Das E steht für »Europa« oder auch für »essbar« (edible). Jedes E mit Nummer bezeichnet demnach knapp und klar einen ganz bestimmten Stoff, der so im ganzen europäischen Markt unverwechselbar ist, egal welche sprachliche Bezeichnung sonst in Frankreich, Polen, Ungarn oder Norwegen dafür existiert. Auch Nicht-EU-Mitglieder benutzen E-Nummern, um keinen Einfuhrbeschränkungen zu unterliegen.

Die Liste ist eine sogenannte Positiv-Liste. Nur wenn ein Stoff technisch nötig ist und aufgrund von jahrelangen Prüfverfahren als gesundheitlich unbedenklich gilt, bekommt er eine E-Nummer und darf in Lebensmitteln verwendet werden. Außerdem wird festgelegt, in welchen Mengen die Substanz in bestimmten Lebensmitteln vorkommen darf. Alle Stoffe müssen in der Zutatenliste von Lebensmitteln aufgeführt werden, je nach Gewicht in abnehmender Reihenfolge. E-Nummern stehen somit meist am Ende.

Mittlerweile haben über 300 Substanzen eine E-Nummer, sie sind thematisch in Hundertergruppen zusammengefasst. Stoffe mit den E-Nummern ab 100 sollen die Lebensmittelwelt schöner machen, es sind die Farbstoffe. Sie werden am häufigsten den grellenbunten Bonbons, Lutschern und Gummitieren beigemischt. In ein paar Süßwaren kommt auch tatsächlich Gold zum Einsatz und erhielt daher die Nummer E 175. Wegen der sehr hohen Kosten wird das Edelmatall eigentlich nur in dekorativen Spirituosen eingerührt. Es ist unlöslich und wird vom Körper unverändert wieder ausgeschieden. Trotzdem ist Gold im Essen nicht ganz unproblematisch, denn es kann allergische Reaktionen auslösen.

Ab E 200 werden die Konservierungsstoffe und Säuerungsmittel aufgelistet. Lebensmittel bleiben länger genießbar, weil z. B. Bakterien oder Pilze keine giftigen Stoffe bilden können. Doch E 210 bis E 233 können Kopfschmerzen und Durchfall auslösen. Stoffe mit E-Nummer ab 300 sollen die Oxidation verhindern, bewahren z. B. fetthaltige Lebensmittel davor, ranzig zu werden, oder Kartoffelprodukte vor bräunlichen Verfärbungen. Unter den 400er-Nummern werden Verdickungsmittel zum Binden von Flüssigkeiten, Geliermittel für stabile Eis- oder Obstdesserts und Feuchthaltemittel, die Oberflächen elastisch wirken lassen, zusammengefasst. Dazu kommen die Emulgatoren, die Öl bzw. Fette mit Wasser verbinden. 500er-Zahlen sind für Säuren und ähnliche Stoffe vorgesehen. Ab E 600 werden die Zusätze zur Geschmacksverstärkung eingesetzt, allen voran Glutamat und seine Verwandten, die Lieblingssubstanzen der Lebensmitteldesigner. Nicht nur dass diese Verstärker für Asthma und Migräne verantwortlich gemacht werden, sie sind auch Symbol dafür, wie abgestumpft unser Geschmackssinn mittlerweile ist oder für wie abgestumpft er gehalten wird. Die E-Nummern 900 bis 1499 schließlich stehen u. a. für Süßstoffe, Überzugsmittel, Treibgase, einige Enzyme sowie Stärken. Die E-Nummern 700 bis 899 sind nicht vergeben.

Im Internet und im Buchhandel gibt es ausführliche Listen, die jedem einzelnen Lebensmittelzusatz seine E-Nummer zuweisen und ihn auch bezüglich seiner Bedenklichkeit klassifizieren. Aufmerksame Kunden können diese Substanzen dann orten und möglicherweise vermeiden, denn der Verzicht darauf muss nicht zu einer Einbuße von Lebensqualität führen.

Nicht unter Lebensmittel-Zusatzstoffe fällt dagegen E 605. Es ist der Handelsname von Parathion, einem giftigen Pflanzenschutzmittel gegen Insekten und Milben. Auch für den Menschen ist es sehr giftig. Daher hat E 605 mit Lebensmitteln auch überhaupt nichts zu tun. Es führt seine Bezeichnung schon lange, bevor es die Liste der EU gab. Das E steht hier schlicht für »Entwicklungsnummer«.

Quellen: Heinz Knieriemen: E-Nummern, AT-Verlag, Aarau/CH 1999; Verbraucherschutzinformationssystem der Bayerischen Staatsregierung: Die E-Nummern auf Lebensmittelverpackungen – Was bedeuten sie?, unter: vis-ernaehrung.bayern.de; Öko-Test: Informationen zu den E-Nummern, unter: carechannel.de.

176-176

Die Panzerknacker

»Wir sind die schlimmsten Knacker der Welt! Knacken und zwacken, wo's uns gefällt«, grölt die wohl berühmteste Diebesbande, die Panzerknacker AG. Solche Gesänge verbreiten in der heilen Welt von Entenhausen Angst und Schrecken. Seit 1951 treiben sie dort ihr Unwesen, erstmals in der Geschichte »Der Selbstschuss« von Disney-Zeichner Carl Barks. Zentrales Objekt der kriminellen Begierde ist Dagobert Ducks Geldspeicher, in dem dessen unermesslicher Reichtum von einer Fantastilliarde Taler liegt. Zwar wurde der Geldspeicher von den Panzerknackern schon mehrfach geknackt, erobert oder zerstört, doch letztlich konnte Dagobert noch jeden Angriff erfolgreich abwehren.

Deutliches Zeichen ihrer vorherigen Fehlschläge ist die Kleidung der Panzerknacker, eine Gefängnisuniform. Sie tragen blaue Mützen, eher nutzlose schwarze Larven, blaue Hosen und orangerote Pullover mit einem Aufnäher, auf dem dick und breit die Häftlingsnummern zu lesen sind. In der Regel beginnen diese mit der Zahl 176, gefolgt von drei Zahlen aus den Ziffern 1, 6 und 7. Zu der Bande gehört noch Opa Knack, der häufig die zweite Generation der Panzerknacker anführt und teilweise die Nummer 186-802 trägt, meist auf seinem Schild aber »Begnadigt« stehen hat.

Doch es muss viel mehr Panzerknacker geben. Ihr Aussehen schwankt von Zeichner zu Zeichner – und damit auch die Nummerierung. So sind in manchen Geschichten hinter der 176 verschiedene 800er-Nummern zu sehen, auch 176-070, 176-117, 176-300 und 176-001 waren schon zu lesen. Das Verhältnis der Panzerknacker zu ihrer Gefängnisnummer geht tief. Wer sie beim Baden sieht, kann entdecken, dass die Zahl sogar auf der Brust eintätowiert ist.

So oft die Beagle Boys – wie sie im Original heißen – auch hinter Gittern landen, so schnell sind sie wieder auf freiem Fuß und bauen ihre Verbrecherorganisation aus. Mittlerweile haben die Panzerknacker überall auf der Welt Standorte, und sie verfügen über ein beachtliches Arsenal an Hilfsmitteln: Hubschrauber, Flugzeuge, U-Boote und alle möglichen Waffen. Ihre Einsätze erfolgen gewöhnlich in Gruppen von drei bis vier Mann, mehr als sieben wurden noch nie auf einem Bild gesehen. Aber Genaueres über die Bandenstärke weiß niemand. In neueren Geschichten treten auch weibliche Panzerknacker, Panzerknacker-Neffen und manchmal sogar ein Hund auf, der Achtmalacht heißt.

Doch trotz ihrer permanenten Erfolglosigkeit sind die dicken Kerle mit den Hundenasen weiter aktiv. Sie überfallen Banken, Juweliere oder Geldtransporte, und sie träumen von einem luxuriösen Leben, vom Bad in Diamanten und von prunkvollen Nobelkarossen. Und sie werden noch lange ihre politisch unkorrekten Lieder schmettern wie: »Heut gehört uns die Kohldampf-Insel und morgen die ganze Welt!«

Quellen: 50 Jahre Panzerknacker, Ehapa, Berlin 2001; Lars Kaschke: Die Panzerknacker AG, in: Der Donaldist 78, Dezember 1991; Panzerknacker, unter: www.don-mc-duck; Panzerknacker, unter: ehapa.de, Panzerknacker, unter: duckipedia.de.

187

Nicht nur im Film eine tödliche Zahl

  Paragraf 187 im kalifornischen Strafgesetzbuch ist der Mord-Paragraf. Die amerikanische Polizei verwendet die Zahl als Codewort im Funkverkehr, wenn es um Mord geht. Die Bezeichnung floss auch in die normale englische Alltagssprache ein, und »one eight seven« wird hier im Sinne von »auf der Hut vor jemandem sein, der einen töten will« verwendet. Mit dieser Bedeutung der Zahlenkombination spielt der gleichnamige Hollywood-Spielfilm, der in Deutschland den genauso reißerischen wie erklärenden Titel »187 – Eine tödliche Zahl« bekam.

Trevor Garfield (Samuel L. Jackson) ist Biologielehrer an einer New Yorker Public School. Er hat seine Ideale noch nicht verloren, will seine Schüler wirklich auf das Arbeitsleben vorbereiten. Doch die Kids haben mehr Waffen als mathematische Formeln im Kopf. Eines Tages findet er auf den Seiten eines Lehrbuchs die Zahl 187 geschrieben. Garfield fühlt sich bedroht, denn das Buch gehörte einem Schüler, den er durchfallen ließ. Doch keiner nimmt die Sorgen des Lehrers ernst, bis er in der Schule zwischen hunderten von Schülern niedergestochen wird und nur knapp überlebt.

Ein Jahr später – Garfield hat sich körperlich, aber nicht seelisch von dem Attentat erholt – versucht er die Geschichte immer noch zu vergessen. Er zieht an die Westküste, beginnt wieder zu arbeiten, doch er landet in einer Problem-Klasse. Trotz seines engagierten Unterrichts machen ihm die Gangmitglieder unter den Schülern das Leben zur Hölle. Wieder taucht die 187 in seinem Leben auf, diesmal ist die Zahl in den Lack seines Autos geritzt. Doch Garfield hat sich verändert, er will die Drohung gegen ihn und seine neue Freundin, eine Kollegin, nicht hinnehmen und hält mit gleicher Brutalität dagegen …

Regisseur Kevin Reynolds hat dem Genre des Schulthrillers kein völlig neues, aber ein überzeugendes Werk hinzugefügt, das der amerikanischen Realität näher kommt als etwa »Der Prinzipal« mit James Belushi oder das märchenhaft-kitschige »Dangerous Minds« mit Michelle Pfeiffer. »187« zeigt die extrem aggressive Sprache unter den Schülern, Alkohol- und Drogenkonsum und die grassierende Unlust, irgendetwas zu lernen, als die noch harmlosen Seiten des Lehreralltags. Erst in der Konfrontation mit dem sich wehrenden Lehrer offenbart sich das tatsächliche Gewaltpotenzial an der Schule. Der Film will die Verhältnisse aufzeigen und nicht verharmlosen. Dabei setzt er sehr deutlich auf den Realismus seiner Spielhandlung, etwa wenn im Abspann betont wird, das Drehbuch sei von einem Lehrer geschrieben worden. Die Qualität von »187« liegt aber nicht in der direkten Darstellung von Gewalt – die blitzt nur kurz und ohne jegliche ästhetische Stilisierung auf –, stattdessen herrscht eine aggressive Grundstimmung, bildlich erzeugt durch überbelichtete Einsprengsel, bewusst gewählte Unschärfen und eine wild entfesselte Kamera, zu der die Musik unter anderem von Massive Attack pulsiert. Der Nervenkrieg auf der Leinwand funktioniert, und »der Zuschauer kann sich somit dem infernalischen Sog der Gefühlskälte und Verrohung nicht entziehen« (Nürnberger Zeitung). Dass »187« in den USA nicht sonderlich gut ankam, spricht nicht gegen die Machart des Films, sondern für einen Stoff, den der amerikanische Kinogänger lieber verdrängt. Werden doch täglich in den USA Lehrer von Schülern angegriffen, einige Schulen setzten schon Sicherheitsschleusen mit Metalldetektoren ein. Unterrichtsstörungen, Drogen und Schlägereien sind an der Tagesordnung. Es muss ja nicht immer gleich Mord sein.

Quellen: Ein Lehrer im infernalischen Sog der Gefühlskälte, in: Nürnberger Zeitung, vom 16.10.1997; 187 – Eine tödliche Zahl, unter. pro7.de; 187, unter: movies.warnerbros.com.

212

Der Duft der 5th Avenue

Auch wenn Carolina Herrera aus Venezuela stammt, ist sie doch eine der Ikonen der New Yorker Modewelt. In den 1970er-Jahren war sie Stammgast in Andy Warhols »Studio 54« und mit Truman Capote befreundet. Obwohl die Tochter aus reicher Gutsbesitzer-Familie bis dahin Modeschauen nur als Besucherin kannte und Couturiers nur vom Maßnehmen für die eigene Garderobe, wollte sie sich in Sachen Mode ausprobieren. Ihre Entwürfe kamen gut an, und 1981 stellte Carolina Herrera erfolgreich ihre erste eigene Kollektion vor. 1984 entstand dann ihre Linie »CH«. Es folgten Herrenmode, Pelz- und Brautkleidkollektionen, Schmuck und Modeaccessoires.

Als »sleek, chic and glamorous« bezeichnen die Amerikaner die Mode von Carolina Herrera. Ihre Kreationen sind klassisch bis konservativ, aber nicht unmodern, darüber hinaus bequem und feminin – ideal für New Yorker Society-Damen. Die gealterte Jackie Kennedy trug zwölf Jahre lang ausschließlich Herrera-Kleider, Nancy Reagan zählt zu ihren Kundinnen, und viele Schauspielerinnen wie etwa Renée Zellweger flanieren in CH-Roben über den roten Teppich.

1988 ließ Carolina Herrera einen zu ihrem Image passenden Duft kreieren. Weltläufigkeit und schlichte Eleganz zugleich sollte der verkörpern. Der Name des Dufts appelliert an das Traditionsbewusstsein ihrer Großstadtkundinnen. Das Parfum heißt schlicht und einfach »212« – und das ist die ehemalige Postleitzahl von New York City.

»212« ist ein sehr sinnlicher Duft und riecht nach Bergamotte und Zitrus, dazu kommt ein Hauch von Gardenie und weißen Lilien. Die Parfumkritiker Turin und Sanchez gehen mit dem Parfum indes hart ins Gericht und geben »212« nur einen von fünf möglichen Punkten, denn es wirke, wie wenn man Zitronensaft in eine feine Schnittwunde träufle.

Mittlerweile gibt es mehr als zehn Parfums der »212«-Familie. »212 men« zum Beispiel will mit einer Mixtur aus Zitrusfrüchten, Gewürzen und Hölzern die Sinne maskulin betören und »212 sexy« soll eher orientalisch verführen, in der Kopfnote zunächst mit Mandarine und Bergamotte, in der nachfolgenden eher klassischen Herznote dann blumig und mit etwas Zuckerwattenduft.

Die ideale »212«-Kundin beschreibt Carolina Herrera folgendermaßen: »Sie lebt im Heute. Sie arbeitet. Sie hat Kinder. Sie reist. Sie braucht unkomplizierte, aber präzise geschneiderte Kleider mit maximal einem extravaganten Detail.« Und sie braucht wohl den Duft des nostalgischen New Yorks.

Quellen: Carolina Herrera, unter: parfumdreams.de; Adriano Sack: »Ich brauche kein Drama«, in: Welt am Sonntag vom 2.7.2006; New York Fashion Week Live: Carolina Herrera, unter: nymag.com; Turin, Luca/Sanchez, Tania: Perfumes – The Guide, Viking, New York 2008.

213

Die Ehrung des Erfolgs

So mancher Platzwart flucht, wenn er zu den Meisterschaften die 213 aufstellen muss; so ein mobiles Siegerpodest kann ganz schön schwer sein. Aber was tut man nicht alles für Sportler, die aufs Treppchen wollen. Bei der Ehrung kommt dann klassischerweise der Sieger zwischen dem Zweitplatzierten links und dem Dritten rechts zum Stehen. Und weil die Platzierungen meist groß auf dem Podest prangen, entstand das Kürzel »213«.

Erstmals zum Einsatz kam das Siegerpodest im Jahre 1930 in Kanada und begann mit den Olympischen Winterspielen in Lake Placid 1932 seinen weltweiten Siegeszug. Weder Material noch Design für die 213 scheinen Grenzen gesetzt, einige Gestalter differenzieren in der Höhe deutlich zwischen Rang 2 und Rang 3, andere färben die Podeste in den Medaillenfarben gold, silber und bronze ein. Und für Mannschaftsehrungen gibt es besonders große Podeste, bei denen die Zahlen weit auseinanderrücken. Es gibt die 213 bei Eventagenturen zu leihen, es gibt sie als Spielzeug oder als Kunstobjekt von Werner Kavermann, der bei der Skulpturenlandschaft Osnabrück ein Podest mitten in den Wald platzierte.

In manchen Disziplinen, zum Beispiel in den Kampfsportarten, gibt es regelmäßig zwei dritte Plätze, sodass eine 2133-Treppe von Nöten ist. Und in sehr seltenen Fällen werden – warum auch immer – die Zweiten und Dritten von rechts nach links angeordnet. Dann kommt eine 312 heraus.

Quellen: Siegertreppchen, unter: wikipedia.org; Wo steht wer? Plätze auf dem Siegertreppchen, unter: denkreich.com.

250

Chinesischer Trottel

Aberglauben mit Zahlensymbolik ist in China weit verbreitet. Allen voran gilt die Zahl 8 als Glückszahl und steht für Reichtum und Wohlstand. Daher gibt es zahlreiche Hotels oder Restaurants, die »888« benannt sind. Für Autokennzeichen oder Telefonnummern, in denen viele Achter vorkommen, werden horrende Summen bezahlt, und nicht ohne Grund wurden die Olympischen Spiele in Peking am 8.8.2008 genau um 8.08 Uhr eröffnet.

Ähnlich wie in Japan wird dagegen die Zahl 4 gemieden, denn das Wort dafür, »si«, klingt fast wie die Aussprache für das Wort »Tod«, »qi«. Ein Chinese achtet darum sehr genau darauf, dass bei einer Einladung weder im Datum noch bei der Anzahl der Gäste die Zahl 4 vorkommt.

Die wohl ungewöhnlichste Bedeutung hat aber die chinesische Zahl 250. Geschrieben wird sie 二百五, nach der offiziellen Transkription in lateinische Schrift »èrbǎiwǔ«. Vor allem im nordchinesischen Slang ist 250 ein Schimpfwort und bedeutet so viel wie »Trottel«, »Idiot« oder »Ungebildeter«.

Eine etymologische Erklärung leitet sich von der Art ab, wie Chinesen ihr Kleingeld aufbewahrten. Sie nutzten nämlich das quadratische Loch in den Kupfermünzen dazu, sie auf Schnüre oder Bänder aufzufädeln. 1.000 Stück dieser Münzen nannten sie »diao«, die Hälfte der Münzen davon, also 500, hieß »bàndiàozi«. Aus der Hälfte der Hälfte entstand dann der umgangssprachliche Ausdruck, jemand sei »unzureichend«. Einige eher bescheidene Autoren beschrieben sich selbst als »250«, eine rhetorische Selbstbezichtigung, um zu sagen, man sei ungebildet oder unwissend. Und wo die Bescheidenheit fehlte, blieb die Beschimpfung übrig.

Eine andere Erklärung reicht bis zur ersten chinesischen Dynastie, rund 200 v. Chr., zurück. In der sogenannten »Zeit der Streitenden Reiche« verfolgte der Staat Qin eine expansive Politik und schaffte es schließlich, dank eines effizient strukturierten Militärs, China zum ersten Mal zu vereinen. Einer der führenden strategischen Köpfe war der Gelehrte Su Qin, der vielfach als Unterhändler in andere Reiche geschickt wurde. Dabei entstand eine Geschichte, die besagte, dass Su Qin bei einer seiner Missionen getötet worden sei. Der König von Qin wollte nun unbedingt den Mörder finden und ersann deshalb einen raffinierten Plan. Er ließ offiziell verkünden, dass Su Qin eigentlich ein Staatsfeind gewesen sei, den er schon lange habe beseitigen wollen. Da nun aber ein Unbekannter ihm die blutige Tat abgenommen habe, wolle er den »Helden« belohnen. Der König versprach demjenigen 1.000 Goldstücke, der belegen könne, dass er Su Qin getötet habe. Gleich vier Männer meldeten sich, konnten aber allesamt keine Beweise für den Mord vorlegen. So kamen die vier auf die schlaue Idee, die Belohnung zu teilen, jeder von ihnen, schlugen sie dem König vor, solle 250 Goldstücke bekommen. Der König von Qin war aber schlauer. In der Hoffnung, den wahren Mörder zu erwischen, ließ er kurzerhand die vier 250-Trottel hinrichten …

Quellen: Chinese Slang, unter: languagerealm.com; Chinesische Glückszahlen, unter: china9.de; Harald Osmann; Trip to Shanghai, Blog-Eintrag unter: shanghai-2011.blogspot.com; Forumseinträge unter: clever.de und italki.com; Su Qin – A Real Commander of Strategies, unter: history.cultural-china.com.

312

Der Biergeschmack von Chicago

Greg Hall ist stolz auf sein Land, und er ist stolz auf Chicago, die Stadt, in der er geboren wurde, in der er arbeitet und in der er lebt. Seinen Lokalpatriotismus wollte Hall einfließen lassen in das, was er wirklich am besten kann, nämlich Bier brauen. So entstand ein Weizenbier aus Chicago, passend zum Lebensgefühl der Großstadtbewohner am Michigansee. Als Bezeichnung nahm er einfach die Postleitzahl der Metropole: 312.

Schon sein Vater John Hall war ein Bierliebhaber. Auf dessen zahlreichen Europareisen beeindruckte ihn vor allem, dass jede Region ihren eigenen, unverwechselbaren Gerstensaft braute. Solche lokalen Biere wurden im Amerika der 1980er-Jahre höchstens in ein paar Pubs im Mittleren Westen ausgeschenkt. Warum also nicht auch in Chicago? Immerhin gab es hier an den Großen Seen das größte Frischwasservorkommen der ganzen Welt.

Vater John Hall also gründete ein Unternehmen, benannt nach der einzigen Insel im Chicago River: Goose Island, und eröffnete 1988 die erste Gasthausbrauerei. Hier konnte jeder Besucher beim Brauen zusehen, während er sein Bier trank. Sohn Greg Hall wurde zum Braumeister des Unternehmens und entwickelte innerhalb eines Jahres eine ganze Reihe von besonderen Biersorten. Am erfolgreichsten war das »312«.

Greg verwendet für »312« nur patriotische Zutaten, die allesamt aus Amerika stammen: zweireihiges Malz, gedörrter Weizen, der dem Bier eine gewisse Cremigkeit verleiht, und Hopfen der Sorte Cascade, die in den USA gezüchtet wurde und für ein duftiges, blumiges Aroma sorgt.

Herauskommt dann das »Urban Wheat Ale«, das geschmacklich nicht nur die Biertrinker in Chicago überzeugt. So hat »312« beim jährlichen »Great American Beer Festival« schon drei Mal die

Goldmedaille errungen und beim »World Beer Cup« 2008 die Silbermedaille.

»312« ist ein ungefiltertes Weizenbier, etwas trüb, aber sonst von strohgelber Farbe, mit einem Alkoholgehalt von 4,2 Prozent. Geschmacklich gibt der Hopfen dem Bier zunächst ein würziges, herbes Aroma, dem aber schnell eine fruchtige Zitrusnote folgt – eine wohlausgewogene Mischung. Und sogar den patriotischen Stolz von Braumeister Greg Hall scheinen manche durchzuschmecken. So findet Bierexperte Tim Hamson, dass beim »312« schon die kräftige Hopfennote in der Nase verkünde: Das ist Amerika!

Quellen: Tim Hampson (Hrsg.): The Beer Book. Dorling Kindersley. London/New York/Melbourne/München/Delhi 2008; 312 Urban Wheat Ale und Company History unter: gooseisland.com; Kampagne für gutes Bier; Artikel: Hopfen, unter: http://www.kgbier.de.

333

Die harmlosen Schlager des Graham Bonney

 Lieder mit Zahlen als Titel gibt es in der Pop- und Rockmusik zuhauf. Einer, der es diesbezüglich besonders toll trieb, war der aus England stammende Schlagersänger Graham Bonney. Schon seine erste Schulband, die er mit 16 Jahren in London gründete, hieß »Espresso Five«. 1964 kam der Gitarrist und Sänger nach Deutschland und hatte zwei Jahre später seinen Durchbruch mit dem von ihm selbst geschriebenen Song »Supergirl«. Das Lied blieb monatelang in den Top 10 der Hitparade und verdrängte in der Bravo-Musikbox sogar die Beatles von Platz 1. Fortan tourte Bonney durchs Land, ging mit den Beach

Boys auf Tournee, war regelmäßiger Gast in Fernsehshows. Graham Bonney galt als *der* Vertreter des »Happy Beat«, ein liebenswerter Sonnyboy und Mädchenschwarm. Zu diesem Image passten Schlagertexte, die ebenso sonnig und harmlos waren. Und offensichtlich besonders harmlos sind eben Liebeslieder mit einer Prise Zahlensymbolik. Den Anfang machte 1967 »Siebenmeilenstiefel«:

Hey, wo krieg ich Siebenmeilenstiefel her?
Denn mein Supergirl wohnt sieben Meilen von hier,
mit Siebenmeilenstiefeln wär ich sieben Mal schneller bei ihr

Graham Bonney blieb bei diesem Erfolgsrezept und schob 1968 die nächste Liebeszahl nach:

99,9 Prozent
[...]
Wenn mir doch Dein Herz ganz und gar gehören könnt'
und nicht nur 99,9 Prozent.

Und im selben Jahr erklomm er mit einer Telefonnummer den Zahlengipfel. Mit der dreifachen Drei »setzte er dem Publikum einen Ohrwurm in den Kopf«, so der Kölner Journalist Klaus Pesch, »der auch heute noch in den Gehirnwindungen rumort«.

Wähle 3-3-3 auf dem Telefon
Wähle 3-3-3, und du hast mich schon

Zwei weitere Liedtitel waren ebenfalls zahleninspiriert, »Tausendmal« und »Tausendschön«, die taugten aber nur für B-Seiten von Graham-Bonney-Singles. Das Zahlensystem war ausgereizt. Der Sänger arbeitete zwar unermüdlich weiter, absolvierte 200 bis 300 Auftritte jährlich, hatte sogar eine eigene Fernsehshow, doch Mitte der 1970er-Jahre ließ der Erfolg erst mal nach. Auch wenn Bonney immer gut beschäftigt war und sich mehr und mehr zum Entertainer weiterentwickelte, kehrte der Erfolg erst mit der Oldiewelle in den 1990er-Jahren zurück. Und natürlich wollen die Leute seither vor allem die bekannten Hits hören, das »Supergirl«, die »Siebenmeilenstiefel«, die »99,9 Prozent« und natürlich die »3-3-3«.

Der gealterte Sonnyboy nimmt's gelassen. »Wenn man als Musiker in Köln und München auftritt und die Leute anfangen mitzusingen, wenn man ›Wähle 3-3-3‹ bringt, ist das schon eine herrliche Sache. Ich habe vielen Leuten ein bisschen Freude gemacht, und das reicht mir.«

Quellen: Lebenslauf der Homepage des Künstlers, unter: grahambonney.de; Klaus Pesch: »Supergirl« begeistert bei Live-Konzerten das Publikum, in: Kölnische Rundschau, o.D., hier unter: covergalerie.org; Graham Bonney, unter: radiobremen.de.

404

Die fehlende Internet-Seite

 Es ist frustrierend. Irgendwas ist schiefgegangen, wenn man im Internet surft und plötzlich dick und fett vor einem die Zahl 404 prangt. Meist steht nur »Not Found« dabei. Aber was wurde nicht gefunden? Der genaue Auslöser des Fehlers bleibt unklar. Und was hat die Fehlermeldung eigentlich mit der Zahl 404 zu tun?

Die Geschichte von 404 begann 1989 in der Schweiz. Am europäischen Kernforschungszentrum CERN in Genf macht man sich Gedanken darüber, wie die Wissenschaftler des Instituts einfach und problemlos Daten austauschen könnten. So entwickelt der Physiker Tim Berners-Lee auf dem Prinzip des Hypertextes eine Datenbankstruktur, die sogar weltweit funktionierte: Das World Wide

Web war geboren. Doch, so erzählt man sich im heutigen Internet, die ehrgeizigen Wissenschaftler zögerten, ihre Entwicklung samt Fortschritten und Rückschlägen der ganzen Welt zu offenbaren, und erprobten das System zunächst in der geschlossenen Welt des CERN: So schlägt das Herz des Netzes in im vierten Stock des Instituts, in Raum 404 steht der Computer mit der zentralen Datenbank. Wenn nun in diesem Netz jemand eine Datei-Anforderung absendet, die vom Zentralrechner nicht bearbeitet werden kann, erhält der Anwender die Standardantwort: »Raum 404: Datei nicht gefunden.« Und als schließlich das Netz wirklich weltweit genutzt wird, bleibt dieser Standard erhalten, sodass noch heute die Fehlermeldung 404 erscheint, auch wenn der physische Speicherort der nichtgefundenen Datei ein völlig anderer ist.

Die Geschichte – so schön sie ist und selbst die Fehler des universellen Internets noch menschlich und räumlich fassbar macht – ist aber leider selbst eine Fehlermeldung und muss zu den modernen Großstadtsagen gerechnet werden, wenn auch zu den Heldensagen, denn Berners-Lee hat tatsächlich das Internet erschaffen. Am CERN entwickelte er die Sprache HTML, das Transferprotokoll HTTP, den ersten Webbrowser, den ersten Web-Server und die erste Suchmaschine. Doch einen Raum 404 hat es dort nie gegeben, denn die Raumzählung in der vierten Etage des CERN beginnt – warum auch immer – mit der Nummer 410. Der Internet-Geburtsort 404 ist somit ein Mythos.

Tatsächlich entstand die 404 durch die Systematisierung der Fehlermeldungen. So steht die erste Ziffer jeweils für die Statusklasse: 1 für eine Information, 2 für eine erfolgreiche Operation, 3 für eine Umleitung, 4 für einen Anwenderfehler und 5 für Fehler auf Seiten der Server. Hat ein Anwender danach eine ungültige Anforderung gestellt, etwa mit falscher Syntax oder unbekannten Zeichen, sollte die Fehlermeldung 400 erscheinen, die 401, wenn der Anfordernde keine Zugriffsrechte besitzt, die 402, wenn die Anforderung kostenpflichtig ist, und die Meldung 403, wenn der Zugriff auf den Rechner verboten ist usw. Die meisten Schwierigkeiten entstehen aber, wenn das aufgerufene Dokument vom Server gelöscht, dort verschoben oder umbenannt wurde. Immer dann wird die Datei nicht gefunden, und es erscheint die 404.

Um den Frust der Anwender niedrig zu halten, sind viele Webseiten-Betreiber mittlerweile dazu übergegangen, ihre 404-Seiten zu gestalten und die Fehlermeldung mit lustigen Bildern, Sprüchen oder Animationen zu versehen. Doch an die gewünschte Information kommt der User trotzdem nicht.

Quellen: Kein Anschluss unter dieser URL, unter: Kölner Stadt-Anzeiger online vom 16.9.2010; The history of 404, unter: room404.com; Werther Vandenborre: 404 – About, unter: werthervandenborre.wordpress.com; »Tim Berners-Lee«, »Fehlerseite«, »HTTP-Statuscode« und »Toter Link«, unter: wikipedia.org.

405

Das Mehl aus der Asche

Wer seine sieben Sachen zum Kuchenbacken einkauft, muss beim Mehl zwischen verschiedenen Nummern wählen. Am häufigsten wird er zu Typ 405 greifen, dem klassischen Haushalts- bzw. Kuchenmehl. 405 ist das hellste Mehl mit den besten Klebeeigenschaften, und es hat den geringsten Eigengeschmack. Daher ist es ideal für feines Gebäck und zum Binden von Saucen.

Die Typenzahl sagt aber nichts über die Qualität des Mehls aus – die hängt ausschließlich von der Güte des Getreides ab –, sondern sie gibt Auskunft über den Anteil an Mineralstoffen im Mehl. In einer Mühle wird im Grunde das Getreide ja nur zerkleinert und gesiebt. Wird aus dem Korn dabei der Keimling, die Haut und teilweise auch der Kleber entfernt, bleibt nur der sogenannte Mehlkörper übrig. Es ist Weißmehl, das hauptsächlich aus dem Kohlenhydrat Stärke besteht – eben 405.

Ermittelt wird die Typenzahl nach der DIN-Norm 10355, indem das Mehl bei etwa 900 °C verglüht wird, bis nur noch die Mineralstoffe übrigbleiben. Diese Mineralstoffmenge – früher Asche genannt – in mg aus 100 g Mehl entspricht dann der Mehltype. Weizenmehl vom Typ 405 hat also rund 405 mg Mineralstoffe in 100 g und darf laut DIN-Norm 500 mg nicht überschreiten.

Andere handelsübliche Weizenmehl-Typen sind:

405 Auszug	sehr fein, vor allem für Nudeln und Spätzle
550	für Brötchen, Hefeteig, Pizza und helles Kleingebäck, das gut aufgehen soll und eine goldbraune Kruste bekommt
630	ähnlich wie 550, nur etwas dunkler
812	speziell für Bäckereien gemahlen, für helle Mischbrote
1050	dunkleres Mehl mit kräftigem Eigengeschmack zum Brotbacken
1200	dunkles Mehl mit Schalenteilen zum Brotbacken
1600	speziell für Profizwecke (für dunkle Mischbrote)
1700	Backschrot, bei dem nur der Keimling entfernt wurde, für Vollkornbackwaren

Vollkornmehle, die sämtliche Bestandteile des Korns enthalten, bekommen keine Typenzahl zugeordnet und unterscheiden sich nur im Feinheitsgrad. Andere Getreidesorten haben grundsätzlich einen anderen Mineralstoffgehalt und damit entsprechend andere

Aschezahlen. Beim Roggenmehl reichen die Handelstypen vom hellsten 610 über 815, 997, 1150 und 1370 bis zum Vollkornmehl des Typs 1800.

Die Österreicher kennen die Typisierung nach Zahlen nicht, sie unterscheiden lediglich glattes, griffiges und doppelgriffiges Mehl. Vielleicht ist das ein Grund dafür, dass sich die Deutschen Backweltmeister nennen, werden hier doch über 300 Brot- und 1.000 Kleingebäcksorten gebacken.

Quellen: Hans-Werner Mayer: Küchenlexikon, Verlag Die Planung, Darmstadt 2002; Hans-Joachim Strauch: Lexikon, unter: kochbuch-und-kuechenhilfe.de; Mühlenprodukte, unter: muehlen.org.

500

Volkswagen des Südens

 Für seinen Konstrukteur war er schlicht ein »Motorroller mit Dach«, und die Juroren des italienischen Design-Preises Compasso d'Oro lobten ihn als »eine vollkommene Verbindung« zwischen moderner Großserientechnik und erschwinglichem Massen-Auto. Für das Nachkriegsitalien verkörperte er den Wunsch nach Mobilität und Fortschritt, und zahllose junge Italiener machten mit ihm ihre Jungfernfahrt – selbst für die späteren Formel-1-Piloten Schumacher und Alesi war er das erste eigene Auto. Für Oldtimer-Fans ist er ein Klassiker, für aktuelle Käufer wieder Kult und für seinen Hersteller das bislang erfolgreichste Modell der Firmengeschichte: der Fiat 500.

Doch bis dahin hatte der Wagen eine langwierige Anlaufphase. Schon nach dem Ersten Weltkrieg gab es bei Fiat Pläne für ein Auto, das »500« heißen sollte. Firmenchef Agnelli wollte das bettelarme Land mit einem günstigen Kleinwagen versorgen. Es waren sogar schon Prospekte gedruckt, als das Projekt wieder gestoppt wurde. So kamen zunächst die Modelle 501, 502 und 503 auf den Markt, es folgten Modell 509, 514 bzw. 515, dann der nach dem italienischen Volkshelden benannte 508 Balilla. Mit der mathematischen Reihenfolge nahmen es die Turiner Autobauer nicht so genau. Die Zahlen standen allesamt für den Hubraum der Motoren, der jeweils knapp über 500 cm^3 lag.

Der erste Fiat 500 verließ das Werk 1936, er hatte 560 cm^3 und kostete gerade mal 8.900 Lire, weswegen ihn Mussolini als »Arbeits- und Sparauto« pries. Im Volksmund wurde er liebevoll »Topolino« genannt, was wörtlich »Mäuschen« bedeutet, aber auch der italienische Name von »Mickey Mouse« war. Bis 1957 rollte dann der flotte Nager bereits über eine halbe Million Mal vom Band, und es gab ihn als zweisitzigen PKW, als viertürigen Kombi und als Kleinst-Lieferwagen.

Nach dem Zweiten Weltkrieg lief die Produktion des »500« dank finanzieller Hilfe aus dem Marshallplan rasch wieder an. Parallel plante Fiat aber ein Miniauto, das dem Motorroller Konkurrenz machen sollte. Chefkonstrukteur Giacosa dachte sogar über ein türloses Modell nach, das ganz deutlich von der Vespa inspiriert war.

Herauskam 1957 dann der Nuova 500. Dieser neue 500 war ein richtiges Auto, aber mit nicht einmal drei Metern Länge winzig klein. Um Gewicht zu sparen, hatten die Fiat-Ingenieure weitgehend auf schweres Blech verzichtet, das machte den Neuen sehr wendig, doch schnell war er nicht. Der Zweizylinder-Heckmotor mit gerade einmal 13 PS schaffte tuckernd eine Höchstgeschwindigkeit von knapp 90 km/h und erzeugte im Innenraum dabei einen Höllenlärm, obwohl extra Federn und Tragarme die Übertragung der Motorschwingungen auf die Karosserie reduzieren sollten.

Auch ansonsten hielt sich der Komfort in Grenzen: Die Seitenscheiben konnten nicht heruntergekurbelt werden, Luft bekam der Fahrgastraum nur durch Schlitze im Blech der Front. In den Kofferraum passte bloß die sprichwörtliche Zahnbürste, weil sich der Tank dort breitmachte. Das Gepäck konnte man besser auf der Rückbank unterbringen, denn dort war das Dach des 500 so niedrig, dass sich kaum ein Erwachsener in den Fond zwängte. Die sich weit öffnenden Türen waren für das Einsteigen zwar sehr bequem, für die Insassen aber höchst gefährlich. Wurden die Türen nämlich während der Fahrt aus Versehen entriegelt, riss der Fahrtwind sie weit auf und zog die Passagiere unter Umständen hinaus auf die Straße. Wie viele Opfer die Selbstmördertüren gekostet haben, ist allerdings nicht bekannt.

Doch trotz des preisgekrönten Designs – die sachliche und klare Linienführung des Wagens sollte Robustheit vermitteln –, blieb der Absatz des kompakten Winzlings weit hinter den Konzern-Erwartungen zurück. Am Preis lag das eher nicht, der war mit 490.000 Lire niedrig; zudem konnte erstmals ein Auto in Raten abbezahlt werden. Auch mit der PR hatte Fiat sich zur Einführung Besonderes ausgedacht: Werbewirksam lud man den italienischen Premierminister höchstpersönlich zur Spritztour durch die Viminale-Gärten von Rom ein und schenkte anschließend zwanzig Autos dem Arbeits- und Sozialministerium. Es half nichts. Der »500« war schlicht und einfach eine Frühgeburt und musste Schritt für Schritt verbessert werden.

Schon nach drei Monaten gab es eine weitere Version. Gegen die schlechten Noten der ersten Käufer setzte Giacosa einen Hauch von Luxus: versenkbare Türscheiben, ein neuer Hupenknopf am Lenkrad, Schalter für Licht und Blinker an der Lenksäule erhöhten den Gebrauchswert; verchromte Scheinwerfer, verschiedene Zierleisten und Radkappen aus poliertem Aluminium schienen den gleich gebliebenen Preis eher zu rechtfertigen. Langsam kamen die Verkaufszahlen aus dem Keller.

Für eine junge Zielgruppe gestaltete der Tuning-Spezialist Carlo Abarth ein Jahr später eine Sport-Version des »500« mit einem leistungsstärkeren Motor, der mit seinen 499 cm³ Hubraum dem Versprechen des Namens deutlich näher kam. Dieser wurde ab 1960 auch in das Modell 500 D eingebaut, was den Wagen deutlich spritziger machte. Zudem führte ein neugeformter Tank zu mehr Platz für Gepäck im Kofferraum. Aus dem kleinen Stadtauto war nun ein annehmbarer Mittelstreckler geworden – eine erfolgreiche Metamorphose. Jetzt wurde der »500« als praktisch, zuverlässig und wirtschaftlich empfunden. Und er hatte Stil. Bis 1964 konnten fast 200.000 Stück verkauft werden.

Anfang der 1960er-Jahre war der kleine Fiat genau das richtige Auto für das aufstrebende Italien. Die Städte pulsierten, der Tourismus boomte, das Land erlebte in dieser Zeit sein Wirtschaftswunder. Erstmals arbeiteten mehr Menschen in der Industrie als in der Landwirtschaft. Noch gab es aber doppelt so viele Motorräder wie Autos, und der »500« kostete gerade mal einen halben Arbeiterjahreslohn.

Noch wichtiger für den Erfolg des »500« war aber, dass der Wagen ein nahezu klassenloses Auto war: Studenten fuhren damit genauso herum wie ihre Professoren, der Arbeiter parkte seinen Fiat neben dem seines Firmenchefs. Der »500« war einfach der Volkswagen des Südens – ein Auto für jedermann und für jede Gelegenheit. Er diente als Familienkutsche und Lastesel, als Urlaubsgefährt und für Verliebte als rollende Liebeslaube.

Individualität gab es zum Aufpreis, zum Beispiel zweifarbige Lackierungen oder technische Umbauten, die eine Reihe von Firmen anboten oder der Autoschrauber im Viertel ausführte. Von Abarth gab es einen speziellen Umbausatz, um den »500« auf sportlich zu trimmen. Aristoteles Onassis und sogar US-Präsident Lyndon B. Johnson kauften sich so einen Flitzer. Neben den zahlreichen sportlichen Varianten, gab es 500er als Geländewagen mit Allradantrieb oder als Strand-Buggy ohne Dach, dafür aber mit Korbsitzen. Aus dem populären Wagen wurde so ein Liebhaberauto.

Natürlich gab es auch produktionsbedingte Schwächen, so verlor der Motor häufig Öl, die Karosserie und besonders die Bremsleitungen rosteten, und die Elektrik war zu schwach ausgelegt, was etwa das Starten des »500« in kalten Morgenstunden oft unmöglich machte. Gekauft wurde der Wagen trotzdem, bis zur vorläufigen Einstellung der Produktion 1975 insgesamt 5 Millionen Mal, von denen fast 600.000 heute immer noch fahren sollen. Für einen gut erhaltenen Nuova-Oldtimer muss der Fiat-Fan rund 4.500 Euro blechen, für ganz edle Exemplare das Doppelte.

Fiats Nachfolgemodelle im Bereich Kleinwagen – der 126 und der Panda – waren zwar wirtschaftlich erfolgreich, aber den Charme des »500« ließen sie vermissen. Auch der ab 1991 gebaute »Cinquecento«, das italienische Zahlwort für 500, hatte nicht nur die Ziffern in der Modellbezeichnung abgelegt, er hatte auch sonst wenig mit dem alten »500« gemein. Der Cinquecento wurde ab 1991 gebaut und war technisch auf dem aktuellen Stand. So manches klassische 500er-Problem war behoben: die elektronische Zündanlage bereitete so gut wie keine Startprobleme mehr, selbst die schwächsten Motoren waren mindestens doppelt so kraftvoll, und durch die Verlagerung des Motors nach vorne entstand im Heck ein Kofferraum, der seinen Namen auch verdiente. Die eckige Karosserie ließ zwar einen geräumigeren und funktionalen Innenraum entstehen, der Charme der frühen Jahre war damit aber verflogen. 1998 stand dann schon das nächste Kleinwagenmodell in den Fiat-Autohäusern: der Seicento, also ein 600er.

Es dauerte knapp zehn Jahre, bis sich Fiat wieder auf die ästhetischen Tugenden des 500er besann. Wohlgeformte Rundungen und putzige Scheinwerfer mit Knopfaugen wurden dem neuen Kleinen aus Turin bescheinigt. Die markante Knutschkugel im Retrodesign hatte am 4. Juli 2007 Premiere, genau 50 Jahre nach der des Nuova 500, und war sofort ein Herzensbrecher. Die Technik hatte natürlich gar nichts mehr mit dem alten Klassiker zu tun: Zur Auswahl standen zunächst drei verschiedene schadstoffarme Vierzylinder-Motoren, dann kamen nostalgisch knatternde Zweitaktmotoren, Erdgas- und Elektroantriebe dazu. Ein 5- bzw. 6-Gang-Getriebe, serienmäßig ASB und ESP, sechs Airbags und vieles mehr machten den Kleinwagen nun sicher und zuverlässig. Mit seiner Gesamtlänge von gut 3,5 m passt der »500« in jede noch so schmale Parklücke, doch mit dem Auto ist auch der Innenraum gewachsen, sehr zur Freude von Menschen auf der Rückbank. Noch mehr Freude bereiten den Käufern indes die vielen Möglichkeiten, das Auto zu individualisieren. Von der Farbe bis zum Schlüsselgehäuse und der Spiegelkappe kann der Kunde zwischen einer halben Million Extras auswählen, sodass letztlich kaum zwei identische 500er auf der Straße herumfahren.

Zur Markteinführung des neuen Fiat-Stars hatten sich die PR-Strategen nicht nur eine große Gala ausgedacht, die live im italienischen Fernsehen ausgestrahlt wurde, sondern auch die Internet-Aktion »speak 500«. In allen möglichen Sprachen war da die Zahl 500 als Audiodatei abrufbar, nicht zuletzt in der Wooki-Sprache, die nur eingefleischte »Star-Trek«-Fans verstehen. Da heißt 500 dann »aarrragghuuhw«.

Quellen: Alessandro Sannia: Fiat 500, Motorbuch Verlag, Stuttgart, 2007; Elvio Daganello: Autos die Geschichte machten: Fiat 500, Motorbuch Verlag Stuttgart, 1993; Elfriede Munsch: Ein Knuddel zum Verlieben, in: Hannoversche Allgemeine Zeitung vom 27.10.2007; Wolfgang Golz: Ein Auto als Liebe des Lebens, in: Welt am Sonntag vom 6.8.2011; Denise Juchem: Kleine Zeitmaschine, in: Welt am Sonntag vom 22.1.2012; Thomas Geiger: Die schnellste Handtasche der Welt, in: Die Welt vom 16.6.2012; Florian Zobl: Fiat 500: Schatz mit Risiko, in: NZZ am Sonntag vom 6.4.2014; wookietranslator.com.

555

Telefonieren in Hollywood

 Wie telefoniere ich mit den Ghostbusters? Wähle 555-0199. Welchen Anschluss hat Familie Brady aus »3 Jungen und 3 Mädchen«? 555-6161. Und wie erreiche ich die Detektei von Pierce Brosnan alias Remington Steele? Unter 555-9548. Die Ähnlichkeit der Nummern ist kein Zufall, denn in den USA wird die Vorwahl 555 für fiktionale Telefonnummern vergeben, vor allem in Spielfilmen, TV-Serien und Shows.

Bis in die 1950er-Jahre war dies noch nicht so, da dachten sich die Drehbuchschreiber der Hollywood-Produktionen einfach ein paar Zahlen aus, die sie ihre Schauspieler wählen ließen. Doch die verwendeten Telefonnummern existierten wirklich. Prompt kamen irgendwelche Filmfans auf die Idee, die jeweilige Zahlenkombination auszuprobieren, und landeten dann bei ziemlich überraschten Menschen, die mit dem Film nichts zu tun hatten. Es gab Beschwerden über die lästigen Anrufe und sogar Konsumentenschutzklagen.

In der Folge suchten die Produktionsfirmen gemeinsam mit den amerikanischen Telefongesellschaften nach Nummern, die es in der Realität nicht gab. Man einigte sich auf die Vorwahl 555, und das liegt wiederum am Alphabet. In den USA gibt es nämlich viele Telefonanschlüsse, vor allem von Firmen, deren Nummern man auch buchstabieren kann, weil sie so leichter zu merken sind. Auf den Tasten und Wählscheiben der Apparate sind daher zusätzlich zu den Zahlen auch Buchstaben aufgedruckt, um die Firmennamen – wie bei SMS-Mitteilungen – zu »schreiben«. Die 5 steht für J, K und L. Da eine Kombination aus diesen drei Buchstaben in der englischen Sprache eigentlich nicht vorkommt, war die Vorwahl 555 auch als Wunschnummer nicht belegt. Seither wird in Hollywood fleißig mit der 555 telefoniert, in Soaps, Sitcoms, Zeichentrickserien und Filmen, darunter sogar in mit dem Oscar preisgekrönten Streifen.

555-7908	Monster Joe's	Pulp Fiction
555-8129	Dan Gallagher	Fatal Attraction – Eine verhängnisvolle Affäre
555-1639	Tiki Motel	The Terminator
555-0199	Lesters Burnhams Büro	American Beauty
555-3900	Fahrschule	Naked Gun – Die nackte Kanone
555-0176	Dylan	Beverly Hills 90210
555-9323	Chip Matthews	Friends
555-0001	Mr. Burns	Die Simpsons
555-3678	Familie Newton	Ein Hund namens Beethoven

In älteren Filmen wird die 555 auch als »KLondike 5« oder als »KLamath 5« bezeichnet. Es gibt mehrere Internet-Seiten mit langen Listen, auf denen hunderte solcher 555-Nummern gesammelt sind.

Auch in anderen Ländern werden ähnliche Vorwahlen verwendet, so ist in Großbritannien der Code 01632 für die sogenannten Drama-Numbers reserviert. In Deutschland existieren einheitliche fiktionale Telefonnummern dagegen nicht. Eine Filmfibel rät Autoren stattdessen, durch Testanrufe festzustellen, ob eine Nummer vergeben ist.

Als das Medium Telefon noch nicht so verbreitet war, stellten veröffentlichte Telefonnummern kaum ein Problem dar. Als etwa Stan Laurel für eine Szene seines 1932 entstandenen Films »Helpmates« eine Telefonnummer brauchte, benutzte er einfach seine eigene. Mittlerweile bauen amerikanische Produzenten schon wieder bewusst andere als 555-Nummern in ihre Drehbücher ein, um eine besondere Realitätsnähe zu schaffen. So mietete die TV-Erfolgsserie »Sex and the City« Telefonanschlüsse extra an, um sie dadurch zu blockieren. Andere Filme wiederum nutzen die realen Telefonnummern für PR-Zwecke: Eine in der Serie »24« benutzte Telefonnummer zum Beispiel gehörte einem Mitarbeiter der Produktion, der die Anrufe wirklich entgegennahm und beantwortete.

Wenn sich Filmproduzenten nicht an die 555-Vorgabe halten, kann das normalen Menschen recht himmlische Erlebnisse bescheren. So geschehen durch die Komödie »Bruce Almighty – Bruce Allmächtig«. Hauptperson ist ein erfolgloser Reporter aus Buffalo, der mit seinem Schicksal hadert und Gott dafür verantwortlich macht. Das will der Herr nicht auf sich sitzen lassen und bietet jenem Bruce für eine Woche seine Macht an. Zur Kontaktaufnahme hinterlässt Gott seine Telefonnummer auf Bruce' Pager. Der Anschluss des Allmächtigen war keine 555-Nummer, sie begann mit 776 und existierte in Buffalo nicht. Dummerweise gab es die Nummer aber in über 30 anderen Regionen der USA, unter anderem bei der Telefonzentrale eines Radiosenders in Colorado und in Florida als Geschäftsnummer einer gewissen Dawn Jenkins. Nach dem Filmstart erhielt sie bis zu 20 Anrufe in der Stunde und wurde zumeist gefragt: »Ist da Gott?«, woraufhin gleich wieder aufgelegt wurde. Dawn Jenkins konsultierte einen Anwalt, und womöglich wurde die göttliche Angelegenheit von den Universal Studios dann mit einer ganz irdischen Abfindungssumme erledigt.

Quellen: Erfundene Namen & Telefonnummern, unter: filmfibel.de; 555 telephone number: unter: wikipedia.org; How The US And Canadian Telephone System And Telephone Numbers Work, unter: freespace.virgin.net; Almighty Phone Mess, unter: cbsnews.com; Bruce Almighty' Studio Defends Use Of Phone No., unter: news4jax. com; Listen von 555-Nummern, unter: earthlink.net/mthyen und unter: jakobkramer.dk.

555

Glimmstängel für Maos Massen

»Wir müssen den Volksmassen klarmachen, dass wir ihre Interessen vertreten, dass wir die gleiche Luft atmen wie sie«, steht in der legendären Mao-Bibel, und ein gemeinsames Interesse von kommunistischen Führern und chinesischem Volk war stets das Rauchen. China ist weltweit der größte Tabakproduzent, darüber hinaus sind dort auch ausländische Zigarettenmarken weit verbreitet – am populärsten ist die »555«.

Schon 1895 kam die Marke »555« auf den Markt und wurde vom Hersteller, der British American Tobacco, schnell international vertrieben. Vor allem in Asien kam die »555 State Express« gut an. Noch heute sind Vietnam, Taiwan, Bangladesch und vor allem China große Absatzmärkte für die »555«. Dorthin wird sie nicht importiert, sondern vor Ort in Lizenz produziert. Warum die »Three Fives« – wie sie auch genannt wird – gerade in Fernost so erfolgreich ist, darüber wird viel spekuliert. Am Tabak selbst kann es kaum liegen, auch wenn die Eigenwerbung ein Produkt der »Premium-Klasse« mit »einzigartiger Tabak- und Zusätzebalance« verspricht. Auch die Versuche, die »555« über Werbung beim Motorsport populär zu machen, erklären die Beliebtheit der Zigarette nicht wirklich, denn weder das Sponsoring des Rallye-Teams von Subaru noch das Engagement bei Honda im Formel-1-Zirkus können das Kaufverhalten asiatischer Raucher nachhaltig beeinflussen. Markenexperten begründen die Zugkraft der Marke eher damit, dass der aus Zahlen bestehende Name leicht zu merken war – gerade in Ländern, deren Bevölkerung so gut wie kein Englisch sprechen oder lesen kann.

Doch die Zahlenwirkung bei der »555« ist einzigartig. Die Schwestern-Marken »333« oder »777« (»Three Sevens«) konnten sich nicht dauerhaft auf dem Markt behaupten. Die Zahl allein macht's offensichtlich also nicht. Die anderen Zahlen-Zigaretten konnten nämlich nicht einen so populären Werbeträger vorweisen wie die »555«: einen Mann, der sich sicher nie freiwillig vor den Werbekarren eines imperialistischen Genussmittels hätte spannen lassen – und doch wusste ganz China, dass er am liebsten »555« rauchte: der große Vorsitzende Mao Tse-tung.

Quellen: Mao Tse Tung: Worte des Vorsitzenden, Verlag für Fremdsprachige Literatur, Peking 1967; Stephen Brook: Tobacco firm in dock over F1 plans, in: The Guardian vom 12.7.2004; British American Tobacco: Our history Our brand, unter: bat. com.

555

Asiatische Emotionen im Netz

 Wer Freunde in Asien hat und mit ihnen Kontakt per Email hält, bekam vielleicht schon eine 555 gesandt. Die Zahl ist eines jener Kürzel, wie sie im Internet zu hunderten die Kommunikation beschleunigen und normieren. Aber die 555 ist weniger geläufig, weshalb in manch einem Internet-Forum nach deren Bedeutung gefragt wird. Dabei ist die Lösung sehr einfach und direkt, zumindest, wenn man Thai beherrscht. Da wird die Zahl 5 nämlich »ha« ausgesprochen, und 555 steht somit für »hahaha«, also für ein schallendes Lachen, das sonst im Internet eher mit LOL (Laughing Out Loud) umschrieben wird.

Richtig kompliziert kann es nur werden, wenn sich thailändische und chinesische User die 555 in ihren Mails oder SMSen schicken. Das Lachen versteht der Chinese nämlich überhaupt nicht, weil er zur 5 »wu« sagt. Folglich ist die 555 für ihn ein »Wuwuwu«, und das steht für Weinen.

Quellen: 555, unter: urbandictionary.com; Das soll ein Smiley sein? --> »555+«, unter: gutefrage.net; Why Thai Laugh When Chinese Cry?, unter: lovelovechina.com.

570

Ferkel-Rekord-Halterin

Die Zeiten, als Schweine noch schöne Namen hatten, sind längst vorbei. Früher hießen sie vielleicht Wutz und zogen das Urmel groß, hießen Paschik und unterhielten sich mit dem Kater Mikesch, hießen Miss Piggy und schwärmten für den Frosch Kermit, oder sie hießen Napoleon, Schneeball und Quieckschnauz und zettelten die Revolution auf der Farm der Tiere an.

Doch in Zeiten intensiver Landwirtschaft haben Schweine überhaupt keinen Namen mehr, höchstens eine Nummer, selbst wenn sie wirklich Großes leisten. Wie die Sau mit der lieblosen Zahl 570. Sie lebte auf der britischen Farm der Familie M. P. Ford in Eastfield bei Melburne in der Grafschaft York und fand Einzug in das Guinness Buch der Tierrekorde. Am 21. September 1993 brachte 570 nämlich nicht weniger als 37 Ferkel zur Welt. Eines war zwar bei der Geburt schon tot, doch 36 Ferkel überstanden die Massengeburt lebend. Normalerweise werfen Sauen etwa 10 Ferkel, beim Mutterschwein 570 überlebten immerhin 33.

570 kann sich nun mit dem Titel Wurf-Weltmeisterin schmücken und hätte spätestens für diese einzigartige Leistung einen richtigen Namen verdient, statt als halb-anonyme Zahlensau weiterzu-

leben. Dann wäre 570 allerdings nicht in dieses Buch aufgenommen
worden.

Quellen: Karen Duve/Thies Völker: Lexikon der berühmten Tiere, Eichborn, Frankfurt am Main 1997; Mark Cawadine: Guinness Buch der Tierrekorde, Komet, Fre-
chen 2000.

747

Der Jumbo Jet von Boeing

»Ich glaube, wir können ein besseres Flugzeug bauen«, sagte sich
der Holzhändler William E. Boeing 1916 in Seattle und legte los.
Und er war erfolgreich. Seine Firma entwickelte im Lauf ihrer Geschichte eine ganze Reihe berühmter Militär- und Zivilflugzeuge,
Doppeldecker, Jagdflugzeuge und Bomber wie den Typ B-29, der
die Atombomben über Hiroshima und Nagasaki bringen sollte. Als
Boeing auf Verkehrsflugzeuge mit Düsenantrieb setzte, stellte man
der Typenbezeichnung der neuen Modelle eine 7 voran. Gleich die
Boeing 707 setzte als Jet-Airliner Maßstäbe. Es folgte die dreistrahlige 727 für mittlere Strecken, die »Baby-Boeing« 737 für Kurzstre-
cken, die als perfektes Charter-Flugzeug gilt, die gemeinsam entwickelten Zwillinge 757 und 767 und zuletzt die »Triple Seven«, die
777. Dazwischen schuf Boeing ein Modell, das seither als Synonym
für den Großraumjet gilt: die 747.

Als Mitte der 1960er-Jahre Boeing einen Auftrag für einen
großen Militärtransporter an die Konkurrenz verloren hatte,
wollte man die gewonnenen Konstruktionserfahrungen in ein zi-
viles Projekt einfließen lassen. Darüber hinaus hatte der Passa-
gierverkehr in den Jahren zuvor explosionsartig zugenommen, ein

Wachstum, das die herkömmlichen Modelle bald nicht mehr bewältigen würden. Daher begann Boeing mit der Entwicklung des Großraumflugzeugs 747. Es war – auch wenn die Fluggesellschaft Pan Am sofort bereit war, 25 Exemplare abzunehmen und dafür 525 Millionen Dollar zu zahlen – ein unternehmerisches Risiko. Schon der Einsatz von Material und die Investitionen in die Logistik mussten für die 747 größer dimensioniert werden. Zeitweise waren 4.000 Mitarbeiter an dem Projekt beschäftigt. In Windeseile wurde bei Seattle extra eine Montagehalle mit einem Volumen von 5,6 Millionen Kubikmetern aus dem Boden gestampft – das damals größte Gebäude der Welt. Am 30. September 1968 war dort das feierliche Roll-Out für die erste Maschine. 26 Stewardessen der Fluggesellschaften, die schon eine 747 geordert hatten, standen Spalier.

Ein Flug-Gigant war geboren, der von der Presse schnell »Jumbo Jet« genannt wurde. Die Boeing 747 hatte eine Spannweite von fast 60 Metern, und ihr Rumpf war mit 70 Metern länger als die zurückgelegte Distanz beim ersten Flug der Gebrüder Wright. Die Maschine war so hoch wie ein sechsstöckiges Wohnhaus. Sie hatte eine Reichweite von 9.000 Kilometern und konnte rund 950 km/h schnell fliegen. Nur beim Start als Linienmaschine lief nicht alles nach Plan. Pan Am wollte die 747 erstmals am 21. Januar 1970 von New York nach Paris einsetzen. Die Passagiere hatten es sich gerade bequem gemacht, als sie erfuhren, dass der Flug wegen Triebwerksproblemen verschoben werden müsse. Erst am nächsten Tag klappte die Linienpremiere einer Ersatzmaschine.

Die technischen Probleme waren indes schnell behoben, und die 747 wurde von zahlreichen Fluggesellschaften geordert, vor allem wegen des großen Raumangebots. Die Jumbo-Kabine war 6,13 Meter breit und 2,54 Meter hoch, bis zu 550 Sitze fanden hier Platz. Doch es gab auch komfortablere Ausstattungsvarianten mit mehr Platz für weniger Passagiere. So steckte bei den Luxusmodellen in der charakteristischen Ausbeulung hinter dem Cockpit eine Bar, die die Passagiere der ersten Klasse durch eine Wendeltreppe erreichen konnten. Für alle aber bot die 747 eine unterhaltsame Neuerung, erstmals war in einem Flugzeug ein Kino installiert.

Zum Erfolg der 747 trägt auch wesentlich das Frachtmodell bei, mit dem 112 Tonnen an Lasten transportiert werden können. Die Cargo-Version lässt sich besonders schnell be- und entladen, weil man den Rumpf unterhalb des Cockpits einfach nach oben klappen kann.

Im September 1990 erhielt die 747 eine besondere Anerkennung, als sie von der US-Regierung zur Präsidentenmaschine geadelt wurde und Präsident Bush mit der »Air Force One« zu einem Gipfeltreffen in die Sowjetunion flog. Das fliegende Weiße Haus hat eigene Abwehrraketen an Bord und steckt voller abhörsicherer Kommunikationstechnik. Ebenso ungewöhnlich waren zwei 747-Modelle, die der amerikanischen Raumfahrtbehörde NASA gehörten. Sie wurden lediglich dazu genutzt, das Space Shuttle von seinem Landeplatz im Huckepack-Transport zu ihrem Startplatz zurückzufliegen.

Auch wenn die Boeing 747 nie so wirtschaftlich fliegen konnte wie ihre dreistrahlige Konkurrenz, so war sie doch ein Erfolgsmodell. Mehr als 1.370 Maschinen wurden bis 2005 verkauft. Ganz nach dem Werbeslogan »If it's not Boeing, we're not going« (Wenn es keine Boeing ist, fliegen wir nicht) haben alle 747-Jets zusammengenommen mehr als 32 Milliarden Flugkilometer zurückgelegt und 2,2 Milliarden Passagiere befördert. Tatsächlich ein Jumbo unter den Flugzeugen.

Quellen: Mike Riedner/Volker K. Thomalla: Boeing 747. Flugzeuge die Geschichte machten, Motorbuch Verlag, Stuttgart 1998; Helmut Gerresheim: Boing. Modell- und Typengeschichte. Alle Flugzeuge seit 1916, Motorbuch Verlag, Stuttgart 2001; Martin W. Bowman: Boeing, Sutton Verlag, Erfurt 2002.

808

Die groovende Maschine

 Wer den Phil-Collins-Hit »One More Night« auflegt, hört die 808. Bevor Marvin Gay sein »Sexual Healing« säuselt, sorgt erst einmal die 808 für den richtigen Rhythmus. Die Trommelsequenzen in beiden Songs wurden auf der TR 808 programmiert, dem wohl beliebtesten analogen Drumsynthesizer aller Zeiten.

1981 brachte die Firma Roland, ein Hersteller von elektronischen Musikinstrumenten, den »808er« auf den Markt – und schon fünf Jahre später wurde die Produktion wieder eingestellt. Die japanische Firma mit dem deutsch klingenden Namen ahnte allerdings nicht, wie stark das Gerät die R&B-, Hip-Hop- und Rap-Szene prägen würde.

Vielleicht wollten die Entwickler mit der 808 echte Perkussionsinstrumente imitieren, doch was herauskam, war etwas ganz anderes. Die 808 produziert einen ganz eigenen Klang, sehr rein und doch metallisch-weich. Die Bassdrum gilt mit ihrem tiefen »Wumm« unter Musikproduzenten heute noch als Legende, die kleinen Trommeln, die Snare, klingen »frech und durchsetzungsfähig«, Toms und Congas waren melodiös stimmbar. Dazu gab es ein eher eigenwilliges Händeklatschen, die Cymbal und die Cowbell, die etwa auf Whitney Houstons »I Wanna Dance With Somebody« zu hören ist.

Die TR 808 war leicht zu programmieren, selbst Nicht-Musiker kamen intuitiv damit zurecht. Insgesamt waren 32 Rhythmusmuster mit bis 768 Takten möglich – das reichte problemlos für jeden normalen Song. Am meisten überzeugte die Musikproduzenten aber der Groove der 808, ihr extrem stabiles Timing. »Schon bei der Programmierung fangen die Füße an zu zucken, und der Oberkörper folgt ungewollt dem Beat«, beschreibt es ein Toningenieur.

Musiker und Musikproduzenten, die mit der 808 gearbeitet haben, sind Legion: Run DMC, Jam Master Jay, die Beastie Boys, Public Enemy, Snoop Doggy Dogg, Yazoo, aber auch Jean Michel Jarre und Tom Jones.

Wenn Britney Spears verliebt ist, klopft ihr Herz wie die 808, verkündet sie in ihrem Song »Break The Ice« (»You got my heart beating like an 808«), und die britische Elektronikband 808 State hat sich gleich nach dem Drumcomputer benannt und folglich dem Acid House auf der Insel den Weg bereitet.

So mancher Produzent beklagt, dass es nie »einen wirklichen Ersatz für diesen Klassiker geben« werde, entsprechend hoch sind die Preise für gebrauchte 808er. Und doch sind auch Jahrzehnte nach dem Produktionsstopp noch viele 808-Sounds zu hören, denn es gibt tausende von Samples, die man im Internet bestellen kann, und auf fast jedem modernen Drumcomputer kann man 808-Klänge einstellen.

Quellen: Theo Bloderer/Peter Grandl: Black Box. Roland TR808, unter: amazona.de; RT 808, unter: synthmuseum.com; Roland TR-808, unter: wikipedia.org; Marco Delgardo: Legendärer Drum-Computer: Warum die Roland TR 808 so groovig ist, unter: dmp-studios.com.

883

Radikale Agitation aus West-Berlin

Studentenbewegung, Vietnam-Demos, Außerparlamentarische Opposition, Springer-Blockade, Kampf gegen die Notstandsgesetze – in den späten 1960er-Jahren entstand in der Bundesrepublik erstmals eine politische und gesellschaftliche Gegenkultur zu der damaligen Elterngeneration mit ihrer Wirtschaftswunder-Ideologie. Die 68er-Revolte weitete sich bald von den Universitäten auf andere Teile der Gesellschaft aus und kam zugleich an ihre organisatorischen Grenzen. Der bis dahin federführende Sozialistische Deutsche Studentenbund zerbrach am Richtungsstreit zwischen Antiautoritären und Traditionalisten, Letztere gründeten kommunistische Parteien. Auf der anderen Seite hatte sich die neue Linke gerade mit Mitteln der direkten Aktion radikalisiert, und viele waren auf der Suche nach weitergehenden politischen Ausdrucksformen.

In dieser komplizierten Gemengelage entstand 1969 in West-Berlin die Zeitschrift »883«, die sich als Sprachrohr der militanten Subkultur der Stadt verstand. Manche ehemalige Mitarbeiter erinnern sich, dass als Titel der Anfang der Telefonnummer 883 56 51 benutzt wurde, weil man sich nicht auf einen Namen einigen konnte. Wichtiger an der Zahl war aber der Hinweis auf den Telefonanschluss, bei dem man Kleinanzeigen loswerden konnte, die füllten zu Anfang nämlich das Gros der 883-Seiten. Der Vertrieb des Heftes fand in Kneipen und auf der Straße statt. Doch bald wurden die Anzeigen mehr und mehr durch Berichte und Termine aus dem »täglichen Kampf« verdrängt. Dafür sprach auch der Untertitel, den »883« ab der Nummer 13 führte: »Zeitschrift für Agitation und sozialistische Praxis«.

Das Selbstverständnis als »Instrument der Kommunikation und Koordination für die revolutionäre Linke« dokumentiert ein Aufruf in der Nr. 6 mit der Überschrift »Genossen! Dies ist Eure Zeitung!«. Die Zeitung sei nur so gut, wie sie durch die Mitarbeit werde, hieß es da. Das Redaktionskollektiv bringe »883« nur technisch zuwege, sammle die Artikel und drucke sie ab, verkaufe aber nicht die Meinung irgendeiner Gruppe. »Jede Nachricht, die nicht in ›883‹ steht (die ihr nur beim Bier Euren Freunden voronaniert), schwächt uns und verstärkt unsere Isolation und unsere berühmten Frustrationen.«

Der Aufruf wurde erhört, und »883« entwickelte sich zum wichtigsten Organ der militanten Szene Berlins. Den Kern bildete eine Gruppe, die sich selbst Blues nannte oder – in ironischer Anspielung auf die Mao-Schrift »Über die Mentalität umherschweifender Rebellenhaufen« – »Zentralrat der umherschweifenden Haschrebellen«; sie agierte nach dem Motto »High sein, frei sein, Terror muß dabei sein«. Die eher proletarischen Haschrebellen wollten als Stadtguerilla den Imperialismus bekämpfen und dabei die Probleme der Leute konkret aufgreifen, in der täglichen Konfrontation mit der Polizei. Die Aktivitäten reichten von »Smoke-ins« über Demonstrationen vor Erziehungsheimen bis hin zu Brand- und Bombenanschlägen auf amerikanische Einrichtungen oder Banken. Einige »883«-Mitarbeiter radikalisierten sich weiter und gingen in den Untergrund, z. B. Georg von Rauch, Tommie Weisbecker, Holger Meins oder Peter Paul Zahl.

Die Artikel in »883« unterlagen zwar häufigen politischen Richtungsänderungen, aber sie begleiteten, propagierten und diskutierten kontinuierlich die politische Radikalisierung. Breiteren Raum nahm einerseits die Auseinandersetzung mit den neu entstandenen kommunistischen Parteien ein – vor allem mit der West-Berliner KPD/AO, die in »883«-Artikeln zur »A-Null« herabgewürdigt wurde –, andererseits auf der Solidarisierung mit den politischen Gefangenen und der RAF. So druckte »883« in ihrer Nummer 80 den grundlegenden RAF-Text »Das Konzept Stadtguerilla« ab. Zwischenzeitlich war sie die größte Underground-Zeitung mit einer Auflage von über 10.000 Exemplaren in der Woche. Gegen fast alle Ausgaben wurden Ermittlungsverfahren eingeleitet, meist wegen öffentlicher Aufforderung zu Straftaten und Beleidigung.

Juristische Auseinandersetzungen, Mitarbeiter-Schwund, finanzielle Probleme – auf die Dauer war »883« nur mit Mühe am Leben zu erhalten. Von der wöchentlichen Erscheinungsweise wurde zuerst auf 14-tägig umgestellt, dann erschien sie nur noch unregelmäßig. Schließlich kam es zu einer Rebellion der »Handarbeiter« gegen die »883-Kopfarbeiter« wegen der Frage, ob man die Zeitung noch im Handverkauf anbieten wolle oder könne. Eine letzte, sehr praktische und wenig militante Diskussion, über der die Zeitung 1972 dann einging.

Quellen: Ralf G. Hoerig/Hajo Schmück: DadA – Datenbank des deutschsprachigen Anarchismus, Periodika, unter: free.de/dada; Bommi Baumann: Wie alles anfing, Rotbuch, Frankfurt 1976; Zur Geschichte der Autonomen in der alten West-BRD, unter: idverlag. com/FeuerUndFlamme; Zum 30. Todestag von Georg von Rauch, unter: contramotion.com.

911

Rollende Stilikone

 Der Porsche 911 ist mehr als ein Auto, er ist Design-Mythos, Sportwagenlegende und fahrende Freiheitsstatue in einem. Ferry Porsche prägte das Bonmot: »Der 911er ist das einzige Auto, mit dem man von einer afrikanischen Safari nach Le Mans, dann ins Theater und anschließend auf die Straßen von New York fahren kann.« Damit charakterisierte er eine Vielseitigkeit, auf die auch viele Prominente setzen, die sich gern mit schönen und schnellen Dingen umgeben.

So fährt der Stuttgarter Tatort-Kommissar Richy Müller auch privat mit einem Porsche 911 durch die Landeshauptstadt, und Steve McQueen hatte in dem Rennfahrer-Spielfilm »Le Mans« seinen Auftritt in einem schiefergrauen 911er. Reinhard Mey, Marius Müller-Westernhagen, Otto Waalkes fahren einen, für den Star-Dirigenten Herbert von Karajan wurde in Stuttgart-Zuffenhausen extra ein 911-Sondermodell mit rot-blauen Streifen und der Aufschrift »Turbo« gebaut. Erfolgreiche Frauen wie die Mode-Unternehmerin Jil Sander, die Zeit-Herausgeberin Marion Gräfin Dönhoff oder die Geigerin Anne-Sophie Mutter steigen und stiegen gerne in den 911er. Die Tennisspielerin Martina Navratilova bekam ihren Porsche als Turnierprämie und soll ihrer Lebensgefährtin in dem Wagen dann sogar einen Heiratsantrag gemacht haben. Und auch auf den Straßen von Los Angeles düst so mancher Schauspieler damit herum: Arnold Schwarzenegger, Hillary Swank oder Lindsay Lohan – letztere gern auch mal betrunken gegen einen Laster.

Präsentiert wurde der Wagen erstmals im September 1963 auf der Internationalen Automobil-Ausstellung in Frankfurt noch unter der Modellbezeichnung 901. Die Zahlenkombination, die firmeninterne Konstruktionsnummer des Motors, war rein numerisch vergeben worden, ohne jede inhaltliche Bedeutung. Doch die Konkurrenz Peugeot legte sofort Protest gegen diese Benennung ein. Der französische Autobauer hatte sich nämlich jede dreistellige Typenbezeichnung mit einer Null in der Mitte patentrechtlich schützen lassen, ursprünglich, um mit der dicken 0 die Antriebskurbel zu verdecken. Auf einen Rechtsstreit wollte es Porsche nicht ankommen lassen und kam in null Komma nichts auf eine technisch einfache und praktische Lösung. Der typisch schwäbische Gedankengang: Da wir schon eine 1 in der Modellbezeichnung haben, müssen wir keine neue Form prägen, wenn wir noch eine weitere 1 verwenden: Fortan hieß das Auto »911«.

Bei seiner Premiere war das Modell noch nicht fertig entwickelt, die Produktion lief erst ein Jahr später an. Ein leistungsstarker Sechs-Zylinder-Boxermotor im Heck trieb den 911er an; mit lautem Röhren beschleunigte der Sportwagen in 9,1 Sekunden von null auf 100 km/h und erreichte eine Höchstgeschwindigkeit von 210 km/h.

Für die Gestaltung zeichnete der Enkel des Firmengründers, der junge Ferdinand Alexander Porsche, verantwortlich, der sich dem

Grundsatz verpflichtet fühlte: »Ein gutes Produkt muss dezent gut sein. Design ist keine Mode.« So kam ein Auto heraus mit deutlich sichtbaren Anklängen an das erfolgreiche Vorgängermodell Porsche 356. Doch der »911« war etwas länger, etwas schmaler und dadurch schnittiger. Designkritiker loben seine unübertroffene Kurvensprache, sein schräg abfallendes Heck, seine erhöhten Kotflügel, die großen Glasflächen für eine gute Rundumsicht und die vertrauenerweckenden Scheinwerferaugen. Eine rollende Stilikone, die ihre schlichte Eleganz auch nach fünf Jahrzehnten gewahrt hat und sich bislang weit mehr als 800.000 Mal verkaufte – einzigartig in der eher schnelllebigen Welt des Automobilbaus.

Andere Hersteller haben in dieser Zeit ihre Autos stark verändert; sie wurden umweltverträglicher und günstiger produziert, aber auch profilloser. Viele Modelle verloren ihre Identität. Porsche dagegen ließ das Konzept des Sportwagens in 50 Jahren nahezu unverändert. Mittlerweile hat der »911« sieben Modell-Generationen erlebt. Bei der Form wurde so manche Kante abgerundet, die Stoßstangen verschwanden in der Karosserie, doch die Form lässt den Ur-911er noch erahnen.

Das Triebwerk des »911« ist immer noch ein Sechs-Zylinder-Motor mit unverwechselbarem Sound, nur die Leistung liegt bei den Modellen Carrera mit 320 PS oder Turbo mit 420 PS gut dreimal höher. Probleme gab es allerdings, als 1997 der Motor von Luft- auf Wasserkühlung umgestellt wurde. Das war zwar eine technische Verbesserung, welche die weltweit gültigen Abgasvorschriften erfüllte, doch für echte 911-Traditionalisten war der Umbau ein Frevel.

Der typische »911«-Fahrer ist traditionsbewusst und fortschrittsgläubig zugleich. Viele verstehen sich als Individualisten, die ihren Wagen nicht als Statussymbol, sondern als Mittel zur Freiheit ansehen: Ein Auto muss rasant und gleichzeitig alltagstauglich sein. Geschwindigkeit und Nachhaltigkeit sind in diesem Weltbild kein Widerspruch. Ein ehemaliger Rennfahrer soll diese Haltung so definiert haben: »Man fährt den 911er mit dem Hintern – und mit Bescheidenheit.« Echte Elferisten leiden unter den neureichen Schnöseln, die den Wagen wie die Rolex und die Blondine auf dem Beifahrersitz nur dazu nutzen, sich und ihr Ego in Szene zu setzen. Und doch genießen beide Fahrertypen den Geschwindigkeitsrausch genauso wie die Tatsache, dass sich die Passanten nach ihnen umdrehen.

Das Nachsehen hatten häufig auch die Motorsport-Konkurrenten. Erfolgreich war schon der erste Start eines »911«, der bei der Rallye Monte Carlo 1965 als krasser Außenseiter antrat und immerhin den fünften Platz im Gesamtklassement belegte. In den Jahren 1968 bis 1970 standen dann die »911«-Teams ganz oben auf dem Treppchen. Siege bei der Markenweltmeisterschaft oder dem 24-Stunden-Rennen von Le Mans folgten, insgesamt gewannen die verschiedensten 911er-Modelle mehr als 20.000 Mal auf den Rennstrecken und Rallyepisten der Welt, ein Erfolg, der das Image des Autos und der Marke Porsche stark prägte.

Wie sehr das ganze Wohl des Unternehmens am 911er hängt, hat Porsche lange nicht gesehen. Mehrfach dachten die Firmen-Ingenieure darüber nach, modernere, vermeintlich zeitgemäßere Modelle auf den Markt zu bringen, doch bei den Käufern war das nicht durchzusetzen. Die zeterten schon, wenn eine neue Baureihe des »911« erschien, und stellten die Frage, ob das überhaupt noch ein echter Elfer sei. So wurde in den 1990er-Jahren Zug um Zug die Angebotspalette des Modells erweitert, und der 911er verschaffte dem Unternehmen nach ein paar schwächeren Jahren wieder einen Aufschwung. Alle später entstandenen Modelle wie das Sport-Coupé Panamera oder der allradgetriebene Cayenne können ihre Verwandtschaft mit dem »911« nicht leugnen. »Der 911 bleibt stets unsere Messlatte«, konstatiert Firmenchef Matthias Müller heute, »eine Ikone, in der sich die Identität der Marke Porsche widerspiegelt.«

Tief muss sich mittlerweile die Modellzahl in das Firmenleben und die Köpfe der Mitarbeiter eingegraben haben. Nicht nur, dass das Porsche-Entwicklungszentrum in der schwäbischen Gemeinde

Weissach in der Porschestraße 911 angesiedelt ist, auch sämtliche Telefonnummern des Unternehmens beginnen mit den Ziffern 911.

Bei so viel Glamour und Kult, den der 911er verströmt, ist es eigentlich höchst verwunderlich, dass ein Mann, der immer mit den sportlichsten und schönsten Autos durch die Welt düst, nie in einem Porsche saß: James Bond. Das Drehbuch, in dem »007« im »911« sitzt, muss erst noch geschrieben werden …

Quellen: Tobias Aichele: Porsche 911: forever young, Motorbuch-Verlag, Stuttgart, 2013; 911 x 911, Motorbuch-Verlag, Stuttgart, 2013; Ulf Poschardt, Klett-Cotta, Stuttgart, 2013; Paul Frère: Die Porsche 911 Story, Motorbuch Verlag, Stuttgart 2002; Der »Elfer« – wie ihn seine Fahrer und Fans nennen – feiert 40. Geburtstag, unter: schwab-kolb.com; Rafael Binkowski: Porsche liegt an der Porsche-Straße Nummer 911, in: Stuttgarter Zeitung vom 16.5.2013; Tom Hörner: 911er-Freunde müsst ihr sein, in: Stuttgarter Nachrichten vom 1.6.2013; Bettina Hartmann: Promis mit Passion für Porsche, in: Stuttgarter Nachrichten vom 1.6.2013; Harry Pretzlaff: Die Messlatte der Marke Porsche, in: Stuttgarter Zeitung vom 4.6.2013; Heidemarie A. Hechtel: Eine Liebe fürs Leben: 50 Jahre Porsche 911, in: Stuttgarter Nachrichten vom 5.6.2013; Jochen Arntz: Der Sportwagen, in: Süddeutsche Zeitung vom 15.6.2013.

1.002

Die versteckte römische Zahl

Zur Darstellung der natürlichen Zahlen verwendeten die Römer Buchstaben, das I für 1, das V für 5, X für 10, L für 50, C für 100, D für 500 und das M für 1.000. Ein solches System regte natürlich auch die Fantasie der gebildeten Sprach- und Zahlenspieler an. So entstanden seit dem Mittelalter sogenannte Chronogramme, Worte, Sätze oder Sinnsprüche mit einem Zahlengeheimnis. Wer es entschlüsseln will, addiert einfach die darin vorkommenden Buchstaben, die zugleich Zahlensymbole sind. Herauskommt dabei in der Regel eine Jahreszahl, auf die sich der Inhalt des Chronogramms bezieht. Zu Verdeutlichung wurden die Zahlen-Buchstaben oft durch eine andere Farbe hervorgehoben, oder sie wurden auch innerhalb eines Wortes großgeschrieben. Sehr beliebt waren Chronogramme in der Zeit des Barocks bei Hausinschriften, wobei die Summe der römischen Zahlen meist das Baujahr des Gebäudes anzeigte.

Eines der prominentesten Beispiele ist die Inschrift unterhalb des Goldenen Dachls in Innsbruck, die an die Restaurierungsarbeiten nach einem heftigen Erdbeben erinnert: »restaVror post horrenDos ContInVo ano et VLtra perpessos terrae MotVs« (Ich werde nach den schrecklichen Erdbeben, die ununterbrochen in diesem Jahr und darüber hinaus erlitten worden sind, wiederhergestellt). Die Zahlen MDCLVVVVI ergeben das Jahr der Renovierung: 1671.

Die Rückseite einer Medaille zum Tod des Schweizer Reformators Zwingli lautet: »HeLVetIae ZvIngLI DoCtor pastorqVe CeLebrIs VnDena oCtobrIs passVs In aethra VoLas« (Zwingli, als Doktor und Pastor in der Schweiz berühmt, der du am 11. Oktober den Tod erlitten hast und im Himmelsglanz fliegst). DDCCCLLLLVVVVVIIIIII bezeichnet dabei Zwinglis Todesjahr 1531.

Und auch der Freudenruf der Katholiken, wenn ein neuer Papst gekürt wird, bekam bei der Wahl von Papst Benedikt XVI. einen chronogrammatischen Sinn: »habeMVs papaM« (Wir haben einen Papst) enthielt mit MMV das Wahljahr 2005.

Ein ganz besonderes Chronogramm betrifft die Zahl 1.002. Schreibt man nämlich das deutsche Zahlwort aus – EINTAUSEND-UNDZWEI – und berücksichtigt die vier Buchstaben, die auch römische Ziffern sind – DDII – bekommt man die Summe: 1.002. So ist die Zahl zu sich selbst gekommen.

Quellen: Jürgen Köller: Römische Ziffern und Chronogramm, unter: mathematische-basteleien.de; Chronogramm, unter: wikipedia.org; Klaus Graf: Chronogramme unter: histsem.uni-freiburg.de.

1337

H4ck3r-Schreibe

 Wer in der Internet-Community richtig »in« sein will, der ist »leet« oder genauer: 1337. Der Begriff »leet« leitet sich aus dem englischen Wort für Elite ab und bezeichnet gute Computer-Spieler. Ein leeter Spieler hat es einfach drauf und benutzt einen elitären Jargon: die Leetspeak. Bei dieser Insider-Schreibweise werden die Buchstaben durch grafisch ähnliche Ziffern ersetzt, und da die 1 einem kleinen l ähnelt, die 3 wie ein gespiegeltes E und die 7 wie ein deformiertes T aussieht, steht die Zahl 1337 für leet.

Die wichtigsten 1337-Ersetzungen sind:

1	für L	6	für G
2	für Z	7	für T
3	für E	8	für B
4	für A oder h	9	für g oder P
5	für S	12	für R

Auch wenn Leetspeak heute eher wie eine sprach-schriftliche Zahlenspielerei daherkommt, war sie ursprünglich sehr ernst gemeint, nämlich als Abhörschutz. Ausgespähte Dokumente oder Mails sollten nicht automatisch von fremden Computern ausgewertet werden können. In gewissem Maß funktionierte das auch, denn ein Wort wie »H4ck3r« kann ein etwas geübter Leser leicht entschlüsseln, ein Rechner hat damit schon seine Probleme und müsste zur Dechiffrierung zusätzlich programmiert werden.

Wer wirklich »1337« war, befolgte weitere Regeln: Er schrieb grundsätzlich alles in Kleinbuchstaben, ließ einzelne Buchstaben entfallen und formte die Personalendung -er von Verben und Nomen meist zu -or.

So wurde 1337 zum Symbol für eine Art Geheimcode der Computerszene, wobei der Abhörschutz bald in den Hintergrund trat zugunsten einer Szenesprache. In Foren und Chatrooms wurde Leetspark vor allem genutzt, um unerfahrene Spieler auszugrenzen und ihnen zu imponieren. Die Neulinge waren »14m3«, also »lame« (lahm oder Versager), die Insider aber waren »1337«.

Die elitären Züge übertrugen sich auch auf die inhaltliche Ebene. Microsoft und seine Produkte waren und sind absolut nicht »1337«, genauso wenig der Onlinedienst AOL. Dieser kritischen Haltung wurde in Mails und Foren reichlich Ausdruck verliehen, meist polemisch, gerne auch beleidigend und rotzig. Ein Editorial des Computermagazins c't brachte diese Überheblichkeit überzeichnend auf den Punkt:

> achten sie bei der kommunikation im internet peinlichst genau auf ihre leetness: benutzen sie keinesfalls grossbuchstaben (caps). caps sind boese und lame. ebenso deutsche sonderzeichen. und korrigieren sie ja keine tippfehler im chat, denn backspace ist lame.

Doch Leetspeak ist, wie jede andere lebende Sprache, vielen Veränderungen unterworfen. Einige User haben aus mehreren Sonderzeichen weitere Ersetzungen gebastelt, wodurch die Lesbarkeit erheblich abnimmt, was andere wiederum gar nicht »1337« finden. Und eigentlich kann Leetspeak nur noch selbstironisch verwendet werden und wird in Chats und Foren vor allem für Nicknames genutzt.

Dafür haben andere 1337-Versatzstücke für ihre Zwecke entdeckt. So nutzen die Versender von Werbemails Leetspeak, um gewisse Begriffe wie Viagra (v14924) an Spamfiltern vorbeizuschleusen. Werber und Marketingexperten lassen manchen Begriff so interessanter klingen: Wer geht nicht lieber auf eine »P4rty« als auf ein Fest. Selbst das neue Senderlogo des Zweiten Deutschen Fernsehens ist 1337, indem der erste Buchstabe als Z, aber auch als 2 gelesen werden kann.

Damit keiner sich mehr als »lame« fühlen muss, bietet das Internet mittlerweile zahlreiche Übersetzungsprogramme für 1337. Womit ein für alle Mal klar wäre: w3r 1n d3r 819 l4N-coMmUN1TY r1cht19 ›1n‹ 531n W1ll, D3R 15T l33T od3R 93n4U3r: 1337.

Quellen: Duden Neues Wörterbuch der Szenesprachen, unter: szenesprachenwiki. de; Leetspeak, unter: wikipedia.org; Patrick Brauch: how 70 b3 1337, in: c't. Magazin für Computertechnik, Nr. 11/2000; Universal Leet Converter, unter: robertecker.com.

1414

Privatmann als Paparazzo

Der digitale Schnappschuss ist keine Seltenheit mehr, spätestens seit die meisten Mobiltelefone mit einer Kamera ausgestattet sind, ist jedermann, wo er geht und steht, knipsbereit. Für Medien tut sich so eine neue, unerschöpfliche Ressource auf. »Die besten tagesaktuellen Fotos werden in Zukunft nicht mehr von klassischen Agenturfotografen kommen«, prophezeit Nicolaus Fest von der Bild-Zeitung, »sondern von Amateur-Fotografen.« Europas auflagenstärkste Zeitung will ihren Teil dieser Bildquelle abschöpfen. Dafür hat sie den Leserreporter erfunden, der seine Fotos einfach und unkompliziert an die Zeitung mailen kann, unter der Kurznummer 1414.

Kuriose Tierszenen, lustige Verkehrsschilder oder schlicht und einfach schöne Urlaubsfotos gibt es auf den entsprechenden 1414-Seiten im Internet zu bestaunen. Ins Blatt gelangen vor allem typische Boulevard-Bilder, Unfälle, Katastrophen und immer wieder Prominente aus Show, Sport oder Politik: Fußballer in der

Disco, Prinzen beim Supermarkt-Einkauf, Parteivorsitzende im Biergarten, Schauspieler beim Autogrammeschreiben.

Auch wenn Bild-Redakteure die zu tausenden über 1414 versandten Schnappschüsse sichten und vor dem Veröffentlichen Authentizität und Rechte abklären, die Jagd der Volkspaparazzi auf Berühmtheiten ist höchst umstritten. Das Boulevardblatt nimmt in Kauf, wenn dadurch »die Promis eventuell einen hohen Nervfaktor haben«. Für den Vorsitzenden des Deutschen Journalistenverbands ist 1414 eine »Schande« für die Branche, weil nun niemand mehr davor gefeit sei, von einem Anonymus abgelichtet zu werden und sein Bild am nächsten Tag gedruckt vorzufinden. Auch wenn Bild seine Hobbyfotografen ermahnt, die Privatsphäre anderer Menschen zu respektieren und die Arbeit von Polizei oder Rettungsdiensten nicht zu behindern, die moralische wie rechtliche Problematik bleibt. Schon für Profis ist die Gemengelage zwischen Persönlichkeitsschutz und Pressefreiheit kaum zu durchschauen.

Auslöser des Bilder-Booms waren Amateuraufnahmen der brennenden Concorde und der Tsunami-Verwüstung, die jeweils um die Welt gingen. Systematisch wurden Leserfotos zuerst vom norwegischen Boulevardblatt VG ab Januar 2006 eingesetzt, dann zog die Saarbrücker Zeitung nach, und erst mit dem nationalen Rummel um die Fußball-WM in Deutschland kam die Bild-Zeitung mit 1414.

Auch das Magazin Stern wollte von den Schnappschüssen profitieren und entwickelte die Onlineplattform augenzeuge.de. Über die MMS-Nummer 221112 konnte jedermann dort seine »aktuell bewegenden Fotos« vermarkten und dabei genauso viel verdienen wie Berufsfotografen, köderte der Stern. Doch offensichtlich war die Resonanz zu gering. Nach nur drei Jahren wurde augenzeuge.de eingestellt. Das Einsammeln der pivaten Fotos übernimmt nun der Onlineauftritt des Stern-Ablegers View.

Die Öffentlichkeit hat sich verändert: Menschen waren schon immer Zeugen von interessanten Ereignissen, nun werden sie vom

Zeugen zum Reporter. Zwischen selbst zusehen und andere zusehen lassen liegen nur wenige Klicks auf dem Handy oder dem Computer. Doch das Ende der Privatsphäre ist damit noch lange nicht erreicht, solange Journalisten in seriösen Zeitungen und Fernsehsendern darüber wachen. Und auch die Gegenbewegung ist schon auf den Plan getreten. Auf bildblog.de haben die Kritiker der Boulevardzeitung die Gegenaktion »Fotografiert Kai Diekmann« mit der Nummer 4141 gestartet: Der Bild-Chefredakteur soll in Badehose am Strand, beim Bäcker oder beim Pinkeln geknipst werden, damit er am eigenen Leib erfährt, wie seine Leserreporter »zur Belastungsprobe« werden können.

Quellen: Andreas Spaeth: Das Baggern um Bilder, in: Medium Magazin, 10/2006; Michael Hanfeld: Unter deutschen Dächern, in: Frankfurter Allgemeine Zeitung vom 18.11.2006; Leserreporter, unter: bild.de; augenzeuge.de; bildblog.de; Ralf Schmahld: stern stellt Bildagentur »Augenzeuge« ein, unter: turus.net.

1435

Normalspur und Krimskrams der Bahn

Die Welt der Eisenbahn steckt voller Zahlen: Lokomotiven sind durchnummeriert genauso wie alle Waggons, für die Eisenbahnstrecken gibt es gleich drei verschiedene Nummernsysteme und dann die Ankunfts- und Abfahrtszeiten, die planmäßigen wie die tatsächlichen. Die Bahnzahl schlechthin bezeichnet aber den Abstand zwischen den beiden Schienen, und das ist in Deutschland normalerweise die 1435.

Einer Legende nach geht die krumme Zahl auf die Breite von Pferdehintern zurück. Die ersten englischen Eisenbahnwagen wurden nämlich von denselben Handwerkern gebaut wie die normalen Pferdewagen, und deren Breite war so bemessen, dass sie auf den Straßen gut in den vorhandenen Spurrillen rollten, ohne zu Bruch zu gehen. Die besten Fernstraßen waren aber jene, die von den Römern ausgebaut worden waren und auf denen Streitwagen tiefe Furchen hinterlassen hatten. So ist die heutige Eisenbahnspur von 1.435 Millimetern eine indirekte Fortsetzung der Maße römischer Wagen, die von zwei Pferden gezogen wurden.

Tatsächlich orientierte sich der Ingenieur George Stephenson, unter dessen Leitung 1825 die erste öffentliche Eisenbahn zwischen Stockton und Darlington erbaut wurde, an den Bahnen in englischen Kohleminen, die eine Spurweite von genau 4 Fuß und 8,5 Zoll aufwiesen. Die erste deutsche Strecke, die Ludwigsbahn zwischen Nürnberg und Fürth, übernahm diesen Schienenabstand von 1.435 Millimetern und setzte damit eine Industrienorm für Vollbahnen, Straßen- und U-Bahnen. In den folgenden Jahrzehnten wurde die sogenannte Normalspur in fast ganz Europa, in Nord- und Mittelamerika, in Nordafrika, dem Nahen Osten, Ostasien und in Australien gebaut, weltweit rund 720.000 Kilometer.

Zahllose Ausnahmen zwischen 89 mm (die Gartenbahn in Sindelfingen) und 5.486 mm (die ehemalige Küstenbahn zwischen Brighton und Rottingdean) bestätigen die Regel.

1.067   Auch wenn man die Achsen nicht so stark belasten kann und die Wagen leichter kippen können, ist die sogenannte Kapspur im südlichen Afrika, in Japan, Indonesien und Neuseeland verbreitet. Sie misst 3½ englische Fuß. Der Name geht auf die Initialen des Eisenbahningenieurs Carl Abraham Pihl zurück, der die Schmalspur zunächst in Norwegen durchsetzte. Ihre

Trassen sind günstiger zu bauen, und man kann engere Kurven fahren, was sich besonders für gebirgige Strecken eignet. Viele traditionelle Bergbahnen, aber auch die Cable Cars in San Francisco fahren daher in der Kapspur.

1.520 Die Breitspur, wie sie in Russland bzw. der ganzen Sowjetunion und in Finnland gebaut wurde, hat als Maß fünf englische Fuß. Das hat technische Vorteile. Die Laufeigenschaften des Zuges sind besser und die Strecken vor allem bei schlechtem Untergrund belastbarer. Problematisch dagegen sind die höheren Baukosten und die größeren Kurvenradien der Strecken.

Züge aus Westeuropa konnten lange nicht durchfahren, doch mittlerweile gibt es unter anderem verschiebbare Räder, die das Überwechseln auf eine andere Spurweite ermöglichen.

1.668 Die Iberer hatten zunächst unterschiedliche Spurweiten. Doch Spanien (1.672 mm) und Portugal (1.665 mm) einigten sich auf einen gemeinsamen Mittelweg und nicht auf die Normalspur – aus militärischen Überlegungen. Die Breitspur sollte nämlich verhindern, dass ausländische Armeen per Eisenbahn auf die iberische Halbinsel vordringen konnten. Die Angst scheint verflogen, die spanische Regierung diskutiert eine Umstellung der Spurweite, und das spanische Hochgeschwindigkeitsnetz ist schon in der 1.435-mm-Spur gebaut.

3.000 Großspurig wie in fast allem waren die Nationalsozialisten auch bei der Eisenbahnspur. Sie planten eine Dreimeterspur, die die großen deutschen Städte verbinden, vor allem aber den eroberten Lebensraum im Osten erschließen sollte.

Für die Deutsche Bahn bleibt die Normalspur das Maß aller Dinge. Kein Wunder, dass sie auch ihren Internet-Shop 1435 genannt hat. Hier kann man typischen Merchandising-Krimskrams wie Schirme, Tassen und Bälle kaufen; es gibt Nützliches wie den Lokführer-Rucksack, die Bahnhofsuhr für die Wand oder einen USB-Stick, der wie ein ICE aussieht. Für die ganz Kleinen gibt es einen Autoverlade-zug aus Holz und für die etwas größeren Bahnfans ICE-Modelle als Sparbüchse oder Stiftehalter – natürlich alles maßstabsgerecht in der 1.435-mm-Normalspur.

Quellen: Olaf Krohn: Bahnzahl 1.435, in: mobil. Magazin der Deutschen Bahn 12/2010; Geschichte der Spurweiten, unter: eisenbahnspurweiten.de; breitspurbahn. de; »Kapspur«, »Normalspur« und »Breitspurbahn«, unter wikipedia.org.

1503

Deutschlands höchste Hausnummer

Die Venloer Straße in Köln beginnt am Friesenplatz im Zentrum der Stadt und ist lang. Das Haus mit der Nummer 1 beherbergt ei-nen Kiosk und eine Modeboutique, dann geht es in nordwestlicher Richtung los: ein Frisör (Nr. 5), ein spirituelles Zentrum der Osho-Bewegung (Nr. 5-7), eine Kampfsportschule (Nr. 8), ein Imbiss (Nr. 12), ein Irish Pub (Nr. 22), Büros und Wohnungen in den obe-ren Stockwerken. Am Rande des Stadtgartens ist das gleichnamige Restaurant (Nr. 40), als Veranstaltungsort ein Mekka für Jazz-Fans und -musiker. Es folgt der Westbahnhof, und der Grüngürtel. Hin-ter der Inneren Kanalstraße der lange umstrittene Bau der Zentral-moschee (Nr. 161). Jetzt geht es durch den Stadtteil Ehrenfeld, die Venloer Straße ist nun eine lebendige Einkaufsmeile: Bäckereien,

Copy-Shops, Einrichtungsläden, Reisebüros. Bürgerhäuser aus der Gründerzeit prägen die Straße, etwa das schmale Wohn- und Geschäftshaus Nr. 266 mit seiner aufwendig dekorierten Jugendstil-Fassade. Dann die Rheinlandhalle (Nr. 385-387) auf dem Gelände der Helioswerke, wo die ersten Kölner Sechstagerennen, Karnevalssitzungen, aber auch Nazi-Wahlkampfveranstaltungen stattfanden. Nach der Äußeren Kanalstraße kommt der Stadtteil Bickendorf; die Rochus-Kapelle (Nr. 645) und eine ganze Arbeiter-Siedlung (Nr. 716-740) gelten als Baudenkmäler. Nächster Stadtteil Vogelsang, hier haben der Fußballverein Schwarz-Weiß (Nr. 969) und der Tanz-Club Rot-Gold (Nr. 1.031) ihre Heimat. Dazwischen liegt ein Hotel mit dem Namen »1000«, tatsächlich mit der Adresse Venloer Straße 1000. Der Westfriedhof (Nr. 1132) mit typischem Park-Charakter schließt an den Jüdischen Friedhof (Nr. 1152) an. Ab dem Stadtteil Bocklemünd sind die Gebäude entlang der Venloer spärlich; es geht zwischen dem WDR-Gelände mit der Lindenstraßen-Produktion und dem BioCampus Cologne hindurch; Hausnummer 1226-1228 hat die Kirche »St. Johannes vor dem Lateinischen Tore«. Nach der Autobahn 1 ist man eigentlich schon im Kölner Vorort Pulheim angekommen, doch die Venloer Straße geht weiter, vorbei am Pulheimer See, der noch ein richtiges Naherholungszentrum werden soll, eine Tankstelle (Nr. 1397), ein Gewerbegebiet, mehrere Baumschulen, eine extra für Bambus-Gehölze (Nr. 1491), und dann ist sie endlich da, Deutschlands höchste Hausnummer: die 1503.

Hausnummern sind in Europa ein Phänomen der Aufklärung, die »von Ordnung und Klassifikation geradezu besessen« war, so der Historiker Anton Tantler. Bis dahin hatten Gebäude individuelle Hauszeichen oder Häusernamen, die nicht immer mit dem Namen des Besitzers übereinstimmten. Das sollte sich ändern. 1750 werden die Häuser in Madrid nummeriert, 1754 folgen Triest und 1762 bzw. 1765 London. In Deutschland bringen als Erste die französischen Provinzstädte Ordnung ins Häusermeer, München folgt 1768, Mainz nummeriert 1771. Ausschlaggebend dafür sind vor allem militärische Gründe. Die Franzosen wollten die Einquartierung des Militärs erleichtern, und in der Habsburger Monarchie wurde mit der Einführung der Hausnummern zugleich eine Volkszählung durchgeführt, eine sogenannte »Seelenkonskription«, um besseren Zugriff auf wehrfähige Untertanen zu haben. Darüber hinaus gab es fiskalische Interessen, die Hausnummern halfen, steuerpflichtige Bürger zu erfassen. An nicht wenigen Orten regte sich Widerstand gegen diese Zwangserfassung, und die Ziffern an den Wänden wurden aus Protest mit Kot verschmiert. Und doch lag in den Hausnummern auch ein demokratisches Element: Auf Besitzverhältnisse nahm man keine Rücksicht, und bürgerliche, adlige oder klerikale Gebäude wurden gleich behandelt und einheitlich nummeriert. Die Anweisung lautete: »Alle Häuser, sie mögen frey oder bürgerlich seyn, müssen in einer Reyhe fortnummeriert werden.« Soldaten oder eigens dafür eingestellte Maler schrieben die Zahlen direkt mit Farbe über den Haustüren an die Wand.

Nummeriert wurde zunächst nach drei unterschiedlichen Prinzipien:

ortschaftsweise wie in Österreich-Ungarn. Vor allem kleine Dörfer beließen es bei den reinen Nummern oder führten erst spät Straßennamen ein wie etwa die 1.400-Seelen-Gemeinde Dachsberg im Schwarzwald, ein durch Kommunalreform zusammengefasstes Gebilde von 4 Dörfern, 20 Ortsteilen, versprengten Weilern und Höfen. Hier fasste der Gemeinderat erst 2007 den Beschluss, 80 Straßen zu benennen, Schilder aufzustellen und dem Hausnummern-Wirrwarr ein Ende zu bereiten.

viertelweise: Nicht in der ganzen Stadt, sondern in den einzelnen Vierteln wurde Haus für Haus durchnummeriert, etwa in Mainz, Augsburg oder Nürnberg. Zur Unterscheidung wurde der Hausnummer dann ein Buchstabe vorangestellt, der das Viertel symbolisierte. In Venedig hat sich dieses System bis heute erhalten, hier sind die Häuser jedes Viertels nach ihrem Entstehungsjahr durchnummeriert, eine Nummernfolge, die in die Tausende geht – sehr zum Leidwesen vieler Touristen, die auf der Suche nach einem Hotel lange herumirren, es sei denn, sie wissen, dass es auf der Post eigene Verzeichnisse gibt, die die Gebäude einer Straße oder einem Kanal zuordnen.

blockweise: Bestes Beispiel ist Mannheim, dessen System für viele amerikanische Städte zum Vorbild wurde. Mannheims Grundriss sieht aus wie ein Schachbrett, und die einzelnen Blocks haben eine Koordinatennummer. Hausnummer 1 jedes Blocks liegt an der dem Schloss zugewandten Ecke. So weit, so überschaubar: Verwirrend ist, dass die Nummerierung teils gegen den Uhrzeigersinn (Blöcke A-K), teils im Uhrzeigersinn (Blöcke L-U) verläuft.

Erst im 19. Jahrhundert wurde das System der Konskriptionsnummern aufgegeben, diese fortlaufende Nummerierung war in den rasch wachsenden Städten nicht mehr praktikabel. Man brauchte ein Hausnummernsystem, das auch der Orientierung diente. Entwickelt wurde es von dem Unternehmer Michael Winkler, und noch heute wird die Vorgehensweise »Winklersches System« oder schlicht »Zickzack-Prinzip« genannt. Danach werden die Häuser nach Straßen durchnummeriert – grundsätzlich links die ungeraden Nummern, rechts die geraden. In der Regel beginnt die Nummerierung im Zentrum der Stadt. Bis heute funktionieren die Hausnummern in den meisten deutschen Städten auf diese Weise.

Auch in Preußen ging die Verwaltung zu straßenbezogenen Hausnummern über, aber als »Hufeisennummerierung«. In Berlin z. B. wurde, ausgehend vom Stadtschloss, die rechte Seite einer Straße von 1 an fortlaufend nummeriert bis zu ihrem Ende, dann kehrten die Nummern auf der linken Seite zurück. Daher wird das System auch »Bumerang-Nummerierung« genannt. Während Berlin 1929 dieses System zumindest für neu zu bauende Straßen aufgegeben hat, ist es in Sachsen-Anhalt, Mecklenburg-Vorpommern oder Braunschweig vielfach erhalten geblieben – mit der niedersächsischen Besonderheit, dass in Braunschweig die Zählweise auf der linken Straßenseite beginnt.

Probleme bei der Zickzack-Nummerierung bereiten unterschiedlich große Grundstücke. Um zu vermeiden, dass gegenüberliegende Häuser keine numerisch weit auseinanderliegenden Zahlen haben, werden mancherorts Hausnummern einfach ausgelassen – häufig bei Querstraßen. Nach einer anderen, eher technokratischen Lösung vergibt das Bauamt auf dem Bebauungsplan z. B. alle zehn Meter eine Hausnummer, und das Haus erhält dann jene, die dem Eingang am nächsten liegt.

Gibt es einen Neubau zwischen zwei fortlaufend nummerierten Häusern, erhält die Hausnummer einen Zusatz, meist einen Groß- oder Kleinbuchstaben, manchmal wird aber auch eine Ziffer nachgestellt. Zwischen Haus Nr. 5 und Haus Nr. 7 liegt dann die »5a« oder »5A« oder die »5/1«.

Deutlich höhere Nummern als 1503 findet man in den USA, aber nicht nur, weil dort die Städte größer und die Straßen länger sind. Hier ist die Hausnummer häufig zugleich eine Entfernungsangabe für die Feuerwehr, wobei vom Straßenbeginn in Yard oder gar in Fuß gerechnet wird, dadurch entstehen schnell Zahlen in den Tausendern. Andere nordamerikanische Städte nummerieren die Straßen blockweise, d. h. dass an jeder Querstraße ein neuer 100er-Abschnitt der Hausnummern beginnt, so etwa bei der wohl berühmtesten Hausnummer in den USA, die alleine den 16. Block der Pennsylvania Avenue einnimmt. Es ist das Weiße Haus mit der Hausnummer 1600.

Das Haus Venloer Straße Nr. 1503 ist sicher weniger bedeutend und wird eigentlich nie von Journalisten umlagert. Es ist ein Bau aus den 1970er-Jahren, damals ein Aussiedlerhof mitten in den Feldern, jetzt im Gewerbegebiet eher versteckt. Die Bewohnerin des Rekord-Hauses 1503 aber trägt genau den richtigen Namen: Christa Höchsten. Bis ein Reporter der Frankfurter Allgemeinen Zeitung sie aufstöberte, wusste Frau Höchsten nichts von der deutschen Höchstleistung, die ihr Haus innehat. Sie kannte nur die Hausnummern-Probleme der Post. Streichen die Postboten bei der Zustelladresse doch häufig die 1 weg, weil ihnen die Zahl 503 als Hausnummer wesentlich plausibler erscheint.

Quellen: Anton Tantner: Ordnung der Häuser, Beschreibung der *Seelen* – Hausnummerierung und Seelenkonskription in der Habsburgermonarchie, Dissertation, Universität Wien 2004; ders.: Die Adressierung der Stadt, in: ORF: Neues aus der Welt der Wissenschaft, Sendung vom 18.4.2005; ders.: Wer ist die Nummer 1. in: Jungle World vom 7.6.2006; »Hausnummer«, »Köln-Ehrenfeld«, »Bickedorf«, »Bocklemünd-Mengerich« und »Helios AG«, unter: wikipedia.org; Weltbank: Street Adressing and the Management of Cities, Washington 2005; Christoph Moeskes: Bei Frau Höchsten ist Schluss, in: Frankfurter Allgemeine Zeitung vom 7.5.2012; Wolfgang Messner: Dachsberg tauft seine Straßen, in: Stuttgarter Zeitung vom 5.2.2007; bilderbuch-koeln.de.

1516

In die Jahre gekommenes Bier

Biere, die nach einer Jahreszahl benannt sind, gibt es mehrere. In Campos do Jordão, der höchstgelegenen Gemeinde Brasiliens und deshalb ein beliebter Touristenort, um europäische Gefühle zu erleben, gibt es die Cervejaria Baden Baden, die das »1999« braut. Ein in Deutschland ausgebildeter Braumeister hat ein mittlerweile weltweit erfolgreiches Bier kreiert und nach dem Gründungsjahr des Unternehmens benannt. Bierkenner schätzen das »1999« als angenehm unprätentiös und erfrischend.

Auch die englische Brauerei Shepheads Neame hat das Jahr ihrer Gründung auf eine Flasche gedruckt: 1698. Das Ale wurde nur zum 300-jährigen Jubiläum gebraut und hatte einen Alkoholgehalt von 10,5 Prozent. In einer veränderten Version ist es nun etwa halb so stark, behält aber seinen kräftigen Hopfengeschmack mit Mandel- und Malzaroma.

Aus Schottland stammt das »1488«, benannt nach dem Krönungsjahr des schottischen Königs James IV., der damals als Erster Bier in die Gegend der Tallibardin Distillery gebracht haben soll. Das »1488« entstammt nämlich eigentlich einer Whiskybrennerei. Seit den 1940er-Jahren nutzt man die alten Whiskyfässer, die ungenutzt auf dem Firmengelände herumstanden und in denen zuvor viele Jahre Bourbon und Single Malt lagerte, um darin Ale abzufüllen. Das schmeckt man beim »1488«, es ist rauchig-warm, cremig und hat doch eine herbe Süße von Vanille und Kokosnuss – ein echtes Whiskybier.

Den vielleicht sinnfälligsten Jahres-Namen für ein Bier hat sich aber »1516« gegeben, denn in diesem Jahr wurde das bayerische Reinheitsgebot erlassen, das erstmals landesweit regelte, welche Inhaltsstoffe beim Brauen verwendet werden dürfen. Das Reinheitsgebot von 1516 fand später seinen Einzug in das Bier-Gesetz des Deutschen Reiches und hat sich im Grunde bis heute gehalten. Auch viele Biere aus anderen Ländern schmücken sich mit dem Prädikat »gebraut nach dem Reinheitsgebot«. So kommt es, dass das Bier »1516« auch nicht aus Bayern, sondern aus einer österreichischen Brauereigaststätte stammt, die auf amerikanisches Flair setzt. Drei bis vier Mal in der Woche wird »1516« direkt in der Gaststätte in der Wiener Schwarzenbergstraße gebraut, rund sieben Stunden dauert es, bis das Bier in den Fässern und Tanks landet. Dazu serviert man im Lokal deftige Hausmannskost, aber auch Burger, Spareribs oder Chicken Wings. Das »1516« ist sehr stark, schmeckt deutlich nach Hopfen und wird als helles Lager, als Radler oder als Schnitt – einer Mischung aus Hell und Dunkel – serviert. Dazu gibt es regelmäßig Spezialbiere, die so anspruchsvoll und abwechslungsreich sind, dass Conrad Seidl, der österreichische Bierpapst und Autor des »Bier-Katechismus«, in der »1516«-Brauerei Stammgast ist.

Quellen: Tim Hampson (Hrsg.): The Beer Book. Dorling Kindersley. London/New York/Melbourne/München/Delhi, 2008; Adrian Tierney-Jones (Hrsg.): 1001 Beers you must taste before you die. Universe, New York 2010; cervejariabadenbaden.com. br; shepherd-neame.co.uk; traditionalscottishales.co.uk; 1516brewingcompany.com; tastingbeers.com; Thomas Metelko: Restaurantkritik 1516 Brewing Company, unter: wien.orf.at.

1729

Taxi zu einem mathematischen Genie

Das Besondere der Zahl 1729 behandelt eine Anekdote über einen sehr besonderen Menschen, den wohl ungewöhnlichsten Mathematiker des 20. Jahrhunderts: Srinivasa Ramanujan.

Im südlichen Indien als Kind armer Leute geboren, hatte Ramanujan das Glück, dass sein mathematisches Talent schon in der Schule erkannt wurde. Auf anderen Gebieten versagte er dagegen kläglich, zwei Versuche, ein Studium zu absolvieren, scheiterten. Stattdessen vertiefte er sich autodidaktisch in die Welt der Zahlen. Er verschlang ein veraltetes Lehrbuch der Analysis, das ihm irgendjemand geschenkt hatte, eine Formelsammlung, die ihm den Weg in die höhere Mathematik öffnete. Daraufhin begann Ramanujan Notizbücher mit endlosen Gleichungen zu füllen. »Er kreiste allein um sich in seiner Zahlenwelt; er rechnete und theoretisierte ohne Menschen, die ihn verstanden oder gar anleiteten.« (David Blatner) Doch ernähren konnte die Mathematik Ramanujan nicht, daher musste er als Handelsgehilfe in Madras arbeiten.

1913, im Alter von 23 Jahren, nahm er Kontakt zu drei Mathematikern im fernen England auf, berichtete ihnen von seinen Entdeckungen in der Hoffnung, einmal verstanden zu werden. Zwei der Professoren hielten ihn wohl für einen Spinner. Der dritte allerdings, Godfrey H. Hardy, war von der Kraft der Formeln regelrecht erschlagen. »Ein einziger Blick darauf genügte, um zu erkennen, dass nur ein Mathematiker allerhöchsten Ranges sie niedergeschrieben haben konnte. Sie mussten wahr sein«, konstatierte Hardy, »denn wären sie das nicht gewesen, so hätte kein Mensch die Fantasie besessen, sie zu erfinden.«

Hardy besorgte dem jungen Inder ein Stipendium und holte ihn nach Cambridge. Eine intensive und fruchtbare Zusammenarbeit der beiden Männer begann, die allerdings nicht sehr lange währte. Ramanujan vertrug das nasskalte Klima auf der britischen Insel nicht, und er bekam Tuberkulose, eine Krankheit, für die es damals keine adäquate Therapie gab. Mehrfach musste er zur Behandlung in ein Sanatorium. Mit ein Grund für die Krankheit war ein Vitaminmangel, den sich Ramanujan als Hindu und damit strenger Vegetarier wohl deshalb zuzog, weil ihn die schlechte Nahrungsmittelversorgung während des Ersten Weltkriegs zu einer Diät zwang, die vor allem aus Kohl bestand. Als der Seeweg 1919 wieder frei war, kehrte Ramanujan nach Indien zurück. Doch die Krankheit blieb. Trotz heftiger Schmerzen füllte er weiterhin seine Notizbücher mit faszinierenden Gleichungen. Am 26. April 1920 starb Srinivasa Ramanujan im Alter von nur 32 Jahren.

Von einem der Sanatoriumsaufenthalte stammt auch die Anekdote. Ramanujan lag in Putney krank zu Bett, und sein Mentor Hardy kam zu Besuch. Hardy erwähnte, dass er mit dem Taxi Nr. 1729 gekommen sei und dass ihm diese Zahl ziemlich langweilig vorkomme. Er hoffe nur, das sei kein ungünstiges Vorzeichen. Im Gegenteil, das sei eine sehr interessante Zahl, entgegnete Ramanujan, 1729 sei nämlich die kleinste Zahl, die sich auf zwei verschiedene Arten als Summe zweier Dreierpotenzen darstellen lasse. Und tatsächlich ist:

$$1729 = 1^3 + 12^3 = 9^3 + 10^3$$

Hardy hakte nach und fragte, ob Ramanujan auch die Antwort auf das entsprechende Problem für Viererpotenzen wisse. Der Inder überlegte kurz und gestand ein, dass ihm ohne weiteres kein Beispiel einfalle, aber er glaube, die erste derartige Zahl müsse sehr groß sein. Auch da hatte Ramanujan recht, denn die Lösung ist die recht große 635318657.

$$635318657 = 133^4 + 134^4 = 59^4 + 158^4$$

Die Anekdote zeigt Ramanujans eher intuitives Verständnis der Mathematik, das aber auf höchstem Niveau. Wahrscheinlich wusste er bis zuletzt nicht, was ein Beweis ist, mutmaßte Hardy. Oft gab Ramanujan einfach ein Ergebnis an, das sich nicht aus bewusster Forschung ergeben hatte, sondern aus einer unbestimmten Quelle jenseits der Wissenschaft. In seinen Träumen, behauptete der Inder, inspiriere ihn die Göttin Namagiri. Hardy hatte eine rationalere Erklärung für das einzigartige Genie seines Freundes. Er vereine Gedächtnis, Geduld und rechnerische Begabung mit einem Verallgemeinerungsvermögen und einem Gefühl für Form. Dazu besitze er die verblüffende Fähigkeit, seine Hypothesen rasch zu modifizieren. Auch wenn manche seiner intuitiv entstandenen Sätze falsch waren, andere regten Mathematiker in der ganzen Welt an, etwa zur Entwicklung von Algorithmen für hochmoderne Computerprogramme. Und noch heute arbeiten Wissenschaftler daran, die Gleichungen in Ramanujans Notizbüchern zu enträtseln.

Quellen: Robert Kanigel: Der das Unendliche kannte. Das Leben des genialen Mathematikers Srinivasa Ramanujan, Vieweg, Wiesbaden 1995; Ernst Horst: Ein indischer Gauß, in: Frankfurter Allgemeine Zeitung vom 12.11.1993; David Blatner: Pi – Magie einer Zahl, Rowohlt, Reinbek bei Hamburg 2000; Douglas R. Hofstadter: Gödel, Escher, Bach. Ein Endloses Geflochtenes Band, Ernst Klett, Stuttgart 1985.

1921

Schicksalsjahr für Tommy

 Ende der 1960er-Jahre experimentierten einige Rockmusiker mit klassischen Formen und versuchten sich in Gattungen der Bildungsmusik. Dabei weiteten sie ihre musiksprachlichen Mittel aus. Der Trend entsprang dem »Ehrgeiz des Rock, das Stigma des Primitiven loszuwerden und einen anerkannten Platz neben der klassisch-bürgerlichen Musiktradition einzunehmen« (Veronika Matho). So entstanden Rock-Musicals wie »Hair«, Rock-Oratorien, Rock-Suiten und Rockopern. Eine der ersten und mit Abstand die erfolgreichste Rockoper war »Tommy« von The Who.

Geschrieben und getextet hat die Rockoper der Who-Gitarrist Pete Townshend. Sie erzählt gleichnishaft die Geschichte des gesellschaftlichen Außenseiters Tommy. Ausgangspunkt der Handlung ist das Stück »1921«. Tommys Vater kehrt aus dem Krieg zurück und überrascht seine Frau mit ihrem Liebhaber. Der singt ihr gerade säuselnd ins Ohr:

I've got a feeling 21
Is going to be a good year.
Especially if you and me
See it in together.

Doch statt der Geliebten antwortet der gehörnte Ehemann:

So you think 21
Is going to be a good year.
It could be for me and her,
But you and her-no never!

Und wie es das Drama will, tötet er den Nebenbuhler, was der kleine Tommy im Spiegel mitansehen muss. »What about the boy?«, ruft singend die Mutter noch, als sie den Jungen bemerkt, worauf die Eltern beschwörend auf Tommy einreden.

> You didn't hear it. You didn't see it.
> You won't say nothing to no one ever in your life.
> You never heard it. Oh how absurd it.
> All seems without any proof.

Tommy bekommt einen Schock und ist fortan taub, stumm und blind. Die Behinderung macht den Jungen zum Opfer für allerlei Quälereien: So missbraucht sein Onkel Ernie ihn sexuell, eine »Acid Queen« versucht vergeblich, Tommy mit Drogen zu heilen, und ärztliche Quacksalber dürfen ihre Heilmethoden an dem Jungen ausprobieren. Weil Tommy stattdessen seinen Tastsinn sensibilisiert hat, gewinnt er die Flipper-Meisterschaft und wird populär. Als dann noch ein Spiegel zerbricht, ist Tommy geheilt – und gleich wird er zu einer Art Messias, dem die Massen zuströmen. Doch der Erfolg der religiösen Lehre hat seine Schattenseite in Gestalt von Onkel Ernie, der Tommys Image geschäftstüchtig vermarktet. Schließlich muss Tommy einsehen, dass jeder bei der Sinnsuche auf sich allein gestellt ist. Ein offenes Ende nach der Serie von abwechselnd märchenhaften und sozialkritischen Szenen.

In dem Lied »1921« wird gleich das Dilemma des ganzen Genres Rockoper deutlich. Tommy war zunächst nicht für die Bühne konzipiert, sondern lediglich ein Konzept-Album. Darauf werden fast alle Stimmen von Who-Sänger Roger Daltrey gesungen, bei »1921« ist das sowohl der Part des Liebhabers, der des Vaters als auch das Duett der Eltern. Die für das Verständnis der Handlung notwendige Zuordnung der Figuren kann der Hörer nur über das der Platte beiliegende Textheft leisten, ein mehr schlechter als rechter Ersatz für eine Bühnenpräsentation. Und bei aller Einprägsamkeit der »1921«-Schlüsselszene baut sich darauf keine schlüssige Handlung auf, die Story von Tommy hat Lücken und dramaturgische Sprünge, die selbst das Textheft nicht schließen kann. Es fehlen verbindende Abschnitte, die Folgeszenen motivieren, was in klassischen Nummernopern etwa die Rezitative leisten. So wird »Tommy« dem Anspruch Oper nicht gerecht, ist nur ein Songzyklus auf einer Doppel-LP.

Nichtsdestotrotz war »Tommy« überaus erfolgreich, denn die einzelnen Lieder waren beste Rockmusik, Stücke wie »Pinball Wizard«, »Tommy Can You Hear Me« und »I'm Free« sind Highlights, und auch das Konzept musikalischer Leitmotive, die schon in der »Overture« anklingen und sich durch das ganze Werk ziehen, kam an. Die Platte erschien 1969. Noch im selben Jahr präsentierten The Who Stücke daraus auf dem Festival in Woodstock, weswegen sich die LP allein in den USA mehr als eine Million Mal verkaufte, 1972 hatte eine Orchesterfassung im Londoner Rainbow Theatre Premiere, zu der das London Symphony Orchestra aufspielte.

1975 wurde »Tommy« verfilmt, mit prominenter Besetzung: Elton John, Tina Turner, Eric Clapton und Jack Nicholson waren mit von der Partie, die Titelrolle spielte Who-Sänger Roger Daltrey. Regisseur Ken Russell ließ von Pete Townshend vieles neu texten und komponieren und schloss damit manche dramaturgische Lücke. Mit ein Garant für den Erfolg des Films war aber, dass Russell die Handlung in die Zeit nach dem Zweiten Weltkrieg verlegte und damit dem anvisierten Publikum näherkam. Das aber war auch das Ende für »1921«. Es wurde um 30 Jahre nach hinten verschoben und hieß nun: »What about the boy/1951«.

Quellen: Veronika Matho: Die 100 besten Rock- & Pop-LPs, Ullstein, Frankfurt/Berlin 1987; Bary Graves/Siegfried Schmidt-Joos: Das neue Rock-Lexikon, Rowohlt, Reinbek bei Hamburg, 1990; The Who-Biografie, unter: laut.de; Tibor Kneif: Sachlexikon Rockmusik, Rowohlt, Reinbek bei Hamburg 1980.

2001

Zukunftsweisende Bücher und Platten

»Eigentlich war es Image-Klau«, räumt Lutz Kroth viele Jahre später im Interview ein, doch die Zahl 2001 »passte auf alles«, sie schien »zukunftsgerichtet und unendlich fern«.

Der Diebstahl geschah im Jahr 1969. Der Chefredakteur der Satirezeitschrift Pardon hatte seinen Mitarbeiter Lutz Kroth gebeten, einen Versand aufzubauen, mit dem Bücher und Schallplatten an die Leser gebracht werden sollten, aber auch »lustige Sachen für Partys und Feste«, wie laufende Konservendosen oder Wachskerzen in Form einer Glühbirne. Der Pardon-Shop war so erfolgreich, dass man schon bald einen eigenen Namen für ihn suchte. Wieder wurde Lutz Kroth gefragt, und bei dem hatte – wie bei so vielen damals – der »2001«-Film von Stanley Kubrick »einen Bewusstseins-Schock ausgelöst, der tiefer ging, als es mir damals bewusst war«. Also klaute er mangels anderer Namensideen diese »chice und fantastische« Zahl, und es entstand offiziell die Zweitausendeins Versanddienst GmbH.

Das 2001-Konzept war zukunftsweisend: Zur progressiven Musik kam Avantgarde-Literatur zu Dumpingpreisen, modernes Antiquariat und billige Reprints. Kaum ein Germanistikstudent, der in den frühen 1970er-Jahren nicht die gesamte »Fackel«-Ausgabe in seinem Regal stehen hatte. 1973 erschien das erste richtige »Merkheft«, das hauseigene Blättchen mit dem Versand-Programm, und kündigte Bob Dylans neue Platte »Planet Waves« für 1,60 Mark und einen dicken Dada-Kunstband für 12,80 Mark an. Zwei Jahre später erschienen die ersten eigenen Bücher im 2001-Verlag, auch diese typisch: »Chucks Zimmer«, ein Lyrikband von Wolf Wondratschek, »Texte und Zeichnungen« von Bob Dylan und ein Sammelband mit drei Büchern von Leonard Cohen. Über die Jahre hinweg sog 2001 alle Zeiterscheinungen in sein Programm auf wie ein

Schwamm, vom Apo-Umfeld über die Pop-Kultur bis zur feministischen Debatte und der Öko-Bewegung. Letztere bescherte dem Unternehmen seine größten Erfolge. Der Umweltreport »Global 2000« wurde 560.000-mal verkauft. Dazu kam der Exklusiv-Vertrieb ambitionierter Kleinverlage wie März und Rogner & Bernhardt oder des Jazz-Labels mood. Stets war 2001 auf der Höhe seiner Zeit.

Nur einmal erntete der »Gemischtwarenladen« Kritik und verlor einige seiner Weggefährten, als Lutz Kroth sich nämlich allzu stark aufs esoterische Terrain wagte und unter anderem ein Buch über die scheinbar unerklärlichen Kreise in englischen Kornfeldern herausbrachte. Doch zu jener Zeit war 2001 schon gefestigt, die Zahl war zur Marke geworden und so stark mit dem Konzept verbunden, dass Mitbewerber versuchten, beides auf einmal zu kopieren. Einer probierte es mit der nicht ausgeschriebenen Zahl 2001, ein anderer mit 2002 und ein Dritter mit zweinullnulleins. Es kam zu Rechtsstreitigkeiten, die kompliziert waren, weil sich eine Zahl schwer schützen lässt. Auch die Nutzung der Internet-Domain zweitausendeins.de musste vor Gericht erstritten werden. Doch es hat funktioniert, sagt Lutz Kroth, obwohl er nachträglich den Namen nie wieder so vergeben würde, denn 2001 habe »so gar nichts poetisch Bildhaftes«.

Als schließlich der Name von der Zukunft eingeholt wurde, als das Jahr 2001 zur Gegenwart wurde, hat der Versand ein Feierjahr mit »zweitausendeinmaligen Angeboten das ganze Jahr lang« ausgerufen. Und das Unternehmen konnte auch in der Tat stolz auf seinen wirtschaftlichen Erfolg sein. Man hatte zu jener Zeit 250 feste Mitarbeiter, dazu 30 freie, es gab 14 Läden, man zählte rund 2 Millionen Kunden und machte 100 Millionen Mark Jahresumsatz.

Fünf Jahre später wurde für Lutz Kroth die Zukunft endgültig zur Vergangenheit. Er verkaufte Zweitausendeins an die Kinowelt-Gruppe der Brüder Kölmel. »Hier finden zwei Partner zusammen, deren Profile am Markt auf eine im Kern gemeinsame, anspruchsvolle Zielgruppe zugeschnitten sind«, erläuterte Michael Kölmel den Deal. Bei 2001 war in den Jahren zuvor der Vertrieb von DVDs immer wichtiger geworden, für die Kinowelt eine gute Möglichkeit, die eigenen Filme zu vermarkten. Auch Stanley Kubricks »2001 – Odyssee im Weltraum« hatte man anfangs im Programm. Unter der Bestellnummer: 850494.

Quellen: Interview mit Lutz Kroth am 5.9.2006; Jürgen Berger: Mach's billiger!, Etappenziel erreicht, in: Die Woche, o.D.; Volker Hagedorn: Zurück in die Zukunft, in: Hannoversche Allgemeine Zeitung, 30.12.2000; Georg Dotzauer: Sammler des verlorenen Schatzes, in: Die Zeit, 2.1.2001; Kinowelt-Kölmel übernimmt Zweitausendeins, in: Handelsblatt-online, vom 12.9.2006; zweitausendeins.de.

2467

Diktat aus Freuds Unterbewusstem

Wenn wir etwas vergessen oder wenn wir uns versprechen, so ist das kein Zufall, dann hat unser Unterbewusstes wieder zugeschlagen. Davon war zumindest der Vater der Psychoanalyse, Sigmund Freud, überzeugt. In seinem Buch »Zur Psychopathologie des Alltagslebens« hat er solche Fehlleistungen zusammengetragen und analysiert, um zu der Erkenntnis zu gelangen, dass es auch bei Zahlen, die uns plötzlich in den Sinn kommen, »nichts Willkürliches, Undeterminiertes« gibt – etwa bei der 2.467. Was hinter dieser Zahl stecken kann, beschreibt er anhand einer Episode aus seinem eigenen Leben.

Freud schrieb in einem Brief an einen Freund, er habe die Korrekturen zu einem seiner Bücher abgeschlossen und wolle nun an dem Manuskript nichts mehr ändern, »möge es auch 2.467 Fehler enthalten«. Diese »übermütige Willkürschätzung« war kein Zufall, das merkte Freud sofort, sie musste ein Produkt seines Unterbewussten sein. Also suchte er nach der Erklärung, die er dem Brief gleich beifügte:

Freud hatte am selben Tag in der Zeitung von einem Soldaten gelesen, der im Rang eines Feldzeugmeisters in den Ruhestand trat. Es war ein Bekannter aus Freuds Militärzeit, und der Analytiker wollte gleich ausrechnen, wie lang dies her sei. Er kam auf 17 Jahre und erzählte dies seiner Frau. Die entgegnete: »Da müsstest du also auch schon im Ruhestand sein?«, worauf Freud protestierte, davor bewahre ihn Gott. Dann begann er den Brief zu schreiben – doch zugleich habe sich der andere Gedankengang mit gutem Recht fortgesetzt, denn er, Freud, habe sich verrechnet: Er hatte nämlich seinen 24. Geburtstag während der Militärzeit gefeiert, daran konnte er sich eindeutig erinnern, und das war mittlerweile 19 Jahre her. Die 24, so schloss er nun, bildete also den ersten Teil der mysteriösen Zahl 2.467. Wenn man nun sein derzeitiges Alter von 43 nehme und 24 dazu addiere, komme man auf 67. »Das heißt, auf die Frage, ob ich auch in den Ruhestand treten will, habe ich mir im Wunsche noch 24 Jahre Arbeit zugelegt.« Die 2.467 offenbare, dass er über den erfolgreichen Lebensweg des Obersten gekränkt gewesen sei, während er selbst es noch zu nichts gebracht habe; zugleich drücke die Zahl aber auch die Zuversicht aus, dass er, Freud, seine Triumphe vielleicht noch vor sich habe, während der Militär am Ende seiner Karriere stehe. Freuds Fazit seiner Selbstanalyse: »Da darf man mit Recht sagen, dass nicht einmal die absichtslos hingeworfene Zahl 2.467 ihrer Determinierung aus dem Unterbewussten entgeht.«

Freud berichtet noch von einigen weiteren Zahlen-Fällen aus seiner analytischen Praxis bzw. der seiner Schüler.

Die beiden Lieblingszahlen eines Mannes, 17 und 19, entpuppen sich als die Jahreszahlen zweier ihm äußerst wichtiger biografischer Wendepunkte, nämlich Beginn des Universitätsbesuches und eine große Reise.

Die von einer Frau scheinbar willkürlich genannte 79 analysierte ihr Sohn als die Hälfte von einem schönen, aber 158 Mark teuren Hut, von dem die Mutter wohl gedacht habe: »Wenn er halb so viel kostete, würde ich ihn kaufen.«

Ein Mann, der im Ärger stets »Das habe ich dir schon 17 bis 36 Mal gesagt!« ausrief, hatte am 27. eines Monats Geburtstag, sein vom Schicksal stets bevorzugter Bruder aber an einem 26., weswegen das Unterbewusste vom eigenen Geburtstag 10 abzog und diese 10 beim Datum des Bruders hinzufügte, um die »Parteilichkeit des Schicksals« auszudrücken.

Die Zahl 426.718 schließlich entsprach bei einem anderen Mann der Geschwisterfolge. Er selbst war das 7. und jüngste Kind. Die beiden in der Zahlenfolge ausgelassen Ziffern 3 und 5 standen für Schwester Nr. 3 und Bruder Nr. 5, die den Jüngsten immer quälten, weswegen dieser oft deren Tod erträumte. Und die 8 in der 426.718 war Symbol für seinen Wunsch in Kindertagen, auch ein jüngeres Geschwisterchen zu haben, auf das er hätte einwirken können.

Freuds Theorie der Fehlleistungen hat zahlreiche Kritiker. So wird grundsätzlich die Methode der freien Assoziation bezweifelt, auch sei die Interaktion zwischen Patient und Analytiker Quelle steter Beeinflussung des Patienten. Schließlich unterstellt man Freud, dass er in seinen Analysen nur Bestätigungen für seine Theorien gesucht habe. Selbst Psychoanalytiker räumen ein, dass ihre Interpretationen von Fehlleistungen nicht die Eindeutigkeit hätten, die sie sich wünschten. »Wir neigen zu einem nicht gerechtfertigten Selbstbewusstsein, wenn wir behaupten, dass offenkundig sei, was diese oder jene Fehlleistung zu bedeuten habe.«

Freuds Umgang mit Zahlen ist auch für Mathematiker nicht akzeptabel. Das führte keiner so schön vor wie der amerikanische Wissenschaftsjournalist Martin Gardner. In einer seiner Kolumnen kommt es zu einem Dialog über die Zahl 2.467, der die typische Analytiker-Patient-Beziehung in der Psychoanalyse persifliert: Freuds Interpretation sei völlig aus der Luft gegriffen, verkündet da ein Dr. Matrix. Hätte Freud nämlich etwas von Zahlentheorie verstanden, hätte er unbedingt bemerkt, dass die 2.467 eine Primzahl sei, und: Freud habe doch gerade sein bedeutendstes Buch beendet, das Buch stehe also im Prim-Jahr seines Lebens. Da nun ein Jahr 365 Tage habe, hätte Freud sicher die 365. Primzahl für seine Bemerkung herausgegriffen – und das sei eben die 2.467. Beflissen wendet der Schüler von Dr. Matrix ein: Wenn Freud wirklich so unbedarft in Mathematik sei, wie habe sein Unterbewusstes gerade die 365. Primzahl herausfinden können. Darauf kontert Dr. Matrix analytisch: »Sie vergessen, mein Lieber, das kollektive Unterbewusste.«

Quellen: Sigmund Freud: Zur Psychopathologie des Alltagslebens, Gesammelte Werke Bd. 4, S. Fischer, Frankfurt 1964; Christoph Eschenröder: Hier irrte Freud. Zur Kritik der psychoanalytischen Theorie und Praxis, Urban & Schwarzenberg, München/Weinheim 1986; Jürgen Körner: Das Richtige im Falschen: Die Fehlleistung, in: Brigitte Boothe/Wolfgang Marx (Hg.): Panne-Irrtum – Missgeschick, Verlag Hans Huber, Bern 2003; Martin Gardner: Die Zahlenspiele des Dr. Matrix, Ullstein, Berlin 1980.

2468

Hungern mit System

Eine Großzahl der Deutschen leidet an Übergewicht und sollte aus medizinischen Gründen abnehmen. Sie unterziehen sich also Diäten, die nicht immer erfolgreich sind. Ganz anders geht es vielen jungen Frauen, die unbedingt abnehmen wollen, obwohl sie alles andere als dick sind. Auch sie machen Diäten und folgen so dem Diktat einer Modebranche, die oft nur noch Magermodels auf den Laufsteg schickt. Die Branche ist nicht nur modisch kreativ, sondern ebenso erfindungsreich beim Abnehmen. Diese Magersucht-

Strategien heißen dann »Russische Ballerina Diät« (am Tag 1 Jo-
gurt, 1 Orange und etwas Gemüse), »ABC-Diät« (wochentags 1 A
wie Apfel und 1 Banane, sonntags Chillout, d. h. so viel man mag)
oder »Regenbogen Diät« (an einem Tag nur Lebensmittel einer
Farbe). Eine der härtesten und deshalb auch gefährlichsten dieser
Model-Diäten ist die »2468«.

Wenn dem menschlichen Körper weniger Kalorien zugeführt
werden, reagiert er normalerweise mit einer geringeren Fettver-
brennung, um Nährstoffe einzulagern. Die »2468« setzt das Grund-
prinzip des sogenannten »Calorie shiftings« dagegen. Indem an
verschiedenen Tagen sehr unterschiedliche Kalorienmengen aufgenommen werden, wird der Körper verwirrt und weiß nicht, wann
er in den Hungermodus umschalten soll. Deshalb wird tageweise
strikt nach Kalorientabelle gegessen und zwar:

Montag	200 Kalorien
Dienstag	400 Kalorien
Mittwoch	600 Kalorien
Donnerstag	800 Kalorien
Freitag	200 Kalorien
usw.	

»Die Diät macht Lust … Gewicht drastisch zu verlieren«, freuen
sich die »2468«-Verfechterinnen und versprechen eine Abnahme
von mindestens zehn Pfund pro Monat. Auf hunderten Internet-
Seiten tauschen sie sich über Verlauf und Erfolg der Diät aus, erklären Magersucht zum Lifestyle und geben Tipps zum Durchhalten.
In den Foren kann man genaue Esspläne finden, denn eigentlich definiert »2468« nicht, woher die aufzunehmenden Kalorien stammen, im Grunde könnte es nämlich auch nur eine Tafel Schokolade
am Tag sein. Eher selten liest man hier dagegen Nachdenkliches,
etwa wenn ein Mädchen berichtet, »2468« sei »gerade an den 200er-
Tagen eher doof, da man kaum Energie hat«. Leonie resümiert hingegen, »2468« »klingt sehr ungesund, ich weiß, aber es wirkt. (…)

Ich hab in der einen Woche 1 Kilo abgenommen, und mein Hunger hat sich danach auch in Grenzen gehalten.«

Ob die Gewichtsabnahme durch »2468« dauerhaft ist oder doch der vielfach befürchtete Jojo-Effekt zuschlägt, bleibt dahingestellt. Letztlich verharmlosen solche Erfahrungsberichte aber die medizinisch hochbedenkliche Abnehm-Strategie. Fachwissenschaftliche Studien rechnen bei Magersucht mit Todesraten von bis zu 20 Prozent. Und manche Mädchen steigern den »2468«-Stress für ihren Körper noch, indem sie nach vier Tagen zusätzlich einen Fastentag einlegen, sodass genaugenommen eine »24680«-Diät gemacht wird.

Quellen: Die verrückten Diäten der Magersüchtigen und wie sie funktionieren, unter: suite101.de; Lose Weight – Wie die 2468 Diet Really Works, unter: burnfateasy.info; 2-4-6-8, lose Pounds, lose Weight!, unter: skinnyandsmartmeansme.chapso.de; The 2468 Diet, unter: beam-me-up.myblog.de; abnehmgruppe, unter; maedchen.de; Marion Sonnenmoser: Sympathie für den Hungertod. Magersucht und Bulimie, in: Psychologie heute 2/2010; Simone Kunz: Hungern bis zum Ende, in: Focus 13.10.2008.

2583½

Ehemalige Hausnummer des Kölner Doms

Die so ordnungsliebenden Deutschen brauchten die Franzosen, um Hausnummern einzuführen. 1794 eroberte das französische Heer auch die Stadt Köln und brachte Ordnung ins Häusermeer. Hatten die Gebäude bis dahin »Zur Krone«, »Ahl Meerkatze« oder »Haus Lyskirchen« geheißen, so bekamen sie nun alle aus steuerlichen Gründen eine Nummer. Die weltweit wohl berühmteste wurde das

Haus in der Glockengasse mit der Nummer 4711. Auch der Kölner Dom, die größte gotische Kathedrale Deutschlands, erhielt eine Hausnummer, die 2583 ½.

Der Zusatz ½ bedeutete, dass es sich um ein öffentliches Gebäude handelte und der Besitzer keine Steuern zahlen musste, was dem Kölner Klerus natürlich wichtig war. Der im Nordturm des Doms wohnende Küster war als Einzelperson natürlich steuerpflichtig, seine Wohnung erhielt daher die Hausnummer 2583. Die Kathedrale wurde von den französischen Finanzbeamten dagegen als Anhängsel an seine Wohnung betrachtet und erhielt deshalb den Zusatz der halben Hausnummer.

Heute ist die 2583 ½ verschwunden. Schon 1811 waren den Kölnern die hohen Hausnummern zu umständlich, und das heute übliche System mit straßenweiser Zählung wurde eingeführt. Der Dom erhielt die Adresse »Auf der Litsch 2«, weil an seiner Westseite eine kleine, aber abschüssige Gasse vorbeiführte. Litschen heißt auf Kölsch »abrutschen«. Als der Dom vollendet wurde, verschwanden auch viele kleine Häuser und enge Gassen drumherum, denn die Kathedrale wurde – der Bedeutung eines nationalen Denkmals gemäß – freigestellt. Ein repräsentativer Platz entstand, und der Sakralbau bekam die bis heute gültige Adresse »Domkloster 4«. Neben dem Domportal prangt seither ein kleines blaues Emailschild, wenn es nicht gerade mal wieder geklaut ist. Denn leider ist die Hausnummer des Kölner Doms ein sehr beliebtes Souvenir von Köln-Touristen und wird entsprechend oft abmontiert. Ein Schild mit der alten ungewöhnlichen Hausnummer 2583 ½ wäre allerdings ein sicher noch wesentlich begehrteres Sammelobjekt und müsste von den Kölnern noch häufiger ersetzt werden.

Quellen: Hier wohnen die Könige: Domkloster 4, unter: stadt-koeln.de; Anton Tantner: Ordnung der Häuser, Beschreibung der *Seelen* – Hausnummerierung und Seelenkonskription in der Habsburgermonarchie, Dissertation, Universität Wien 2004.

2600

Hacker-Zeitschrift mit Geschichte

 Seit 1987 erscheint das Magazin »2600 – The Hacker Quarterly«. Es beschäftigt sich mit Sicherheitslücken der Informationstechnologie und ist eines der bedeutendsten Magazine der Szene. Zuletzt hatten die Herausgeber Scherereien mit der Justiz, weil sie den Quellcode eines Programms veröffentlichten, mit dem man DVDs entschlüsseln kann. Der Name »2600« geht auf eine unglaubliche, zugleich komische wie tragische Geschichte zurück, die wohl als Urgeschichte des Hackertums bezeichnet werden kann.

Im Jahre 1969 lebte der Ingenieurstudent John Drapper in der Nähe von San Francisco. Sein großes Hobby war das Radio, er bastelte an Geräten herum und konstruierte einen Sender, mit dem er seine eigene Telefonnummer in den Äther hinausschickte. Empfangen hat dieses Signal wohl nur ein einziger Mensch überhaupt, ebenfalls ein Radiobastler, ein gewisser Dennie. Der rief gleich bei John Drapper an, und bald saßen die beiden zusammen in Dennies abgedunkeltem Arbeitszimmer, denn er war blind. Dennie interessierte sich auch für Telefontechnik und hatte dank seines guten Gehörs und durch Ausprobieren herausgefunden, wie man gratis telefonieren konnte. Man musste nur eine gebührenfreie Nummer wählen und noch während des Klingelns einen gewissen Ton ins Telefon spielen. Dennie spielte auf der Heimorgel dazu das sechsgestrichene E, einen Ton mit 2.600 Hertz. Die Frequenz wurde von der Telefongesellschaft dazu genutzt, Leitungen freizuschalten. Die Methode nennt man heute Phreaking.

Fortan gingen Dennie und John Drapper regelmäßig auf telefonische Weltreise und begründeten quasi die Subkultur der Hacker. Sie klingelten Leute in Paris aus dem Bett, riefen die Auskunft in Tokio an oder hörten die britischen Charts ab. Bei einer Telefonzelle am Trafalgar Square hob eigentlich immer jemand ab, mit dem man ein transatlantisches Schwätzchen halten konnte. Nebenbei lernten sie alle Funktionsweisen des Telefonsystems kennen – besser als jeder Angestellte des Unternehmens.

Dann machte John Drapper durch Zufall die entscheidende Entdeckung. Damals lag den gezuckerten Frühstücksflocken, die unter dem Namen »Cap'n Crunch« verkauft wurden, als Gimmick eine kleine Pfeife aus Plastik bei. Wenn man bei ihr ein bestimmtes Loch zuhielt und blies, produzierte sie den gewünschten 2.600-Hertz-Ton. Jetzt brauchte er für seine Telefonaktionen keine Heimorgel mehr und war räumlich unabhängig. Fortan nannte er sich Captain Crunch, und die Gratisgespräche, die er inszenierte, wurden noch kühner, Schaltungen über Südafrika und Griechenland zurück nach Kalifornien, nur um mit sich selbst zu sprechen – kostenlos und illegal. Dazu baute er einen kleinen Synthesizer, den er »Bluebox« nannte, um die 2.600 Hertz noch sicherer abzurufen. Am Ende konnte sich John Drapper in fremde Gespräche einwählen, und er gelangte sogar ins Netz des Weißen Hauses, wo er sich direkt mit Präsident Nixon verbinden ließ.

Schließlich wurde Drapper 1972 vor einem 7-Eleven-Supermarkt vom FBI verhaftet und vor Gericht zu fünf Jahren Gefängnis verurteilt. Vier Monate davon musste er absitzen und zeigte den Mitgefangenen gleich, wie man die Funkgeräte der Wärter abhörte und mit einem Radio nach draußen telefonieren konnte. Ein schlechtes Gewissen hat John Drapper nie geplagt – für ihn waren seine Aktivitäten immer nur Experimente, keine Verbrechen. Dennoch warf ihn der Gefängnisaufenthalt ziemlich aus der Bahn. Heute zählt er immer noch zu den Top-Hackern, und er betreibt eine eigene Computerfirma für sichere Hardware. Der von ihm entwickelte Rechner heißt natürlich »Crunchbox«. Und die kleine Pfeife mit dem 2.600er-Ton, die ihn zum berühmtesten Hacker der Welt machte, hat er bei Ebay an einen Sammler verkauft – für gerade mal 300 Dollar.

Quellen: 2600 – The Hacker Quarterly, unter: 2600.com; Tilmann Baumgärtel: Hacken mit der Trillerpfeife, in: Berliner Zeitung vom 14.6.2001; Evrim Sen: The Cap'n Crunch Story, unter: hackerland.de; »2600 magazine« und »Eric Corley«, unter: wikipedia.com.

2.882

Starke Schachspieler

 Schach ist Kampf. Schachspieler wollen ihr Gegenüber schlagen, besiegen oder gar »zerbrechen« (Bobby Fischer). Schachspieler wollen triumphieren und über dem Gegner stehen. Aber Schach ist auch Sport, zivilisiertes Gegeneinander, regelgemäßes Kräftemessen in Turnieren, in der Bundesliga oder bei Weltmeisterschaften. Und damit jeder Spieler in diesem Kampfsport weiß, wo er eigentlich steht, gibt es eine Weltrangliste. Maßeinheit für die Spielstärke eines jeden Schachspielers ist die Elo-Zahl.

Entwickelt wurde das Wertungssystem von Arpad E. Elo, einem Professor für theoretische Physik im US-Staat Wisconsin und siebenmaligem Landesmeister im Schach. Zur Berechnung der nach ihm benannten Zahl kombinierte Elo Elemente der Statistik und der Wahrscheinlichkeitsrechnung.

Man betrachtet zur Berechnung der Elo-Zahl vor einem Turnier die Spielstärke der Gegner und berechnet, wie viele Punkte ein Spieler wahrscheinlich erzielen wird. Diese Vorhersage wird nach dem Turnier mit den tatsächlich erreichten Punkten verglichen und daraus der neue Elo-Wert errechnet. Eine gewonnene Partie gegen spielstarke Gegner bringt also mehr Elo-Punkte als gegen schwache.

Seit 1970 wird die Elo-Wertung offiziell vom Welt-Schach-Verband benutzt, auch für die Einteilung nach Leistungsklassen. Wer sich

Großmeister nennen will, muss mindestens 2.500 Elo-Punkte aufweisen, ein Internationaler Meister 2.400 usw. Sehr gute Vereinsspieler bringen es auf 1.800 bis 2.000 Elo-Punkte, Hobbyspieler auf 1.000 bis 1.400. Die höchste Elo-Zahl bisher erreichte der norwegische Schachweltmeister Magnus Carlsen im Mai 2014 mit 2.882 Punkten.

Die Statistik affizierten Schachspieler errechnen auch Elo-Punkte von Großmeistern, die längst tot sind. Da auch die Turnierergebnisse vor der Einführung des Elo-Systems dokumentiert sind, können problemlos »historische Elo-Zahlen« errechnet werden. Selbst Schachcomputer verfügen über einen Elo-Wert, der allerdings mit der menschlichen Spielstärke nicht direkt vergleichbar ist, da vor allem Partien zwischen Computern bewertet werden.

Das Elo-Wertungssystem hat allerdings einen Haken, es ist inflationär. Dadurch, dass ständig neue Spieler in die Liste aufgenommen werden, erhält das System Punkte, ohne dass in gleichem Maße Punkte aus dem System herausgenommen werden. Dieses Punktewachstum wird von spielstarken Schachspielern abgeschöpft, d. h. in letzter Konsequenz, dass die Elo-Zahlen der Spitzenspieler immer höher werden. Es kann also gut sein, dass in absehbarer Zeit die 2.882 Punkte von Magnus Carlsen wieder übertroffen werden, ein Armenier und ein Russe sind dem Weltmeister schon auf den Fersen. Doch wie lange das dauern wird, können selbst die Statistik begeisterten Schachkenner nicht errechnen. Sie wissen nur, dass der vorherige Spitzenwert von 2.851 Elo-Punkten des Russen Garry Kasparow 15 Jahre lang Bestand hatte.

Quellen: Otto Borik (Hg.): Mayers Schach-Lexikon, Mannheim 1993; Wolfram Runkel: Schach, Wunderlich, Reinbek 1995; Klaus Lindenhöfer: Das große Schach-Lexikon, Orbis/Mosaik, München 1991; »Elo-Zahl« und »Historische Elo-Zahl« und »Magnus Carlsen«, unter: wikipedia.org.

2.988

Legefreudigste Henne der Welt

Wie kann ich eine Henne dazu bringen, noch mehr Eier zu legen? Das war die zentrale Frage, mit der sich Harold V. Biellier sein Berufsleben lang beschäftigte. Biellier war Professor für Geflügelwissenschaft an der Universität von Missouri, Mitglied der Poultry Science Association und leitete das Truthahn-Forschungsprogramm seines Bundesstaates. Dabei ging es darum, die Geflügelhaltung und -produktion zu optimieren. So nutzte Biellier etwa künstliche Beleuchtung, um den Tag-Nacht-Rhythmus der Hühner zu beeinflussen und damit deren Legefrequenz zu beschleunigen.

Seinen vielleicht größten Erfolg hatte Biellier bei einer einjährigen Testreihe, die am 29. August 1979 endete. In diesen 364 Tagen legte die Leghornhenne mit der Nummer 2.988 genau 371 Eier. Die höchste verbürgte Eierleg-Quote der Welt. Damit schaffte es 2.988 ins Guinness Buch der Rekorde – und mit dem Huhn auch Harold V. Biellier.

Bis in die 1950er-Jahre legte ein gesundes Huhn durchschnittlich 120 Eier im Jahr. Heutzutage ist dieser Wert – dank der Geflügelforschung – auf über 290 Eier pro Jahr gestiegen. Doch Bielliers Forschungen gingen noch weiter. Er verfeinerte seine Methode der ausgeklügelten Licht-Dunkelheit-Zyklen und wählte seine Hühner immer stärker nach genetischen Anlagen aus. Mit Erfolg. 1984 gab es ein Huhn, das an 448 aufeinanderfolgenden Tagen jeweils ein Ei legte. Die Medien nannten es »Super Chicken«, und Biellier schaffte mit ihm erneut einen Weltrekord.

Quellen: Poultry Science Association Fellows 1997 – Harold V. Biellier, unter: poultryscience.org; Karen Duve, Thies Völker: Lexikon der berühmten Tiere, Eichborn, Frankfurt am Main 1997; Das neue Guinness Buch der Tierrekorde, Ullstein, Frankfurt am Main/Berlin 1994.

4004

Erster Mikroprozessor

 Er ist ein Meilenstein in der Geschichte menschlicher Zivilisation und markiert den Anfang einer technischen Revolution, dabei ist er extrem klein und war selbst noch nicht mal ein richtiger Erfolg: der erste in Serie gebaute Mikroprozessor der Welt, der legendäre 4004.

Es begann damit, dass 1969 die japanische Taschenrechner-Firma Busicom eine Steuerung für ihre neuen Rechenmaschinen suchte und den Auftrag für 60.000 Dollar an das junge amerikanische Unternehmen Intel vergab. 12 Halbleiterbausteine sollten entwickelt werden, doch der Intel-Entwickler Ted Hoff und seine Kollegen hatten die Idee, die eigentlich komplexe Aufgabe des Addierens, Multiplizierens und Dividierens in einfache Schritte zu zerlegen, die nacheinander abgearbeitet wurden. So reduzierte er die Zahl der Schaltungen von acht auf vier. Hoff packte viele Transistoren auf kleinstem Raum zusammen und konnte das Ergebnis nach neunmonatiger Entwicklungszeit vorstellen, ein Satz von vier Chips, die fortlaufend durchnummeriert waren:

4001 einen ROM-Chip von 2.048 Bit Größe, der das Programm enthielt

4002 ein 320 Bit RAM für die Speicherung der jeweils errechneten Daten

4003 ein Schieberegister für Eingang und Ausgang

4004 der eigentliche Mikroprozessor, die CPU (Central Processing Unit), also das zentrale Rechen- und Steuerwerk

Der 4004 war ein Silizium-Chip von nur drei mal vier Millimeter Größe. Er enthielt 2.300 Transistoren, die die Stellung »Ein« oder

»Aus« annehmen konnten, und lief mit gerade mal 800 Kilohertz. Doch dieser 4004 war genauso leistungsfähig wie der ENIAC, der erste legendäre Elektronenröhren-Rechner aus den 1940er-Jahren, nur war er eine Million Mal kleiner.

Aber die technische Revolution im Miniaturformat floppte zunächst. Busicom verkaufte lediglich 100.000 Rechner mit dem 4004. Deshalb verhandelten sie mit Intel über einen Preisnachlass. Die Amerikaner stimmten zu, kauften aber zugleich die Lizenzen für den Chip zurück, denn Entwickler Hoff wusste, »dass man damit noch ganz andere Dinge machen konnte als nur einen solchen Rechner zu betreiben«. Er wollte den 4004 in Geldwechselautomaten, Verkehrsampeln, Mikrowellenherden oder Autos einsetzen, indem er das Programm auf dem 4001-Chip austauschte.

Dazu kam es jedoch nicht, denn Intel arbeitete bereits an Nachfolgechips. Der Durchbruch kam, als IBM 1974 einen Intel-Chip als Prozessor für seinen Personal-Computer auswählte. Als Partner des damals schon renommierten Rechner-Herstellers stieg Intel zum weltgrößten Halbleiter-Unternehmen auf; in einem sich rasend schnell entwickelnden Markt setzten Intel-Produkte immer wieder den Standard.

8008   Um das direkte Nachfolgemodell des 4004 auch zum wirtschaftlichen Erfolg zu machen, startete Intel die Marketingkampagne »Computer on a Chip«. Nun war Intel in aller Munde und löste eine breitere Diskussion aus, ob es wirklich möglich war, Rechenleistung, die bisher einen Raum füllte, auf einem Chip unterzubringen.

8086   Vater der 86er-Prozessoren-Familie, ein 16-Bit-Prozessor. IBM setzte ihn in seinen Personal Computer 5160 ein, womit der Prozessor zum Weltstandard wurde. Noch viele Jahre nach dem Produktionsende des 8086 suchte die NASA nach Restbeständen, da eine Version des Chips besonders strahlungsunempfindlich war, weswegen sie bis 2011 im Space-Shuttle-Programm eingesetzt wurde.

80286 Der 286er, wie er meist genannt wurde, kam 1978 auf den Markt und war eigentlich in Büro-Computer-Anlagen vorgesehen, IBM setzte ihn dann aber in seinen AT-Rechnern ein.

80386 Der 386er war der erste 32-Bit-Prozessor und gilt als die größte Leistung von Intel. Mit seiner verbesserten Architektur konnte das umständliche Betriebssystem MS-DOS vom anwenderfreundlichen Windows abgelöst werden. Auf dem 80386 arbeiteten 275.000 Transistoren und erreichten eine Taktfrequenz von 20 bis 33 Megahertz. Nur so konnten die immer umfangreicher werdenden PC-Programme bewältigt werden. Der Prozessor wurde in vielen Varianten angeboten, und Intel erreichte in den 1990er-Jahren einen Marktanteil von 95 Prozent.

80486 Die nächste Generation der Prozessoren-Familie hatte eine höhere Taktfrequenz und einen Cache, einen Puffer, der den Zugriff auf Arbeitsspeicher und Festplatte erhöhte. Der 486er dominierte den PC Markt von 1992 bis 1995. Dann begann Intel seine Entwicklungen anders zu benennen, da Zahlen markenrechtlich nicht geschützt werden konnten. Statt 586 hieß der nächste Prozessor Pentium, worin das griechische Wort für »fünf« steckt.

Der 4004 ist somit der Beginn einer Legende, die Intel selbst ursprünglich gar nicht als so richtungsweisend einschätzte. Ein Patent zu beantragen, hatten die Chip-Entwickler schlicht versäumt. Erst 1990 fiel man aus allen Wolken. Da erklärte der bis dahin in der Öffentlichkeit völlig unbekannte Erfinder Gilbert Hyatt, er habe den Mikroprozessor bereits 1968 in seiner zum Labor umgebauten Wohnung erfunden. Seine Frau habe ihm damals beim Verdrahten der Prototypen geholfen. Daraufhin wurde Hyatt das Patent Nummer 4.942.516 erteilt – nach 20 Jahren Bearbeitungszeit der Patentbehörde. Da endlich wachte Intel auf und legte Widerspruch ein.

Das Unternehmen bekam schließlich auch Recht, das Patent für Hyatt wurde gelöscht, und Ted Hoff kann sich nun unumstritten Erfinder des Mikroprozessors und Vater des 4004 nennen.

Quellen: Michael S. Malone: Der Microprozessor. Eine ungewöhnliche Biografie, Springer, Berlin/Heidelberg/New York, 1996; Tim Jackson: Inside Intel. Die Geschichte des erfolgreichsten Chip-Produzenten der Welt, Hoffmann und Campe, Hamburg 1999; Bernd Schöne: Von der Rechenmaschine zum Multimedia-PC, in: Süddeutsche Zeitung vom 7.11.1996; Michael Seeboerger-Weichselbaum: Die Chip-Revolution begann – und keiner merkte es, in: Frankfurter Rundschau vom 7.11.1996; Prozessoren Online Lexikon: Intel 4004, unter: at-mix.de; »8086«, »28086«, »38086«, unter: wikipedia.org: Wolfgang Back/Wolfgang Rudolph: Computerclub 2: Wie der Mikroprozessor das Laufen lernte, vom 27.8.2007; Bernd Leitenberger: Die Intel Story, unter: bernd-leitenberger.de; US-Erfinder erhält jetzt das Patent für den Mikroprozessor, in: Computerwoche Nr. 36/1990.

4147

Lennon in the Sky

Julian, der Sohn von John Lennon, brachte eines Tages ein paar Bilder mit nach Hause, die er in der Vorschule mit Wasserfarben gemalt hatte. Als er eines davon ausrollte, fragte ihn sein Vater, was das sei. Julian hatte einen Haufen Sterne und mittendrin seine Schulfreundin Lucy gemalt und antwortete deshalb: »It's Lucy in the Sky.« Das war die Inspiration für John Lennons Song »Lucy in the Sky With Diamonds«. Zwar sind viele Beatles-Fans der Meinung, die Hauptquelle des Liedtextes seien Lennons Trips gewesen, weil sich der Titel mit LSD abkürzen lässt, doch Lennon bestritt das. Er habe bei der Beschreibung der farbenfrohen Fantasiewelt eher an »Alice im Wunderland« gedacht und gehofft, dass das Mädchen mit den Kaleidoskop-Augen eines Tages aus dem Himmel kommen und ihn retten werde.

Doch Lennon ist nicht nur im fantastischen Musikerhimmel anzutreffen. Ganz real wurde er erstmals am 12. Januar 1983 von Flagstaff in Arizona aus gesehen und hat einen Durchmesser zwischen 7 und 15 km. Auf einer elliptischen Bahn zwischen Mars und Jupiter kreist Lennon im Abstand von rund 350 Millionen Kilometern um die Sonne und braucht dafür 3,6 Jahre. Aus welchen Stoffen Lennon physikalisch besteht, ist nicht bekannt. Aber wir wissen: Der nach dem Ex-Beatle John Lennon benannte Asteroid hat die Nummer 4147.

Die Asteroiden-Nummer gab früher die Reihenfolge der Entdeckung an. Die Nummer 1 ist ein Zwergplanet von 975 km Durchmesser und wurde im Jahre 1801 von Giuseppe Piazzi entdeckt, der ihn nach der römischen Göttin des Ackerbaus »Ceres« benannte. Zunächst hatten fast alle Asteroiden Namen antiker Göttinnen.

Heutzutage werden Nummer und Name erst durch die internationale Astronomen-Vereinigung IAU vergeben, wenn genauere Messungen über die Bahn des neuen Himmelskörpers vorliegen. Dann aber – so ist es Sternforschertradition – darf der Entdecker einen Namen vorschlagen, und dafür hat er zehn Jahre Zeit, weswegen unter den in jüngerer Zeit entdeckten Asteroiden viele noch keinen Namen, sondern nur eine Nummer haben.

Als den Astronomen die Namen der griechischen Göttinnen ausgingen und auch andere Kulturkreise nicht mehr genügend Göttinnen auf Lager hatten, benannten die Entdecker Asteroiden nach ihren Ehefrauen, nach Freundinnen und etwa auch nach ihren Schwiegertöchtern. »334« ist der erste Asteroid mit einem nichtweiblichen Namen. Er heißt Chicago und begründete die lange Reihe von geographischen Namen wie Bruchsalia (455), Bautzen (1580) oder Danzig (1419). Daneben wurden sehr viele Zwergplaneten auch nach bekannten Persönlichkeiten benannt, natürlich nach den Entdeckern selbst oder nach anderen bedeutenden Astronomen. Immer häufiger aber erhielten Asteroiden auch den Namen historischer Persönlichkeiten, von Dichtern oder Komponisten. Die Liste liest sich wie ein Who's Who der bildungsbürgerlichen Heldenverehrung, von A wie Arnoschmidt (12211) über Habermas (59390) und Seneca (2606) bis Z wie Zauberflöte (14877).

Ein paar Asteroiden ragen an Kuriosität noch darüber hinaus.

Asteroid 2309 heißt »Mr. Spock«, ist aber nicht direkt nach dem langohrigen Wissenschaftsoffizier aus »Raumschiff Enterprise« benannt, sondern nach der Katze des 2309-Entdeckers. Seither ist die Asteroidenbenennung nach Haustieren für die Astronomen-Vereinigung als Unsitte untersagt.

So hat die Schweizer Post eine Briefmarke mit dem Asteroiden 113390 (Helvetia) herausgegeben, die im Dunkeln leuchtet.

Dass hinter jedem großen Astronomen aber nicht nur *eine* große Frau stehen kann, macht Asteroid 1372 deutlich, der heißt nämlich »Haremari«: für die Entdecker am Astronomischen Rechen-Institut in Heidelberg steht das für den Harem am ARI.

Und auch Dick und Doof bleiben in einer numerischen Liste der Asteroiden auf ewig vereint, denn sie haben die Nummern 2865 (Laurel) und 2866 (Hardy).

Genauso geht es auch Lennon am Himmel. Auf den ihm zugeschriebenen Asteroiden 4147 folgt McCartney als 4148, Harrison als 4149 und schließlich Starr als 4150. Und weil jeder für sich nicht so viel wert ist wie die fantastischen Fab Four zusammen, gibt es auch noch einen Asteroiden Beatles mit der Nummer 8749.

Quellen: 4147. Lennon, unter http://www.cfa; Lucy in the Sky with Diamonds, unter: heyjules.com; »Asteroid«, »Planetoid« und »Kleinplanet«, Lexikon, unter: astronomia.de; Benennung von Asteroiden und Kometen; Alphabetische Liste der Asteroiden und Lucy in the Sky with Diamonds, unter: wikipedia.com.

4711

Echt Kölnisch Wasser

Als die französischen Revolutionstruppen 1792 das Rheinland besetzten, ordnete der Kommandant in Köln, General Daurier, an, alle Häuser fortlaufend zu nummerieren. Er wollte dem ungeordneten Nebeneinander von Straßenbezeichnungen ein Ende machen, um die Einquartierung der Truppen zu erleichtern. Befehlsgemäß ritt daher ein Korporal durch die Glockengasse und malte – die Szene wurde später mehrfach als Werbemotiv benutzt – an ein Patrizierhaus die Hausnummer 4711. In diesem Gebäude betrieb der Kaufmann Wilhelm Mülhens eine kleine Manufaktur zur Herstellung von »aqua mirabilis«. Die geheime Rezeptur dafür habe er, so erzählt es die Firmenlegende, vier Jahre zuvor bei seiner Heirat von einem Kartäusermönch als Geschenk erhalten. Schnell habe Mülhens erkannt, dass dieses scheinbar schlichte Geschenk die wertvollste aller Hochzeitsgaben gewesen sei, das nicht nur die Zukunft des jungen Ehepaars, sondern die der ganzen Familie Mülhens prägen würde.

Die Wahrheit darüber, wie Mülhens zu seinem Kölnisch Wasser und dieses zum Namen »4711« kam, ist zwar weitaus profaner, aber geprägt von überragendem Geschäftssinn. Seit Ende des 17. Jahrhunderts war Kölnisch Wasser vor allem wegen seiner belebenden und erfrischenden Wirkung geschätzt. Als »aqua mirabilis« wurde es zur Linderung verschiedenster Beschwerden verwendet – äußerlich wie innerlich. Ein sogenannter »Wasserzettel«, der jedem Fläschchen beilag, erklärte Anwendung und Wirkung genau: So könne es mit Wasser und Wein gemischt werden, und es bringe »die beste Wirkung gegen das Herzklopfen, auch lindert es Kopfschmerzen, wenn man es durch die Nase einschnupft«.

Die Produktion lag fast ausschließlich in den Händen der weitverzweigten Familie Farina. Als auch andere Kaufleute in diesen

Wassermarkt einstiegen, versuchten sie, das Farina-Image für ihr Produkt zu erkaufen. Manche warben darum entfernte Farina-Verwandte als Namensgeber für ihr Unternehmen an, andere gingen sogar so weit und schickten Agenten nach Italien, wo Farina ein Allerweltsname ist, um sich irgendeinen Farina nach Köln vermitteln zu lassen. Auch Wilhelm Mülhens hatte sich so den klangvollen Firmennamen besorgt und 1803 den Namen und das Rezept von einem Farina aus Bonn gekauft.

Die genaue Zusammensetzung der Rezeptur von »4711« unterlag damals wie heute einer strengen Geheimhaltung. Hauptbestandteile sind ätherische Öle von Citrusfrüchten, dazu etwas Rosmarin und Lavendel, die in 85-prozentigem Alkohol gelöst werden. Die in Köln stationierten französischen Soldaten schickten das Wunderwasser gern als Gruß oder Geschenk in die Heimat und nannten es »Eau de Cologne«. Diese Übersetzung hat sich bis heute als Produktbezeichnung erhalten.

1810 erließ Napoleon Bonaparte ein Dekret, das die Preisgabe der Geheimrezepturen für Arzneimittel verlangte. Der Werbung für Kölnisch Wasser als Heilmittel wurde so ein Ende gesetzt. Die Kölnisch-Wasser-Hersteller entschieden sich daher, ihrem Produkt ein neues Image zu geben und es nur noch als äußerlich anzuwendendes »Duftwasser« anzubieten. Sie trafen damit genau die inzwischen veränderten Riechgewohnheiten des aufstrebenden Bürgertums. Noch am Hofe des Sonnenkönigs Louis XIV. war es üblich, die eigenen Körpergerüche mit intensiven Essenzen und mit Parfüms zu überdecken. Wasser und Seife wurden nur äußerst sparsam verwendet. Mit der Aufklärung hatte sich in der zweiten Hälfte des 18. Jahrhunderts die Einstellung zu Düften aber geändert. Jetzt wurde belebende Frische eindeutig bevorzugt, »Eau de Cologne« erlebte einen großen Aufschwung.

Doch die Konkurrenz unter den Herstellern war beträchtlich, Mitte des 19. Jahrhunderts gab es allein in Köln 50 Firmen, und davon trugen 39 den Namen »Farina«. Folglich kam es zu Prozessen um das Namensrecht. Einen solchen verlor 1881 auch die Familie Mülhens, weil sie selbst die Farina-Namensrechte mehrfach weiterverkauft hatte. Doch der Enkel des Firmengründers, Ferdinand Mülhens, erwies sich in dieser Situation als hervorragender Marketingstratege. Erst ließ er 1881 die Firma auf den Namen »Eau de Cologne & Parfümerie Fabrik Glockengasse 4711 gegenüber der Pferdepost von Ferdinand Mülhens« eintragen. Dann ergänzte er den Markenbegriff durch das Adjektiv »echt«, um zu signalisieren, dass es sich um ein wirklich in Köln hergestelltes Produkt handelt. Schließlich setzte er ganz auf die Wirkung der Zahl und bot sein Kölnisch Wasser nur noch unter der Markenbezeichnung »4711« an. Ein genialer Coup. War bis dahin jede Werbung mit dem Namen Farina immer auch Werbung für die anderen Farina-Firmen, gelang es Mülhens nun durch effiziente Werbung, dass die Käufer »Echt Kölnisch Wasser« untrennbar mit der legendären Zahl verbanden und jede Kölnisch-Wasser-Annonce zur »4711«-Werbung wurde.

Ebenso wie der Name Farina wurde natürlich auch die Zahl als Markenname kopiert. Es gab zeitweise die Firma »Franz Maria Farina Glockengasse 7412 vis-à-vis der Post«. Und um das Jahr 1900 herum boten andere Unternehmen Eau de Cologne als »Johann Maria Farina & Co Original No. 1648« und »Jean Bischoff No. 1709« an. Doch gegen das mittlerweile »echte 4711« kamen sie nicht mehr an.

Schon der Standort der Manufaktur gegenüber der Pferdepost hatte den Erfolg des Produkts im In- und Ausland begünstigt. Reisende kauften bei Mülhens noch schnell als Souvenir ein Fläschchen seines »Eau de Cologne« und verbreiteten so den Ruf von »4711«. Die Verkaufszahlen stiegen, die Produktpalette wurde um Badesalz, Zahnpulver und diverse Blumendüfte erweitert. Ferdinand Mülhens expandierte, gründete schon 1881 eine Niederlassung in New York, nahm kurz darauf den russischen Markt ins Visier und wurde Hoflieferant des Zaren, nachdem er schon den Prince of Wales und viele Königs- und Fürstenhöfe zu seinen Kunden zählte. Das Produkt »4711« galt mittlerweile als Inbegriff des

Markenartikels »Made in Germany«. Kontinuierlich wurde das Vertriebsnetz erweitert, Fabrikationsstätten und Niederlassungen wurden rund um den Globus aufgebaut. Heute wird »4711 Echt Kölnisch Wasser« in über 60 Länder exportiert.

Auch der Besitz der Namensrechte landete zwischenzeitlich im Ausland. 1990 wurde »4711« von der Darmstädter Firma Wella gekauft, die wiederum vom amerikanischen Konsumgüter-Konzern Procter & Gamble geschluckt wurde. P&G sah in der Marke aber zu wenig globales Potenzial und vergab die Rechte zurück nach Deutschland. Seit 2006 gehört »4711« dem Aachener Parfüm-Unternehmen Mäurer & Wirtz – »Echt Kölnisch Wasser« ist zumindest wieder ins Rheinland zurückgekehrt.

Quellen: Bernhard Kuhlmann: Jedenfalls schmeckt Eau de Cologne besser als Petroleum/Wilhelm Weidemann: Eine Zahl erobert die Welt. Porträt einer Marke, in: Werner Schäfke: Oh! De Cologne, Wienand, Köln 1985; Ernst Rosenbohm: Kölnisch Wasser. Ein Beitrag zur europäischen Kulturgeschichte, Nauck, Berlin/Detmold/Köln/München 1951; Ein wertvolles Geschenk, Pressemitteilung 4711.

5050

Gauß und die Summenformel

Der deutsche Mathematiker, Astronom und Physiker Karl Friedrich Gauß gilt als Begründer der modernen Zahlentheorie. Seine Arbeiten über die Methode der kleinsten Quadrate haben die Entwicklung der Himmelsmechanik, die Theorie der unendlichen Reihen und die numerischen Methoden der angewandten Mathematik stark vorangebracht. 25 Jahre lang hatte er die Aufgabe, das Königreich Hannover zu vermessen und wurde dadurch zu bahnbrechenden Untersuchungen zur Geodäsie und zur Differentialgeometrie angeregt.

Gauß, der von sich selbst sagte, dass er eher habe rechnen als reden können, stammte aus ärmlichen Verhältnissen. Glücklicherweise erkannte sein Volksschullehrer Büttner das Talent und brachte die Mittel auf, den Jungen aufs Gymnasium zu schicken, wo er wegen glänzender Leistungen gleich in die zweite Klasse aufgenommen wurde. Ausschlaggebend für die Förderung war vielleicht folgende Situation: Da der Lehrer in der Einklassenschule zeitweise Themen mit nur einer Gruppe von Schülern besprechen wollte, pflegte er die anderen zu beschäftigen, indem er ihnen lange Kettenaufgaben stellte. Wer mit der Rechnung fertig war, legte seine Schiefertafel auf den Tisch des Lehrers. Einmal gab er den Jüngeren die Aufgabe, die Summe der Zahlen von eins bis einhundert auszurechnen. Nur war diesmal die Unterrichtspause sehr schnell zu Ende, denn nach nur wenigen Augenblicken brachte der junge Gauß seine Tafel mit der richtigen Lösung 5.050 nach vorne. Er hatte nicht mühsam addiert, sondern ihm war aufgefallen, dass sich die Zahlen sinnvoll paaren lassen, die erste mit der letzten ergibt nämlich dieselbe Summe wie die zweite mit der vorletzten, die dritte mit der drittletzten und so weiter. Und da es 50 solcher Paare gibt, konnte er einfach multiplizieren. Die Summe musste 50 x 101 sein. Der kleine Gauß hatte die Summenformel entdeckt. Denn allgemein lässt sich mathematisch sagen:

$$\sum_{i=1}^{n} i = 1 + 2 + 3 + \ldots + n = \frac{n \cdot (n+1)}{2}$$

Auch wenn die Anekdote wahrscheinlich nicht wahr ist, so ist sie doch zumindest sehr gut erfunden. Und den Autor Daniel Kehlmann hat sie so sehr inspiriert, dass mit der »Vermessung der Welt« daraus ein Bestseller wurde.

Quellen: Walter Lietzmann: Lustiges und Merkwürdiges von Zahlen und Formen, Vandenhoeck und Ruprecht, Göttingen 1923/1955; Daniel Kehlmann: Die Vermessung der Welt. Roman, Rowohlt, Reinbek bei Hamburg 2005; »Ich wollte schreiben wie ein verrückt gewordener Historiker«, Gespräch mit Daniel Kehlmann, von Felicitas von Lovenberg, in: Frankfurter Allgemeine Zeitung vom 9.2.2006.

5254

Philippinisches Liebesbekenntnis

Nichts scheint auf der Welt wichtiger als die Liebe, und kein Inhalt ist weltweit wohl häufiger gesagt, geschrieben oder anderweitig kommuniziert worden als das Liebesbekenntnis. Unter jungen Menschen auf den Philippinen ist dabei ein Zahlencode in Mode, 5254. Die Zahl hat es schon zum Titel eines philippinischen Rap-Songs gebracht, wird aber zumeist in SMSen eingesetzt und steht dabei für »Mahal na mahal kita«, was so viel heißt wie: »Ich liebe dich sehr.« Genau wie beim populäreren 143 nimmt der Code einfach die Anzahl der Buchstaben der vier Wörter. Die Verschlüsselung von 5254 ist keinesfalls eindeutig, denn es lassen sich unendlich viele Sätze aus ebenso langen Wörtern konstruieren. Daher muss, damit die Kommunikation gelingt, der Empfänger schon ahnen, was eigentlich gemeint ist. Aber die Liebe ist eben stärker als die Mehrdeutigkeit eines Zahlencodes.

Quellen: philippinenportal.com; asiafinest.com; 5254 (Mahal na mahal kita) von Cueshconado, Dkram, Reygon, Cyfrezh, unter: youtube.com.

7353

Taschenrechner-Esel

Der Esel und die Liebe sind wohl die bekanntesten Taschenrechner-Wörter. Sie sind zu lesen, wenn man 7.353 beziehungsweise 38.317 eintippt und den Rechner auf den Kopf dreht. Im Grunde funktionieren fast alle Zahlen als verkehrte Buchstaben: die 1 als I, die 3 als E, die 5 als S, die 7 als L, die 8 als B, die 9 als G und die 0 als O. Damit lassen sich so schöne Wörter schreiben wie: 739315 (SIEGEL), 1550 (OSSI), 735139 (GEISEL), 35137 (LEISE), 31907018 (BIOLOGIE) und – wenn der Taschenrechner die 0 zu Beginn zulässt – 0909 (GOGO).

Wer in Kauf nimmt, dass sich Groß- und Kleinschreibung vermischen, kann auch die 4 als kleines H verwenden. Selbst die 2 lässt sich mit etwas gutem Willen als Z lesen, und schon erweitert sich der Taschenrechner-Wortschatz um ZOOLOGIE (31907002), HESSE (35534), HOBEL (73804), HOSE (3504), GEOLOGIE (31907039) und HOEHLE (374304).

Das System wurde früher von Lehrern benutzt, wenn sie in der 5. Klasse erstmals den Taschenrechner im Mathematikunterricht einsetzten. Und danach ließ sich problemlos lesen: 5077134, 5078317, 3190701205, 91831738, 3773817 und – politisch unkorrekt – 57388309.

Quellen: Wörter mit dem Taschenrechner, unter: talkteria.de; Taschenrechner-Wörter, unter: wort-suchen.de.

8020

Tarnfarbe für Afrika

Was haben Gasleitungen und die österreichische Post gemeinsam? Die 1021. Was verbindet historische britische Sportwagen und Hinweisschilder auf deutschen Sehenswürdigkeiten? Die 6005. Und was vereint Feuerwehrfahrzeuge und Leitungen für Wasserdampf? 3000. Die Zahlen stehen für Rapsgelb, Moosgrün und Feuerrot – Farben des RAL-Systems.

Rund zehn Millionen Farbnuancen kann der Mensch unterscheiden, doch beschreiben kann er viel weniger, dazu ist die Sprache zu ungenau. Industrie und Handel müssen aber sicher sein, dass sie untereinander von derselben Farbe sprechen. Um hier eine größere Verbindlichkeit zu schaffen, gründete die deutsche Regierung gemeinsam mit verschiedenen Wirtschaftsverbänden 1925 den Reichsausschuss für Lieferbedingungen (RAL), eine unabhängige Institution, die in verschiedenen Branchen Regeln festsetzen sollte.

1927 legte der RAL die erste Farbkarte vor, eine Tabelle von 40 Farben, die jeweils einen Namen und eine Nummer erhielten. Fortan mussten Hersteller und Kunden nicht mehr Farbmuster austauschen, sondern konnten in Bestellungen oder Verträgen einfach die RAL-Nummer angeben. Eine eindeutige Bezeichnung zum Schutze der Verbraucher, vor allem aber zur Rationalisierung.

Zu Beginn des Zweiten Weltkriegs wurde die Nummerierung auf ein vierstelliges System umgestellt, das im Grunde noch heute gilt. Dabei werden die 213 Farben nach Gruppen sortiert: Zahlen ab 1000 sind gelbe und beige Farbtöne, ab 2000 kommen orangefarbene, dann folgen in 1000er-Schritten rot, violett, blau, grün, grau, braun und ab 9000 schließlich weiß und schwarz.

Viele Gegenstände unseres Alltags sind fest mit einer RAL-Farbe verbunden.

1015 Seit 1971 die normierte Farbe deutscher Taxis, das »Hell-elfenbein« löste damals das übliche Schwarz der Drosch-ken ab. Es wurde im Lauf der Jahre bei Taxi-Unterneh-mern aber immer unbeliebter, weil der Weiterverkauf von 1015-lackierten Wagen problematisch war, weshalb einige Bundesländer die Elfenbein-Norm für Taxis schon wieder aufhoben.

2011 Das »Tieforange« leuchtet auf den Fahrzeugen der Stra-ßen- und der Autobahnmeistereien, die RAL-Farbe wird auch »Kommunalorange« genannt.

3001 heißt »Signalrot«, ist nach einer DIN-Norm für alle Ver-botszeichen im Straßenverkehr vorgesehen und leuchtet auf den meisten Feuerlöschern.

5005 »Signalblau« kommt auf allen Verkehrsschildern mit Ge-bots- oder Hinweischarakter zum Einsatz.

5015 markiert Leitungen für Sauerstoff.

6002 soll uns den Weg in die Sicherheit weisen, »Laubgrün« ist daher die Farbe aller Notausgangschilder.

7032 war die Farbe der Kommunikation in den 1960er-Jahren. Damals stand in den meisten deutschen Haushalten der Telefonapparat FeTAp 611 der Deutschen Bundespost, und der war RAL 7032, d. h. »kieselgrau«.

Manche große Unternehmen lassen sich sogar RAL-Farben definie-ren, etwa das 4010 (Telemagenta) und 7047 (Telegrau 4) der Deut-schen Telekom oder die Lufthansa-Farben 5022 (Nachtblau) und 1028 (Melonengelb). Selbst die deutsche Flagge ist RAL-normiert, nämlich Tiefschwarz-Verkehrssrot-Rapsgelb oder 9005-3020-1021.

Einige RAL-Farben wurden im Lauf der Jahre wieder von der Liste genommen – am schnellsten wohl das »Gelbbraun«: 8020. Die Farbe war 1942 für die Deutsche Wehrmacht entwickelt wor-den, die für ihren Feldzug in Afrika eine besondere Tarnfarbe brauchte. Zunächst waren die Fahrzeuge des Afrikakorps nämlich noch »Schwarzgrau« (7021), was in der nordafrikanischen Umgebung keine sonderlich gute Tarnung abgab. Bald erhielten PKW, LKW und Panzer jedoch eine 8020-Lackierung – teilweise noch mit welligen Streifen oder Flecken aus 7027 (»Sandgrau«) oder 7008 (»Graugrün«). Doch trotz der verbesserten Tarnung musste das Afrikakorps schon 1943 kapitulieren und – kaum gestrichen, schon gestrichen – wurde die 8020 aus dem RAL-Spektrum wieder ausgemustert.

Quellen: Farben machen den Unterschied, RAL-Farben-Historie, Über uns, unter: ral-farben.de; »RAL. Deutsches Institut für Gütesicherung und Kennzeichnung« und »RAL-Farbe«, unter: wikipedia.org; RAL Farbton Vergleichstabelle, Nordafrika April 1941 – Mai 1943, unter: figuren-modellbau.de.

10.000

Gesellschaftliche Elite

Was haben sie nur, was wir nicht haben, die »oberen Zehntausend«? Sie sind reich und einflussreich, sie sind die Crème de la Crème, die Elite der bürgerlichen Gesellschaft, oder sie halten sich zumindest selbst dafür. Wer auch immer zu dieser erlesenen Gruppe gezählt wurde, den Ausdruck »obere Zehntausend« umwehte von Anfang an ein Hauch von Sozialneid, vielleicht, weil er in einem Land entstand, in dem man keinen Adel kannte, ein sich auf die höhere Geburt berufender Stand. Die »10.000« kommen ursprünglich aus den USA, wo es nur den Geldadel gab. Hier konnte man sich zwar sprichwörtlich vom Tellerwäscher hocharbeiten, aber hatte es ein solcher Aufsteiger nur seines Reichtums wegen wirklich verdient, zur Elite gerechnet zu werden, während wir im Heer der Millionen Normalen versinken? Die Elite-

Zahl 10.000 war immer eine willkürliche Setzung, numerisch wie sozial.

Geprägt hat den Ausdruck ursprünglich der englische Dichter Lord Byron in seinem dramatischen Gedicht »Don Juan«. Populär wurden die »10.000« aber erst durch den Journalisten Nathaniel Parker Willis. In einem Leitartikel für den Evening Mirror vom 11. November 1844 erörterte er die Frage, ob die Stadt ihrer Oberschicht für deren Spazierfahrten mit der Kutsche einen speziellen Promenadenweg einrichten solle. Die Überlegungen mündeten schließlich in die grundsätzliche Frage, was die paar da oben denn Besonderes an sich hätten, und er antwortete: »At present there is no distinction among the upper ten thousand of the city.«

10.000 Mitglieder der High Society sind selbst für New York noch viel zu viel, um wirklich exklusiv zu sein. In Großbritannien wird Elite daher schon länger anders berechnet, hier spricht man von den »upper ten« oder schlicht von der »High Society«, und auch die muss sich der Kritik stellen, ob sie denn wirklich würdevoll und vorbildlich sei oder es sich eher um eine »High Snobiety« handele. Auch in Amerika zählt man mittlerweile anders, die Reichsten der Reichen werden zu den »Four hundred« zusammengefasst, so listet etwa das Wirtschaftsmagazin Forbes seit 1983 jährlich die 400 reichsten Menschen der Welt auf.

In Deutschland wurde der Ausdruck spätestens mit dem Hollywood-Musical »High Society« populär, das als »Die oberen Zehntausend« in die deutschen Kinos kam. Charles Walters drehte 1956 ein musikalisches Remake von George Cukors »Die Nacht vor der Hochzeit«:

Ein Großereignis in der gehobenen Gesellschaft von Rhode Island steht an: Die zweite Hochzeit von Daisy Cord (Grace Kelly), einer schönen, aber sehr verwöhnten Millionärin, mit dem erfolgreichen, aber drögen George Kittridge (Bing Crosby). Doch Daisys Nachbar und Exmann, der Komponist Dexter Haven (Frank Sinatra), ist immer noch in sie verliebt, und um die Hochzeitsvorbereitungen mit Pauken und Trompeten zu sabotieren, organisiert er in seinem Haus ein Jazz-Festival, zu dem er Louis Armstrong höchstpersönlich engagiert hat. Am Vorabend der Hochzeit beginnt Daisy an der Liebe zu dem Langweiler zu zweifeln – da hilft auch das gemeinsame True-Love-Gesäusel nichts –, sie süffelt reichlich Champagner und landet schließlich im Swimmingpool. Für die bevorstehende Hochzeit werden die Karten mehrfach neu gemischt, bis schließlich Satchmo in dem Titel-Song über seinen Auftraggeber verkünden kann.

> But, Brother Dexter, just trust your Satch,
> To stop that weddin' and kill that match.
> I'll not toot my trumpet to start the fun,
> And play in such a way that she'll come back to you, son,
> In High, High-So-, High So-ci, High So-ci-ety.

»Die oberen Zehntausend« wären nur eine oberflächliche Dreiecksgeschichte mit ein paar harmlosen Cole-Porter-Schlagern, läge nicht in der Besetzung die eigentliche Pointe. Machen sich doch gerade jene Schauspieler über die verschrobene alte High Society lustig, die selbst zu den prominentesten Vertretern einer neuen High Society gehören. Sinatra, Crosby und Kelly, als Filmstars angehimmelt, prägten Stil und Mode ihrer Zeit, sie waren Teil einer neuen Medien-Elite, die durch Storys und Skandale wieder selbst für reichlich Schlagzeilen rund um die Traumfabrik Hollywood sorgte. Und manchmal werden die Träume aus Kinokomödien sogar Wirklichkeit, dann wechselt dieser Film-Adel direkt über zum alten blaublütigen Stand, wenn etwa Grace Kelly zur Fürstin Gracia Patricia von Monaco mutierte. Die Rolle in den »oberen Zehntausend« war ihre letzte Filmrolle vor der Hochzeit.

Quellen: Lutz Röhrich: Lexikon der sprichwörtlichen Redensarten, Herder, Freiburg 1991; Kurt Krüger-Lorenzen: Deutsche Redensarten und was dahintersteckt, Econ, Düsseldorf/Wien 1982; Die Elite des Geldes, unter: wdr.de vom 11.11.04; Cole Porter: High Society Calypso, Songtext unter: metrolyrics.com.

10.001

Die Würfel sind gefallen

 Wer zuerst 10.001 Punkte erreicht, hat gewonnen. Das ist die simple Grundregel dieses Würfelspiels – besonders beliebt bei Familien mit Grundschulkindern, die gerade die Addition mit größeren Zahlen gelernt haben.

Gewürfelt wird mit einem Würfelbecher und sechs Würfeln. Jeder Spieler hat mehrere Würfe, um möglichst viele Punkte zu erzielen, nur muss er nach jedem Wurf mindestens einen Würfel rauslegen. Dabei zählt die 1 immer 100 Punkte, die 5 immer 50. Darüber hinaus gibt es noch wertvolle Würfel-Kombinationen: drei gleiche Zahlen in einem Wurf zählen hundertfach – also drei Sechser 600 –, und jede weitere 6 verdoppelt den Punktwert. Drei Einser zählen 1.000 Punkte. Drei aufeinanderfolgende Pärchen, also zwei 1er, zwei 2er und zwei 3er, sind 500 Punkte wert, und eine Straße von 1 bis 6 zählt 1.250 Punkte, davon müssen aber fünf Zahlen schon im ersten Wurf da sein, und nur ein Würfel darf nachgewürfelt werden. Wenn ein Spieler 350 Punkte erreicht hat, kann er sich die Punkte gutschreiben lassen, und der nächste ist an der Reihe.

Quelle: 10.001 – Ausrüstung, Regeln, Wertung, unter: interno.de.

23701

Postleitzahl für eine Eiche

Es ist sicher die ungewöhnlichste Postleitzahl in Deutschland – und war weltweit lange Zeit die einzige für einen Baum. Mit der 23701 erreicht man postalisch die 600 Jahre alte Bräutigamseiche im Dodauer Forst. Seit 1927 hat die Post einen Zustelldienst zu dieser Eiche eingerichtet. Bis zu 40 Briefe von Heiratswilligen aus aller Welt bringt der Postbote täglich an und steckt sie in ein Astloch des Baumes. Dort darf sie dann jedermann einsehen, denn das Postgeheimnis ist aufgehoben. Wem die Zeilen gefallen, kann sie beantworten, andernfalls legt er den Brief einfach wieder in den Baum-Briefkasten zurück. Mehr als 100 Ehevermittlungen soll es durch die Eiche schon gegeben haben.

Angefangen hat es 1891, als sich die Tochter des damaligen Oberforstmeisters in einen Schokoladen-Fabrikanten aus Leipzig verliebte. Die Eltern missbilligten die Verbindung, weshalb die Liebenden heimlich ein Astloch des Baumes benutzten, um Botschaften auszutauschen. Bei so viel Hartnäckigkeit blieb dem Förster am Ende nicht anderes übrig, als der Ehe zuzustimmen, und das Pärchen gab sich dann unter der Eiche das Ja-Wort. Seither trägt sie ihren Namen: Bräutigamseiche.

Die Verbreitung dieser Geschichte brachte viele Alleinstehende dazu, der Eiche ihren Partnerwunsch anzuvertrauen; Menschen aus aller Welt schrieben die Eiche an, um einen Partner oder eine Brieffreundschaft zu finden. Singles sei als Alternative zu Partnerbörsen im Internet die Postadresse »Bräutigamseiche, Dodauer Forst, 23701 Eutin« nachdrücklich empfohlen. Der beste Beleg für deren Erfolg ist, dass selbst der Briefträger auf diese Weise verkuppelt wurde. Sein Auftritt in einem Fernsehbeitrag in den 1990er-Jahren hatte eine Frau aus dem Saarland so begeistert, dass sie ihn direkt anschrieb – sie haben geheiratet.

Quellen: Deutschland-Radio, Länder-Report vom 11.8.2004; Hochzeitsmythen und Sagen, unter: malente.de; Die Bräutigamseiche im Dodauer Forst, unter: ost-see-urlaub.de; Irene Jung: Eine Eiche zum Verlieben, in: Hamburger Abendblatt vom 25.5.2013; Tourist-Info Eutin: Bräutigamseiche. Ein Baum mit eigener Adresse. Falt-blatt. Eutin, ca. 2010.

46664

Gefängnis-Nummer gegen Aids

Als Nelson Mandela im Winter 1964 auf die Gefängnis-Insel Rob-ben Island vor Kapstadt gebracht wurde, hatte die Apartheid-Re-gierung einen neuen Hochsicherheitstrakt bauen lassen, um die politischen Gefangenen von den anderen zu isolieren. Die Zelle maß kaum vier Quadratmeter, die Wände waren feucht, und die Einrichtung bestand aus einer Sisalmatte, drei dünnen Decken, einem Eimer als Toilette und einer Plastikflasche mit Wasser. An der Zellentür war eine weiße Karte mit der Nummer ange-bracht, unter der Mandela die kommenden 18 Jahre laufen würde: 46664.

Nelson Mandela hatte Jura studiert und gemeinsam mit Oli-ver Tambo die erste schwarze Anwaltskanzlei Südafrikas gegrün-det. Früh engagierte er sich politisch im ANC, dem African Nati-onal Congress, der Partei der Schwarzafrikaner, die sich gewaltlos für die Gleichberechtigung einsetzte. Als Vizepräsident der Partei organisierte er Massenproteste und zivilen Ungehorsam gegen die diskriminierenden Pass-Gesetze. Nach dem Verbot der Partei 1960 formierte Mandela die militante Unterorganisation »Speer der Na-tion«, ließ sich in Angola militärisch ausbilden und verantwortete Sabotageanschläge. Im August 1962 wurde er verhaftet. Wegen öf-fentlicher Unruhestiftung verurteilt man ihn zu fünf Jahren Gefängnis und in einem zweiten Prozess wegen der Sabotageakte zu lebenslanger Haft. Mit ihm landete fast die ganze ANC-Spitze auf Robben Island.

Die Haftbedingungen für die Nummer 46664 waren hart und entwürdigend: Das Essen war karg und schlecht, es gab kaum Kleidung, und die Gefangenen wurden geschlagen. Doch Mandela setzte von Robben Island aus seinen Kampf gegen das Apartheid-Regime fort und wurde so zur Symbolfigur des Widerstands.

Erst Ende der 1980er-Jahre kam es zu einem politischen Umschwung in Südafrika, die Politik der Apartheid war dauerhaft nicht zu halten. Mandela wurde 1990 aus der Haft entlassen. Der damalige Staatspräsident de Klerk war angetreten, die Rassenaussöhnung voranzutreiben, und begann einen politischen Dialog mit der schwarzen Opposition: Der Ausnahmezustand wurde aufgehoben, im Gegenzug setzte der ANC den bewaffneten Kampf aus; eine neue Verfassung wurde ausgehandelt und verabschiedet. Für den friedlichen Übergang des Landes zur Demokratie erhielten de Klerk und Mandela gemeinsam den Friedensnobelpreis. Bei den ersten freien Wahlen gewann der wieder zugelassene ANC die Mehrheit, und der ehemalige Häftling Nummer 46664 wurde im Mai 1994 Südafrikas Staatspräsident.

Mandelas Präsidentschaft war geprägt von einem pragmatischen Kurs; statt eines radikalen Umbruchs sollte das Ungleichgewicht zwischen Schwarzen und Weißen durch ein Entwicklungsprogramm schrittweise abgebaut werden. Wichtigstes Element der Aussöhnung zwischen den Rassen war die Arbeit einer Kommission, die die Menschenrechtsverletzungen während der Apartheid aufarbeiten sollte. International nutzte Mandela seine persönliche Reputation, um Südafrika als wichtige Regionalmacht und als Konfliktvermittler zu etablieren. Nach einer Legislaturperiode trat der mittlerweile 72-Jährige nicht mehr zur Wiederwahl an.

Doch Mandela engagierte sich weiter politisch, vor allem bei der Bekämpfung von Aids, denn nach der Überwindung der Apartheid ist die Immunschwäche die wohl größte Herausforderung für Südafrika. Allein in Afrika hat die Krankheit Schätzungen zufolge bereits mehr Opfer gefordert als alle europäischen Kriege und Krankheiten zusammen. Um den Blick der Weltöffentlichkeit auf das enorme Ausmaß dieser Tragödie zu lenken und das Kapital für Präventions- und Diagnose-Programme aufzutreiben, setzte Mandela seine persönliche Popularität ein und nutzte die Bekanntheit der Zahl: »46664 war 18 Jahre lang meine Häftlingsnummer, als ich Gefangener auf Robben Island war. Ich war nur als Nummer bekannt. Heute sind Millionen infizierter Menschen genau das: eine Nummer!«

Zur Entwicklung einer Anti-Aids-Kampagne überließ Mandela die Rechte an der Zahl dem Musiker Dave Stewart von der Gruppe Eurythmics. Der schrieb und produzierte den Song »Long Walk To Freedom« als Hymne der 46664-Kampagne und organisierte eine Benefiz-Veranstaltung. Am 29. April 2003 gab es im Greenpoint Stadium in Kapstadt ein 4½-stündiges Konzert. Vor 40.000 Zuschauern traten zahlreiche Pop- und Rockgrößen auf: Anastacia, Annie Lennox, Beyoncé, Bob Geldof, Jimmy Cliff, Yusuf Islam (Cat Stevens), Queen, Zucchero, The Corrs, Peter Gabriel; dazu kamen afrikanische Stars wie Baaba Maal, Angelique Kidjo, Ladysmith Black Mambazo oder Youssou N'Dour. Das südafrikanische Fernsehen übertrug das 46664-Konzert live und gab das Übertragungsrecht kostenlos an Radio- und Fernsehsender weiter, sodass insgesamt rund zwei Milliarden Menschen erreicht wurden. Weitere Konzerte fanden in George (Südafrika), Madrid, Tromsø (Norwegen), Johannesburg und London statt.

Doch die 46664-Kampagne beschränkte sich nicht auf Musik. Unter dem Motto: »Give 1 Minute of Your Life to Stop AIDS« hatten zahlreiche Prominente wie Bill Clinton, Oprah Winfrey oder Robert de Niro einminütige Videospots produziert. Im Internet entstand ein eigenes Forum, in dem man das Konzert verfolgen, Musik downloaden, vor allem aber spenden konnte.

Die Popularität Mandelas trieb schon zu seinen Lebzeiten kuriose Blüten. Nicht nur, dass so gut wie jedes Dorf in Südafrika eine nach ihm benannte Straße hat, auch private Geschäftsleute wollten aus dem guten Namen Profit schlagen. Autowerkstätten, Kunstgewerbler oder Metzgereien heißen »Mandela«, haben mit dem ehemaligen Präsidenten aber eigentlich nichts zu tun. Besonders heftig trieb es eine private Münzfirma, die nicht nur Goldstücke mit dem Mandela-Konterfei prägen ließ, sondern sich auch die ehemalige Häftlingsnummer 46664 als Telefonnummer sicherte. Daraufhin wollte die Mandela-Stiftung das Unternehmen davon überzeugen, freiwillig auf Name und Zahl zu verzichten. Doch mittlerweile wird die Häftlingsnummer von der Mandela-Stiftung selbst vermarktet. Ein Modelabel bietet unter dem Markennamen »46664« Jeans, Shirts, aber auch Blazer, Krawatten und Abendkleider im sogenannten Madiba-Stil an, bunte Seidenstoffe, wie sie Mandela selbst als unkonventioneller Präsident populär gemacht hat. Erste »46664«-Boutiquen gibt es schon. Die Erlöse sollen den Projekten zur Aids-Bekämpfung zugutekommen.

Quellen: Martin Meredith: Nelson Mandela. Ein Leben für Frieden und Freiheit, Lichtenberg, München 1997; 46664.com; Johannes Dieterich: 46664. Mandelas Häftlingsnummer ist Kult, in: Stuttgarter Zeitung vom 29.11.2004; Frank Räther: Markenzeichen Nelson Mandela. Südafrikas Ex-Präsident lässt seinen Namen schützen, in: Berliner Zeitung vom 19.11.2004; Nelson R. Mandela, in: Munzinger Archiv; Tim Neshitov: Der Look von 46664. Ein neues Modelabel trägt Nelson Mandelas Häftlingsnummer, in: Süddeutsche Zeitung vom 16.3.2011; Martina Schwikowski: Ein Held, kein Heiliger, in: die tageszeitung vom 7.12.2013; Michael Pilz: Musik ist Politik, in: Die Welt vom 7.12.2013; Wolfgang Drechsler: Mandelas gierige Erben, in: Der Tagesspiegel vom 12.5.2013.

102.564

Der Parasit und sein Wirt

Ein Parasit ist ein Organismus, der an oder in einem anderen Organismus lebt. Seine Nahrung oder andere Leistungen bezieht er von seinem Wirt – ohne dass er dafür gleichwertige Gegenleistungen erbringt. Diese Art von Schmarotzertum gibt es nicht nur im Tier- und Pflanzenreich, sondern auch in der Welt der Zahlen. Etwa bei der Zahl 102.564.

Will man diese Zahl mit 4 multiplizieren, so muss man nur die Ziffer 4 am Ende wegstreichen und sie an den Anfang der Zahl setzen, denn:

$$102\,564 \times 4 = 410\,256$$

So wie der Wirt in der Natur seinen Parasiten beherbergt, so steckt in der mehrstelligen Zahl 102.564 die Ziffer 4. Und so wie der Schmarotzer in der Natur seine Nahrung nicht selbst besorgt, so gewinnt auch die Ziffer 4 ihre Energie durch die Nahrungsaufnahme, nämlich die Multiplikation mit der Wirtszahl, die 4 ist nicht mehr Einer, sondern Hunderttausender.

Parasiten-Zahlen sind äußerst selten. Die 102.564 ist die kleinste und einzige unter einer Million.

Quelle: Clifford A. Pickover: Dr. Googols wundersame Welt der Zahlen, Diedrichs Kreuzlingen/München 2002.

116 116

Karten-Sperren leicht gemacht

 Wer je sein Portemonnaie vermisst hat, weiß, wie viel Ärger das einem beschert. Verloren oder gestohlen? Wie leicht geraten Karten in falsche Hände. Und Karten schleppt man ziemlich viele mit sich herum: EC- bzw. Maestrokarte, Kreditkarten, Mitarbeiterausweis der Firma, die Krankenversicherungskarte, Mitgliedsausweise usw. Dazu kommen Personalausweis und Führerschein. Und was ist mit dem verlorenen Handy? Alles muss möglichst schnell gesperrt werden. Das kostet Zeit und Nerven, denn jeder Anbieter hat seine eigene Hotline.

Diesem Nummern-Wirrwarr sollte Michael Denck, ein ehemaliger Mitarbeiter der Landeszentralbank Hessen, ein Ende bereiten. Er hatte den »Sperr e.V.«, einen nicht gewinnorientierten gemeinnützigen Verein gegründet und den Zuschlag erhalten, einen zentralen Notruf zu installieren. Die Idee für das Konzept ging auf Gespräche zwischen Wirtschaft und der Bundesregierung zurück; die Schirmherrschaft hatte der damalige Bundesinnenminister Otto Schily übernommen. Nach sieben Jahren Vorbereitungszeit ging der Notruf am 1. Juli 2005 an den Start. Mit der Nummer: 116 116.

Firmen und Organisationen, die Karten an Kunden oder Mitglieder ausgeben, können dem 116 116-Notruf beitreten. Auch wenn sich nicht alle Banken beteiligten, der Sparkassenverband mit seinen 47 Millionen Maestro- und 7,3 Millionen Kreditkarten war von Anfang an dabei. Das bescherte der neuen Hotline schon mal einen Marktanteil von gut 50 Prozent. Zwar war die Anschubfinanzierung bald aufgebraucht, und der Verein musste Insolvenz anmelden, doch die Hotline selbst lief weiter und wurde nun von verschiedenen Serviceunternehmen gemanagt. Mittlerweile lassen die meisten deutschen Banken und alle Kreditkarteninstitute ihre Karten über 116 116 sperren.

Die Nummer der gebührenfreien Hotline soll an die schon bekannten Notrufe 110 und 112 erinnern. Wer die Nummer 116 116 wählt, landet bei einem Call-Center. Seine Mitarbeiter erstellen gemeinsam mit dem Kunden eine Liste der verlorenen Karten, dann treten sie als Vermittler auf und stellen den Kartenbesitzer an die verschiedenen Notruf- und Servicenummern der Banken und Kreditkartenorganisationen durch. Das hat vor allem rechtliche Gründe. Viele Banken wollen nämlich die Verlustmeldung noch selbst entgegennehmen, müssen sie doch erst von diesem Zeitpunkt an für Abbuchungen haften, die dann noch auf dem Konto des Kartenbesitzers entstehen.

Verbraucherschützer freuen sich über das vereinfachte System der 116 116 und über seine Verbreitung. Die Europäische Union will einen solchen Notruf in ganz Europa aufbauen lassen, und in Deutschland beteiligen sich immer mehr Unternehmen an der Sperrhotline: Firmen wie Bosch oder die Bausparkasse Schwäbisch-Hall lassen so ihre Mitarbeiterausweise sperren, andere Firmen ihre Tankkarten oder die elektronische Gesundheitskarte, und einige Banken schützen so ihre Online- bzw. Telefon-Banking-Zugänge. Als erster Mobilfunkanbieter lässt die Telekom-Tochter Congstar die SIM-Karten ihrer Kunden über die 116 116 sperren, und sogar Behörden sind nun dabei. Der neue Personalausweis bietet die Möglichkeit, dass der sogenannte »elektronische Identitätsnachweis« ebenfalls über die Notfallhotline gesperrt wird, wenn der Ausweis verlorenging oder gestohlen wurde. Nur um das Dokument dann neu zu beantragen, muss man weiter auf die Einwohnermeldeämter gehen.

Quellen: Notruf 116 116 geht an den Start, in: Frankfurter Allgemeine Zeitung vom 29.6.2005; Klaus Dieter Oehler: Bankkarten-Notruf nimmt seinen Betrieb auf, in: Stuttgarter Zeitung vom 30.6.2005, Presseinformation und Teilnehmerliste, unter: sperr-notruf.de; Simone Gröneweg: Karten-Notruf in Not, in: Süddeutsche Zeitung vom 27.8.2005; dpa-Meldung: Neuer Betreiber für Karten-Notruf 116 116, in: Süddeutsche Zeitung vom 10.1.2006; AFP-Meldung: Zentrale Sperr-Nummer für Handy und Bank-Karte, in: Die Welt vom 21.7.2007.

111 0 111

Hilfe in allen Lebenslagen

 Seit dem 1. Juli 1997 ist in Deutschland die Telefonseelsorge von jedem Ortsnetz aus unter der Telefonnummer 0800/111 0 111 erreichbar. Ein wichtiger Schritt der Vereinfachung mit Blick auf eine Einrichtung, die schon vielen Menschen geholfen hat.

Die Geschichte der Telefonseelsorge beginnt vor 100 Jahren, der Fernsprecher war gerade mal 20 Jahre erfunden: Da wollte in New York der Baptistenprediger Harry Warren suizidgefährdeten Menschen am Telefon helfen, ihnen Alternativen zur Selbsttötung aufzeigen; er scheiterte aber, weil zu wenige Anrufe eingingen. Es gab einfach noch zu wenige Telefone.

Die Kommunikationstechnik war weit genug verbreitet, als 1956 in der Londoner Times der Text erschien: »Before you commit suicide, ring me up!« (Ehe Sie Suizid begehen, rufen Sie mich an!) Der Pfarrer Chad Varah hatte den Text aufgegeben und gleich seine eigene Telefonnummer hinzufügt. Die Notwendigkeit einer solchen Hilfe war offenkundig, denn die Suizidrate in London war hoch. Bald erreichten Varah so viele Anrufe, dass er sie nicht mehr selbst bewältigen konnte. So gründete er die Organisation The Samaritans, benannt nach der biblischen Geschichte des barmherzigen Samariters, der sich um Verletzte, Kranke und Bedürftige kümmerte, ohne Ansehen der Person und ohne sie nach ihrer Religions- oder Volkszugehörigkeit zu fragen.

In Deutschland entstand die erste Telefonseelsorge ebenfalls 1956. In Berlin war es ein Arzt, der seine private Telefonnummer zur »ärztlichen Lebensmüdenbetreuung« veröffentlichte. Mehrere Initiativen in anderen Städten folgten dem Beispiel. Unter dem Dach der beiden Kirchen wuchs ein Netz von Stellen in der ganzen Bundesrepublik, die meisten als ökumenische Einrichtung. In der DDR wurden nach einem Kirchentag 1986 zwei Telefonseelsorge-Stellen in Dresden und Berlin gegründet, sehr zum Missfallen des SED-Regimes. Nach der Wende kamen weitere Stellen in den neuen Bundesländern hinzu. Seit 1997 übernimmt der Sponsor Deutsche Telekom die Kosten und richtete bundeseinheitlich die Rufnummern 0800/111 0 111 und 0800/111 0 222 ein.

Heute betreuen mehr als 100 Beratungsstellen Hilfesuchende rund um die Uhr. Neben der telefonischen gibt es mittlerweile auch eine Email-Beratung im Internet, und in mehreren Städten bieten »Offene Türen« auch persönliche Gespräche an. Je nach Größe der Telefonseelsorge-Stelle sind es 70 bis 100 ehrenamtliche Mitarbeiter, die hier ihren Dienst versehen und dafür bis zu einem Jahr vorbereitet wurden. Die Ratsuchenden können anonym bleiben, was vielen den Einstieg in ein Gespräch erleichtert. Für manche ist die Telefon-Nummer 111 0 111 die letzte Rettung. Hier heißt es: zuhören, sich einlassen, raten, helfen. Eine Eingrenzung der Themen gibt es nicht. Doch meist geht es um Einsamkeit, Probleme mit dem Partner oder der Familie und immer häufiger um psychische Erkrankungen. Auch Gespräche wegen des Drucks am Arbeitsplatz und über wirtschaftliche Notlagen haben zugenommen – die 111 0 111 ist ein Spiegelbild der gesellschaftlichen Situation. Dabei wissen die Mitarbeiter der Telefonseelsorge, dass sie die Probleme der Anrufer nicht lösen können, aber sie helfen, indem sie den Gesprächspartner dazu bringen, die Probleme in Worte zu fassen – oft der erste Schritt zur Lösung. Den Anrufern wird Kompetenz, Offenheit, Ideologiefreiheit und Verschwiegenheit garantiert, die Organisation notiert nur wenige, grobe Fakten zur Dokumentation ihrer Arbeit. So sind es über 80 Prozent Frauen, die sich bei der Telefonseelsorge melden, es rufen vermehrt ältere Menschen an, und die Anrufe kommen tatsächlich rund um die Uhr, nur morgens zwischen 3 und 6 Uhr ist es etwas ruhiger.

Mittlerweile aber hat die Telefonseelsorge ein großes und ärgerliches Problem, das selbst die eigenen Berater nicht lösen können. Rund ein Viertel aller Anrufe auf der 0800/111 0 111 sind Juxanrufe. Die Spaßvögel blockieren die Leitungen so stark, dass echte Hilfesuchende oft über eine Stunde ausharren müssen, bis sie zu einem Berater durchgestellt werden können.

Quellen: Telefonseelsorge – Grundsätze, Organisation, Geschichte und Statistik, unter: telefonseelsorge.de; Katrin Hummel: Ein Anschluß unter dieser Nummer, in: Frankfurter Allgemeine Zeitung vom 14.8.2004; epd-Bericht: Trost für ein halbes Jahrhundert, in: die tageszeitung, taz nord, vom 28.1.2013; Christine Cornelius: Klagemauer und Frauenversteher, in: Frankfurter Rundschau vom 16.9.2008.

2.204.355

Tanz mit dem Hähnchenschenkel

Wer kommt schon auf diese Idee? Eigentlich niemand. Und doch tippen bei Google manche die Zahl 2.204.355 ein und drücken dann statt der normalen Suche den »Auf gut Glück!«-Button. Wer das tut, muss von jener ungewöhnlichen Erscheinung, die nun auf dem Bildschirm zu sehen ist, gehört oder gelesen haben.

Was soll denn das? Keine Ahnung. Das werden die meisten denken, wenn sie das Ergebnis der 2.204.355-Suche betrachten. Zu sehen ist nämlich die Endlosschleife eines Videos, in dem ein Afroamerikaner in Trainingsjacke vor einem psychedelisch-bunten

Hintergrund herumtanzt, dabei zwei Hähnchenschenkel in der Hand hält und von Zeit zu Zeit sogar hineinbeißt. Dazu erklingt eine scheppernde Melodie, die manche an die Titel-Melodie der TV-Serie »Alf« erinnert und so nervig dudelt, als stamme sie aus den Gründertagen des Computerspiels. Auch die Bildqualität scheint in die Jahre gekommen, so pixelig schlecht ist die Auflösung.

Wie alt ist das wirklich? Nicht besonders alt. Aufgetaucht ist das merkwürdige 2.204.355-Video im Sommer 2010 und machte zunächst im Internet die Runde, bis eine Bloggerin des Time Magazine das kuriose Fundstück einer breiteren Öffentlichkeit präsentierte. Und auch die Originalbilder sind nicht so alt, der tänzelnde Schlegelschwinger entstammt ursprünglich einer Werbung für die Fastfoodkette Kentucky Fried Chicken aus dem Jahr 2009.

Wer macht denn so was? Vielleicht Google selbst. Die Programmierer der Suchmaschine sind nämlich bekannt für ihre humorvollen Einsprengsel, die sie »Easter Eggs«, also Ostereier, nennen und in ihren Suchprogrammen versteckt haben. Aber wer wirklich den Clip mit dem Hühnertanz gebaut und warum er ihn ausgerechnet mit der Zahl 2.204.355 verbunden hat, das weiß niemand. Doch seine rasend schnelle Verbreitung, trotz oder auch gerade wegen seiner Sinnlosigkeit, ist ein typisches Internetphänomen.

Wer braucht so was? Eigentlich keiner. Aber es macht Spaß. Und vielleicht geben Sie jetzt selbst mal 2.204.355 bei Google ein …

Quellen: Ralf Sander: Das Rätsel der Google-Suche »2204355«, unter: stern.de; 2204355 bei Googles Auf-gut-Glück, unter: suite101.de; Helmut Merschmann: Kulturelle Evolution im Internet treibt seltsame Blüten, in: Stuttgarter Zeitung vom 22.4.2009.

5.590.000

Lebenszeit in Weiß auf Grau

Im Grunde hat er sein Leben lang nur Zahlen gemalt. 46 Jahre reihte der französisch-polnische Künstler Roman Opalka auf der Leinwand beharrlich Ziffer an Ziffer. Ein Zahlenstrahl von 1 bis zur Unendlichkeit sollte es sein; es war ein einsames und aufopferungsvolles Projekt. Sein letztes vollendetes Bild schloss mit der Zahl 5.590.000.

Die Idee, so erzählte Opalka einmal, sei ihm auf ein Rendezvous wartend gekommen, als die Minuten scheinbar langsamer verstrichen. Nach einer Vorbereitungsphase, die der Künstler später als die intensivsten Momente der ganzen Arbeit bezeichnete, weil es ein Lebenswerk und die Entscheidung somit irreversibel war, begann er. Das war 1965, Opalka war damals 34 Jahre alt. Auf einer schwarzen Leinwand setzte er mit titanweißer Farbe links oben die Zahl 1, daneben die 2, dann die 3 usw. Nach sieben Monaten war die erste Leinwand voll und Opalka bei der Zahl 35.327 angekommen. Er gab der Arbeit den Titel »Detail«, denn es sollten noch viele Bilder und noch mehr Zahlen folgen. Wie weit diese Zahlenfolge gehen würde, war offen, weshalb Opalka das ganze Projekt 1965/1 – ∞ nannte. Schon mit dem ersten Bild hatte er die Unendlichkeit im Blick. Dann begann er mit der zweiten Leinwand, die er bis zur Zahl 55.555 beschrieb.

Stetigkeit und Exaktheit prägen das Werk, und dazu gehörte auch ein genau geplanter Umgang mit den Arbeitsmaterialien. Die Leinwände waren immer im gleichen Format, 196 x 135 cm, die Pinsel die kleinsten, die im Künstlerbedarf erhältlich waren, Größe Nr. 0. Der Pinsel wurde in die Temperafarbe eingetaucht und eine Zahl freihändig zu Ende geschrieben, erst dann hat er ihn wieder eingetaucht. So wurde der Farbauftrag bei jeder einzelnen Zahl am Ende dünner, ein Verlauf als kleinste sichtbare Einheit des Projektfortschritts, und das ganze Bild erhielt auf diese Weise ein wiederkehrendes Muster. War eine Leinwand voll und ein Detail somit abgeschlossen, wurde der Pinsel mit der ersten und letzten Zahl des Bildes beschriftet und aufbewahrt.

Etwa 400 Zahlen bewältigte Opalka jeden Tag, er arbeitet konstant und nachgerade asketisch. Die Zahlenmalerei war seine Antwort auf das Grundproblem der künstlerischen Avantgarde, seine Vereinigung von Leben und Kunst. Besondere Momente waren für Roman Opalka Zahlen mit identischen Ziffern, die es anfangs noch häufiger gab: 1, 22, 333 und 4.444. Bis zur 7.777.777, rechnete er aus, würden mehr als dreißig Jahre vergehen, die 88.888.888 schien für ein Lebensprojekt unerreichbar, »selbst dann, wenn man als Baby zum Pinsel greifen würde«.

Nicht nur die Zahlen wuchsen, auch das Projekt wurde mit den Jahren komplexer. Ab 1968 sprach Opalka während des Malens das Zahlwort laut auf Polnisch und zeichnete dies als akustisches Dokument auf. Zugleich wurde die dunkle Leinwand grau. Ab 1972, der Künstler war bei 2.000.000 angekommen, schoss er jeden Tag ein Foto vor seinem Tageswerk, ein Selbstporträt, klar und nüchtern, im weißen Hemd vor der Leinwand, frontal in die Kamera blickend. Zugleich begann er die Leinwand aufzuhellen, jedes Jahr mischte er der Grundfarbe ein Prozent mehr Weiß hinzu. Der einfarbige Untergrund, vermerkte Opalka, gehe »immer mehr in Richtung Weiß, bis die weißen Zahlen auf ihm schließlich nicht mehr sichtbar sein werden. Wenn dieser Zustand erreicht ist, wird er andauern bis an mein Lebensende«. Die langsam verblassenden Ziffern als Zeichen der verstreichenden Zeit. Das Werk löste sich sukzessive auf.

Opalkas Arbeit war radikal, weil sie sich jeder Sinnhaftigkeit versagte. Er habe sein Leben mit etwas verbracht, sagte er in einem seiner letzten Interviews, das absolut keine Bedeutung besitze. Ihn habe die Idee fasziniert, die Zeit sichtbar zu machen. Ausgangspunkt sei eine frühe Kindheitserfahrung gewesen. Mit fünf oder sechs Jahren habe er in der elterlichen Wohnung eine Wanduhr beobachtet.

»Als ich sie eines Tages wie gewohnt anblickte, setzte das mechanische Hin und Her des Pendels plötzlich aus. In meiner kindlichen Vorstellung war ich auf der Stelle davon überzeugt, dass mein Blick allein den Lauf der Zeit aufgehalten hätte. Stundenlang hatte ich das Uhrwerk beobachtet, das die Zeit ausdrückte und das plötzlich stillstand. Anschließend hatte ich stundenlang mit allen Kräften meines Blickes versucht, es wieder in Gang zu setzen, da ich glaubte, das Leben der ganzen Welt hinge vom Hin- und Herschwingen eines Pendels ab.«

1977 nahm Opalka an der Documenta 6 in Kassel teil, das machte ihn weltweit bekannt. Große Museen wie das Museum of Modern Art oder die Guggenheim Foundation in New York kauften seine Arbeiten. Sammler legten sechsstellige Summen für ein Detail auf den Tisch. In den 1990er-Jahren wurde eine umfassende Opalka-Retrospektive in Paris, Bremen und München gezeigt.

Als Roman Opalka im August 2011 mit 79 Jahren starb, hatte er 233 Leinwände beschrieben. Die weißen Zahlen auf dem 233. Detail hoben sich kaum noch von der Grundfläche ab; rechts unten hatte er als letzte vollendete Zahl die 5.590.000 gemalt. Doch der Künstler hatte schon das nächste Bild begonnen. Stetig wie die 46 Jahre zuvor. Es heißt, die letzte Ziffer, die Opalka auf die Leinwand gemalt hätte, sei eine 8 gewesen, und mancher Kunstkritiker sieht darin den grandiosen Schlusspunkt eines beeindruckenden Œuvres: Ist die 8 doch ein aufrecht stehendes Unendlichkeitszeichen.

Quellen: Christiane Meixner: Der Zahlensammler, in: Der Tagesspiegel vom 8.8.2011; Tim Ackermann: Von einem, der auszog, die Zeit zu malen, in: Die Welt vom 9.8.2011; Catrin Lorch: Der Zahlenmeister, in: Süddeutsche Zeitung vom 10.8.2011; Hanno Rauterberg: Der Maler, der die Zeit anhielt, in: Die Zeit vom 11.8.2011; Roman Opalka, unter: wikipedia.org; Peter Laudenbach: Eins bis Tod, in: Brand eins, 11/2011.

600 697 10

Die kleinste Bank in Deutschland

Noch hat das IBAN-System die deutsche Bankleitzahl nicht völlig abgelöst. So erreichen Überweisungen mit der 600 697 10 immer noch die Raiffeisenbank Gammesfeld, die kleinste Bank Deutschlands.

Einen Überblick über seine Angestellten hatte Banken-Chef Fritz Vogt schnell: Es gab nämlich keine. 40 Jahre lang leitete er allein die Raiffeisenbank Gammesfeld. In dem 500-Seelen-Dorf im Kreis Schwäbisch Hall gibt es sonst nur einen Edeka-Laden. 1890 wurde die genossenschaftliche Bank unter Mitwirkung von Vogts Großvater gegründet. Heute hat sie 319 Mitglieder, vor allem Landwirte. Aufgenommen wird nur, wer aus dem Dorf stammt. Auf 24 Quadratmetern ist die ganze Bank untergebracht. Bis 2009 gab es weder Computer noch Faxgerät. Gerechnet wurde mit einer Walther-Rechenmaschine aus dem Jahr 1952, doch an das genossenschaftliche Rechenzentrum ist die Bank in Gammesfeld bis heute nicht angeschlossen – das ist selbst Vogts Nachfolger Peter Breitner zu teuer. Jede einzelne Buchung wird per Hand oder mit der Schreibmaschine erledigt. Immerhin brachte es die Raiffeisenbank Gammesfeld 2012 auf eine Bilanzsumme von 27,7 Millionen Euro, auch wenn der Schnitt bei genossenschaftlichen Instituten mehr als das Zwanzigfache beträgt.

Wie alle Banken hat auch die Raiffeisenbank Gammesfeld mit 600 697 10 eine eigene Bankleitzahl. Das System mit den achtstelligen Nummern wurde am 1. April 1970 von der Bundesbank festgelegt, vor allem für den Geldaustausch zwischen den Banken, denn in der Regel ist die Bankleitzahl zugleich Kontonummer des Geldinstituts bei der Deutschen Bundesbank.

Die ersten drei Ziffern der Bankleitzahl bilden die sogenannte Ortsnummer. Dabei zeigt die erste Stelle an, in welcher Region die

Bank ihren Sitz hat: Die 1 steht für Berlin, Brandenburg und Mecklenburg-Vorpommern, die 2 für die vier norddeutschen Bundesländer, die 3 fürs Rheinland usw. In unserem Fall steht die 6 am Anfang für eine Bank aus Baden-Württemberg. Außerdem zeigt die
600, dass Gammesfeld direkt Stuttgart zugeordnet ist und nicht
dem näherliegenden Schwäbisch Hall (622).

Die vierte BLZ-Stelle zeigt, zu welcher Bankengruppe das Institut gerechnet wird. Bundesbank-Filialen haben hier eine 0, Sparkas-
sen eine 5 und alle Volksbanken eine 9. Für die Genossenschaftlichen Banken wie die Raiffeisenbanken gilt die 6.

Die letzten vier BLZ-Stellen können die Kreditinstitute selbst
festlegen, um ihre Niederlassungen zu kennzeichnen. Grundsätzlich soll die Bankleitzahl in zwei Dreierblöcken und einem Zweier-
block geschrieben werden.

Die Wirtschaftswelt wandelt sich, das gilt für die Raiffeisenbank
Gammesfeld genauso wie für die Bankleitzahl. Um dem zunehmenden grenzüberschreitenden Geldverkehr gerecht zu werden, ist seit
2012 zusätzlich für jedes Institut die »International Bank Account
Number« (IBAN) Pflicht, in die die Bankleitzahl als Zahlenblock
miteinfloss. Dazu kommt aber noch der »Bank Identifier Code«
(BIC), der auf Zahlen verzichtet. Für die Raiffeisenbank Gammesfeld lautet er: GENODES1RGF.

Die kleine Bank wird auch diese Veränderung nur so weit mit-
tragen, als sie ihren Kunden und Mitgliedern nutzt. Das war stets
die oberste Maxime, nach der Bankdirektor Fritz Vogt die Geschäfte organisiert hat, und daran orientiert sich auch sein Nachfolger Breitner. Verschiedenste Anfechtungen musste vor allem
Vogt überstehen. Für die Verbandsfunktionäre war die Raiffeisenbank Gammesfeld lange die »Schande des Verbands«, weil sie den
Fusionsplänen widerstand. Dann sollte die Mini-Bank geschlossen werden, weil sie nicht über die vorgeschriebenen zwei haupt-
amtlichen Mitarbeiter verfügt. 14 Jahre wurde darum prozessiert,
bis schließlich das Bundesverwaltungsgericht den Gammesfel-
dern Recht gab. Und zweimal wurde die Bank sogar schon überfal-

len – vermutlich eine Folge ihrer kuriosen Popularität. Die Gangster rechneten wohl mit wenig Personal und geringen technischen Sicherheitsvorkehrungen, nicht aber mit dem großen Mut des jeweiligen Bankleiters. Breitner wurde nachts am Hinterausgang der Bank angegriffen, es kam zu einem Handgemenge, ein Räuber wurde vom Bankchef zurückgestoßen, dann erhielt er selbst einen Schlag auf den Kopf, doch die Räuber flüchteten. Drei Jahre zuvor war es dramatischer gewesen. Ein Räuber hatte die Ehefrau von Fritz Vogt bewusstlos geschlagen und hielt dem Banker eine Pistole an den Kopf, doch der ließ sich nicht zwingen, den Tresor zu öffnen, redete stattdessen 1½ Stunden auf den Gangster ein, bis dieser schließlich mit 600 Euro aus der Portokasse abzog. Es braucht also nicht nur finanzielles Geschick, sondern auch politische Wehrhaftigkeit und couragiertes Handeln, um die Bank mit der 600 697 10 zu betreiben.

Quellen: Melanie Bergermann: Einer für alle, in: Wirtschaftswoche vom 26.6.2006; Wieland Schmid: Manager mit Sinn fürs Manuelle gesucht, in: Stuttgarter Zeitung vom 20.5.2006; Alex Rühle: Kampf der Raiffeisenkasse, in: Süddeutsche Zeitung vom 30.7.2004; Bankleitzahl, unter: 123sig.de; Bankleitzahl, unter: dtp-praxis.de; Raiffeisenbank Gammesfeld, unter: wikipedia.org; Sebastian Jost: Gammesfeld lässt die Kasse im Dorf, in: Welt am Sonntag, vom 20.1.2008; Christian Schnell: Überfall auf die kleinste Bank Deutschlands, in: Handelsblatt vom 26.1.2009.

241.543.903

Köpfe im Kühlschrank

Das Internet steckt voller Merkwürdigkeiten, Verrücktheiten und Skurrilitäten, die sich schnell unter den Usern verbreiten. Empfehlungsmails, Links und die gute alte Mund-zu-Mund-Propaganda sorgen für plötzliche Popularität von Videos, Fotos, Spielen oder Texten. Die Internetnutzer scheinen oftmals bereit, sich einem solchen Hype anzuschließen, indem sie ihn weiterverbreiten oder sogar aktiv mitgestalten. Dieses Phänomen nutzen manche Marketingexperten für ihre Produkte, aber auch Künstler für Internetaktionen – wie jene mit der Zahl 241.543.903.

Wer 241.543.903 im Netz sucht, etwa in der Google-Bildersuche, stößt auf zahlreiche Fotos, bei denen Menschen den Kopf in einen Kühlschrank stecken.

Begonnen hat damit der New Yorker Künstler David Horvitz im April 2009, nachdem er einem Freund erklärt hatte, dass man so gewisse Krankheiten heilen könne. Doch Horvitz vollzog nicht nur die gesunde Kühl-Aktion, er forderte im Internet auch andere auf, es ihm gleichzutun:

Take a photograph of your head inside a freezer.
Upload this photo to the internet (like flickr).
Tag the file with: 241543903.

Die Zahl war übrigens eine Mischung aus der Seriennummer von Horvitz' Kühlschrank und einem Barcode auf einer Lebensmittelverpackung, die gerade im Kühlschrank lag. Die Aktion verfolgte keinen tieferen Sinn, und doch waren schon nach einem knappen Jahr hunderte 241.543.903-Fotos bei Flickr, Facebook, Twitter oder MySpace hochgeladen. Fast alle, die über 241.543.903 in Artikeln oder Blogs berichteten, fügten gleich ein eigenes Kühlschrank-Foto hinzu. Als Musterbeispiel für virales Marketing landete die Aktion samt vieler Bilder schließlich in Horvitz' Buch »Everything That Can Happen In A Day«.

Und was passiert, wenn man eines Tages die Zahl um 1 erhöht und in der Bildersuche nach 241.543.904 sucht? Dann sieht man verschiedene Menschen mit einer Tüte über dem Kopf.

Quellen: 241543903.com; Helmut Merschmann: Kulturelle Evolution im Internet treibt seltsame Blüten, in: Stuttgarter Zeitung vom 22.4.2009; David Horvitz, unter wikipedia.org.

1.220.000.016

Die Identität der Erika Mustermann

Wer je Angst davor hatte, auf eine Zahl reduziert zu werden, den hat sie beruhigt. Wer befürchtete, sich im Dschungel behördlicher Papierwut zu verirren, dem wies sie den Weg und warb um Vertrauen. Und wer je daran zweifelte, dass das Konterfei auf offiziellen Dokumenten etwas mit dem eigenen Ich zu tun hätte, dem lächelte sie so gewinnend und unschuldig entgegen, dass keine Zweifel am Sinn des »Gesetzes über Personalausweise« (PAuswG) übrigblieben. Sie hat dem urbürokratischen Staatsakt – den Bürger zu erfassen und ihn zu identifizieren – ein menschliches Antlitz gegeben: Erika Mustermann, Ausweisnummer 1.220.000.016.

Ins Amt kam sie, als 1987 die maschinenlesbaren Personalausweise und Reisepässe eingeführt wurden. Schnell hatte der vertrauensvolle Bürger nicht nur ein schwarz-weiß fotografiertes Gesicht, sondern auch eine Biografie. Erika Mustermann wurde als

Erika Gabler am 12. September 1945 in München geboren. Wann und wo sie geheiratet hatte, ist unklar. Ihre Unterschrift zeigte eine deutliche, etwas kindliche Handschrift, sie war 176 cm groß, hatte blaue Augen und blonde Haare, schulterlang, vorne zu einem Pony geschnitten. Erika wohnte damals in Münchens Süden, in der Heidestraße 17. Eine seltsame Adresse, denn die Straße zwischen den Stadtteilen Waldperlach und Neuperlach-Süd hat ungerade Hausnummern bis zur Nummer 5, dann versandet sie und taucht einige hundert Meter entfernt wieder mit der Hausnummer 109 auf. Heidestraße Nummer 17 gibt es nicht. Wohnte Erika Mustermann also unterirdisch? An sie adressierte Briefe jedenfalls schickte die Post mit dem Stempel »unbekannt« an den Absender zurück. Trotzdem präsentierte diese Erika Mustermann zehn Jahre lang tapfer und unbescholten ihre Personalausweis-Nummer 1.220.000.016.

Reisepass und Personalausweis sind »die bürokratische Essenz der Person, unverzichtbar und erbarmungslos«, schreibt der Historiker Valentin Groebner. Und die Essenz dieser Essenz sind Zahlenkolonnen am unteren Ende der Dokumente. Der erste Zahlenblock ist die eigentliche Ausweisnummer, dabei stehen die ersten vier Ziffern für die Behördenkennzahl, hier die 1.220 (obwohl München in Wirklichkeit Kennzahlen knapp über 8.000 hat). Die nächsten fünf Ziffern sind die sogenannte »laufende Nummer«, die bei Erika Mustermann mit 00001 fast eine Null-Nummer ist. Dann folgt eine einzelne Prüfziffer, hier eine 6. Im zweiten Block steht das sechsstellige Geburtsdatum, gefolgt wiederum von einer Prüfziffer. Der dritte Block enthält das Gültigkeitsdatum des Ausweises und die dritte Prüfziffer. Der vierte Block besteht aus einer einzigen Zahl, der finalen Prüfziffer. Die ersten drei Prüfziffern errechnen sich nach einem einfachen Schema: Die erste Ziffer jedes Blocks wird mit 7 multipliziert, die zweite mit 3, die dritte mit 1, die vierte wieder mit 7 usw. Von den jeweiligen Ergebnissen wird die Endziffer addiert, und von dieser Summe wiederum ist die Endziffer die Prüfziffer. Für die finale Prüfziffer wird der gleiche Rechenvorgang noch einmal wiederholt, diesmal inklusive der drei Prüfziffern, und die Endziffer der Summe der Produkte ist die letzte Zahl auf dem Personalausweis. Bei Erika Mustermann ist es eine 6. Doch wer interessiert sich schon für Zahlen eines identitätsstiftenden Dokuments, das ein Gesicht hat.

Merkwürdig war aber, dass bald auch Mustermann-Ausweise mit einer anderen Nummer im Umlauf waren, mit den Endziffern 430. Nach zehn Jahren geriet die Identität der Erika noch mehr ins Wanken – oder sie musste unters Messer eines Gesichtschirurgen gekommen sein. Jedenfalls präsentierte die Bundesdruckerei 1997 ihr neues Äußeres auf den nun farbigen Personaldokumenten. Nach den vielen öffentlichen Auftritten war sie verständlicherweise leicht gealtert, trug jetzt eine Brille. Die Haare waren offensichtlich gefärbt und dauergewellt. Sie hatte sich zum Fototermin leicht geschminkt und mit Blümchenbluse und Goldkettchen herausgeputzt. Und wieder änderte sich die Personalausweisnummer, jetzt zu 1.220.000.471.

Doch ähnlich wie Michael Jackson muss auch Erika Mustermann mit dem Ergebnis der ersten Operation nicht zufrieden gewesen sein, schon vier Jahre später entschloss sie sich zu einer noch radikaleren Gesichtsoperation. Erika solle nun ein neues Frauenbild repräsentieren, »sehr selbstbewusst, sympathisch und kein Hausmütterchen«, verkündete dazu die Bundesdruckerei und startete parallel die Ausgabe von Personalausweisen mit zusätzlichen Sicherheitsmerkmalen wie Hologrammen. Quasi dreidimensional sehen wir da eine deutlich verjüngte, eine neue Erika Mustermann, die als Geburtsdatum nun den 12. August 1964 angibt. Blond ist sie weiterhin, nunmehr aber mit modischer Kurzhaarfrisur. Sie ist auf 160 cm geschrumpft, ihre Augen sind nun grün (Kontaktlinsen?), und wieder einmal hat sich ihre Ausweisnummer verändert, sie lautet nun: 1.220.000.1518. Oder ist es die 1.220.011.933, wie auf manchen Abbildungen zu sehen? Spätestens jetzt fragten sich viele, ob diese Veränderungen mit rechten Dingen zugehen. Denn die Wandlungsfähigkeit der Erika Mustermann geht immer weiter.

Mal ist sie in Berlin geboren, dann wieder in München, mal wohnt sie in der Münchner Nußhäherstraße, dann wieder in der Heidestraße, allerdings in Köln. Und auch die Personalausweisnummer ändert sich wie von Zauberhand zu 122.066.666. Haben sich vielleicht staatliche Stellen der Fälschung von Ausweisen schuldig gemacht?

Ein Internetprojekt der Universität Bremen ging anlässlich des 50. Geburtstags der ersten Erika Mustermann all diesen Fragen nach und brachte Erstaunliches zu Tage. So gab es schon 1978 eine Frau Mustermann, die sich noch Renate nannte und deren Personalausweis Rechtschreibfehler aufwies. Ist sie Erikas Schwester? Auch der Wikipedia-Artikel über Erika Mustermann listet zahlreiche weitere bemerkenswerte Metamorphosen auf. Nicht zuletzt wurden elektronische Aufenthaltstitel ausgestellt für eine Reihe von Menschen, die zwar genauso aussehen wie die letzte Erika Mustermann, aber anders heißen: Emine Kartal, Shkurte Salihu, Natasha Raskolnikowa und Irina Bulgakowa. Sind das ferne Verwandte? Denn die Famile der Erika Mustermann ist groß, wie die zahlreichen Abbildungen von Dokumenten zeigen, unter anderem Elfriede Mustermann (Patientenkarte KV Koblenz), Hans Mustermann (SBK-Versichertenkarte und Travel-Card der Commerzbank), Max Mustermann (Visa-Card der Saar Bank), Martin Mustermann (ADAC Club-Karte), Emil Mustermann (Avis), Erwin Mustermann (Quelle-Kundenkarte), Marianne Mustermann (Kaufhof) und Karl Mustermann (AdvoCard). Und nicht alle Verwandten haben ja auch den gleichen Nachnamen, wie etwa Frank Hilgenfelder (Diners Club), Marianne Münzlos (Telekarte der Post) oder Prof. Hans-August Baron von Sandelholz-Reitzenstein beweisen, Letzterer ein klassischer Hochstapler, der sich bei mindestens sechs verschiedenen Krankenkassen versichert hat.

Doch Gefahr für Erika Mustermann drohte durch die EU-Bürokratie. Sie zeigte sich ab Januar 1999 in Form des neuen, angeblich fälschungssicheren EU-Führerscheins. Er präsentierte ein mustergültiges Foto, war aber mit dem Namen Desiré Jeanette Mustermann versehen – Desiré auch noch falsch geschrieben mit nur einem »e« am Ende. Hatte Erika in Europa ihre Schuldigkeit getan? Zum Glück nicht. Für Deutschland ist sie weiter im Ausweis-Einsatz, als Mitglied der Bundeswehr genauso wie als Lokführerin fürs Eisenbahn-Bundesamt. Unter den deutschen VIPs, den virtuellen Persönlichkeiten, wird Erika Mustermann einfach die wichtigste bleiben.

Quellen: Frau Mustermann im Wandel der Zeit, unter: bundesdruckerei.de; Erika Mustermann – Stationen ihres Lebens, unter: informatik.uni-bremen.de/~haupt/ erika; Valentin Groebner: Papier und Person. Die Geschichte des Identifizierens, in: Süddeutsche Zeitung vom 21.11.2001; Lars von Törne: Die Vorzeigefrau, in: Der Tagesspiegel vom 16.11.2001; Erika, die Mutter aller Musterfrauen Persönlich, in: Frankfurter Allgemeine Zeitung vom 12.9.2000; Michael Nickles: Geboren am 12. August 1945, unter: nickles.de; Behördenkennzahlen (BKZ) für deutsche Personalausweise und Reisepässe, unter: Pruefziffernberechnung.de; Xaver Frühbis: Kalenderblatt vom 12.9.2001, unter: br-online.de.

Lumpzig

Das vermeintliche Schnäppchen

Dinge werden entdeckt, entwickelt oder erforscht und erhalten zu diesem Zweck einen Namen. Normalerweise kommt erst die Existenz, dann der Name. Es geht aber auch andersrum. Es gibt nämlich einiges auf der Welt, das musste erst einen Namen bekommen, um überhaupt zu existieren. Erst der Begriff macht die bis dahin unbekannten Gegenstände und Gefühle für jedermann erfahr- und nachvollziehbar, also existent. Der aufopferungsvollen Arbeit, solche Dinge aufzuspüren und inhaltlich zu beschreiben, haben sich die Autoren Douglas Adams, John Lloyd und Sven Böttcher mit

»Der tiefere Sinn des Labenz« gestellt. In diesem Buch wird auch erstmals die Zahl Lumpzig beschrieben. Lumpzig ist jener »Geldbetrag, um den der Preis eines Artikels von einer vernünftigen Zahl abweicht«, nur damit ein paar wenige Menschen auf den Zahlentrick hereinfallen und das Produkt für ein Schnäppchen halten. Der Wert des Lumpzig ist schwankend. Bei einem Angebot für nur 99,– € beträgt der Lumpzig einen Euro, kostet ein Artikel 59,90 €, macht der Lumpzig gerade mal 10 Cent aus.

Tatsächlich hat das Autorentrio in seinem Wörterbuch nur allzu sinnfällige Definitionen für bereits vorhandene Namen, lauter Städtenamen, gefunden. Lumpzig ist in Wirklichkeit ein Ort im Altenburger Land in Thüringen und hat knapp 700 Einwohner.

Die Zahlen-Definition von Lumpzig ist jedoch so bestechend, dass jeder, der sie kennt, künftig bei seinen Einkäufen unzählige Lumpzigs entdeckt, entlarvt und sich nie mehr von diesem schnöden Trick des Kapitalismus übertölpeln lässt.

Quelle: Douglas Adams/John Lloyd/Sven Böttcher: Der tiefere Sinn des Labenz. Wörterbuch der bisher unbekannten Gegenstände und Gefühle, Rogner & Bernhard, Hamburg 1992.

Fantastilliarde

Dagobert Ducks Reichtum

Zu Weihnachten 1947 erblickte Onkel Dagobert das Licht der Welt, Disney-Zeichner Carl Barks hatte »Christmas On Bear Mountain« geschrieben und gezeichnet. Die Handlung lehnt sich an die Weihnachtsgeschichte »A Christmas Carol« von Charles Dickens an, und so wurde aus einem alten Geizkragen bei Dickens, der Ebenezer Scrooge hieß, die Barks-Figur Scrooge McDuck. Auf Deutsch erschien die Geschichte unter dem Titel »Die Mutprobe« 1957, darin bekommt Scrooge von der Übersetzerin Erika Fuchs den Namen Dagobert Duck verliehen.

Ursprünglich nur für einen einmaligen Auftritt gedacht, wird die Figur nach und nach zur zweitwichtigsten in der Welt von Entenhausen, mit einer typisch amerikanischen Biografie: Als Kind verarmter schottischer Adliger geboren, wandert Dagobert Duck in die USA aus, erwirbt auf den Goldfeldern Alaskas den Grundstock seines Vermögens, wird zum respektierten und gefürchteten Multimilliardär und schließlich zum reichsten Mann der Welt. Zugleich ist er mit Zylinder, Gamaschen, Koteletten und Stöckchen eine Karikatur des Kapitalisten. Sein ständiges Streben nach noch mehr Geld ist die Triebfeder für zahlreiche Disney-Geschichten. Zwar gehören ihm schon Banken, Versicherungen, Fabriken, Bergwerke und Supermärkte, auch hat er reichlich Kunstschätze und Antiquitäten zusammengerafft, doch Interesse an Luxus und Vergnügungen hat er nicht. Lieber begibt sich Onkel Dagobert auf die Jagd nach weiteren Schätzen, wofür er gern seine Verwandten als Handlanger einsetzt, stets mit dem Ziel, noch mehr zu scheffeln. Im Grunde interessiert ihn nur das Geld an sich, er will seine Taler anhäufen. Bildlich umgesetzt wird das am Anfang mit einer Badewanne voller Geld, dann ist es ein Geldhaufen in einem großen Tresorraum, auf dem Dagobert teilweise thront, schließlich stecken all die Taler in einem würfelförmigen Hochsicherheitsklotz, dem Geldspeicher. Die Münzen und Scheine bewegt Dagobert Duck manchmal mit einem Bagger, auch besitzt er einen geldgefüllten Pool, um buchstäblich im Geld zu schwimmen.

Auch für die sprachliche Beschreibung dieses unsagbaren Reichtums gab es in den deutschen Disney-Ausgaben verschiedene Wortschöpfungen. Die bekannteste ist die Fantastilliarde. Zum ersten Mal verwendete die Übersetzerin Erika Fuchs den Ausdruck in der Geschichte »Der richtige Erbe« von 1954. Auch wenn im Laufe der Zeit verschiedene andere Geldmengenbegriffe in Disney-Comics auftauchen – Multiviellionen, Zentrifugillarden, Enormillionen, Pimpillionen, Tripstrillionen, Kollapstrillionen, Soundsoviellionen, Umptillionen, Zillionen, Hyperventillionen oder Horrobillionen –, die Fantastilliarde hat Bestand. In zahlreichen neueren Geschichten wird sie schlicht und einfach mit »F« abgekürzt.

Dass die Fantastilliarde mathematische Qualität hat, zeigt sich immer dann, wenn Dagoberts Reichtum genau beziffert wird. In der Geschichte »Gute Geldanlage« sind es etwa 5 Fantastilliarden 9 Trillionen und 16 Kreuzer.

Mittlerweile ist die Fantastilliarde schon ein umgangssprachlicher Begriff geworden für jede große, schwer bestimmbare Zahl, die nicht mehr genau beziffert werden kann. So kursiert im Internet die humoristische Definition eines unbekannten Autors: »Die größte bekannte Zahl hat 122 Nullen und heißt mit wissenschaftlichem Namen Fantastilliarde. Alles, was danach kommt, übersteigt jedes Vorstellungsvermögen und ist schlicht Wucher.«

Quellen: Gottfried Helnwein: Wer ist Carl Barks, Neff, Rastatt, 1993; Onkel Dagobert Geschichte(n), unter: mcduck.org; 70 Jahre Donald Duck, unter: ehapa.de, Dagobert Duck, unter: disneyfanpage.de; Der Begriff Phantastilliarde, unter: forum.donald.org.

Googol

Von der Wortsuche zur Suchmaschine

 Die Suchmaschine benutzen viele, die im Internet surfen, denn Google bringt Struktur in die unübersichtliche Weite der Internetdaten. Diese Suchmaschine benutzen sogar viel zu viele, finden Kritiker, denn Google liefert dem Benutzer nicht nur eine große Zahl an Daten aus dem World Wide Web, es sammelt auch weltweit Daten ein, und was da alles gespeichert wird und wo das landet, ist mehr als unübersichtlich. Das ist umso kurioser, als es bei der Entstehung des Wortes Google, oder genauer Googol, eigentlich um Übersichtlichkeit ging, um das schnelle Erfassen einer sehr großen Zahl.

Sprachlich sind große Zahlen nicht schön – weder im Deutschen noch in einer anderen Sprache –, und sie sind unübersichtlich. Vom Einer bis zur Billiarde kann man die Zahlen dank der Schulmathematik vielleicht noch überschauen, aber wer weiß schon aus dem Stand, wie zum Beispiel eine 1 mit 40 Nullen heißt. (Es sind 10 Sextilliarden.) Und wer hantiert schon gern mit Nonillionen oder Quintdezillionen. Im Internet gibt es extra kleine Programme, die große Zahlen in ihre sprachliche Form »umrechnen«, doch das können schnell unaussprechliche Wortungetüme werden. Eine krumme Zahl mit 40 Ziffern hat in der deutschen Sprache rund 440 Buchstaben. Weil es in der Zahlenwelt aber immer noch größer geht, nimmt die Unübersichtlichkeit zu, und selbst Mathematiker verlieren dann die sprachliche Lust und benutzen in der Regel die Potenz-Schreibweise. »Irgendwann«, scheibt der Journalist Hilmar Schmundt, »gehen auch dem fantasievollsten Mensch die Namen aus angesichts der unendlichen Weiten des Zahlenuniversums.«

Genau dieses Problem wollte 1938 auch der amerikanische Mathematiker Edward Kasner lösen, der sehr um die Popularisierung der Mathematik bemüht war. So suchte er nach einem griffigen Wort für eine sehr große Zahl, für die 1 mit einhundert Nullen: 10^{100}. Doch wo Erwachsene scheitern, hilft manchmal Kindermund. Kurzerhand bat Kasner seinen Neffen Milton Sirotta um Rat. Kasner schilderte dem Neunjährige das große Sprachproblem, und der Kleine antwortete lapidar: »Googol.« Problem gelöst. In dem 1940 erschienen Buch »Mathematics And The Imagination« veröffentlichte Kasner seine Googol-Definition.

Die Zahl ist wahrlich imposant. Schätzt man doch, dass die Menge aller im Universum vorhandenen Elementarteilchen deutlich weniger, nämlich nur 10^{80} beträgt. Der Googol ist damit das erste Zahlwort diesseits der Unendlichkeit, für das es keine Entsprechung mehr in der sichtbaren Welt gibt. Und es geht noch größer. Eine 10^{Googol}, also eine 1 mit Googol Nullen, heißt Googolplex. Danach kommt ein Googolplexplex, dann Googolplexplexplex und so weiter.

Den Zahlen-Namen Google hatten sich die beiden Software-Entwickler Larry Page und Sergey Brin für ihre Internetsuchmaschine ausgedacht, als diese 1998 online ging. Das ganze ist ein Wortspiel mit der amerikanischen Aussprache von Googol. Böse Zungen sprechen auch von einem Übersetzungsfehler. Jedenfalls soll die Bezeichnung die unermessliche Fülle an Informationen ausdrücken, die man mit Hilfe der Suchmaschine finden könne.

Google bestimmt nicht, was wichtig ist, sondern es lässt die Relevanz der Informationen im Netz durch das Internet selbst entscheiden. Dazu durchforsten kleine Programme das Datenmeer und bewerten die vorgefundenen Seiten. Verschiedene Algorithmen berechnen zum Beispiel die Qualität und Quantität der Links, die auf eine Seite führen. Nach dieser Methode bemisst sich dann die Reihenfolge der Suchergebnisse. Je populärer eine Seite ist, desto weiter oben steht sie in der Google-Liste. Einflussnahmen durch Werbung sind angeblich ausgeschlossen, trotzdem gibt es immer wieder Versuche von Dritten, bessere Positionen in der Ergebnisliste zu erreichen. Wegen dieser Manipulationen ändert Google immer wieder seine Algorithmen.

Google wurde schnell zum Marktführer und hat die Position bis heute nicht nur gehalten, sondern sogar ausgebaut. Im Jahr 2013 verarbeitete man nach eigenen Angaben 100 Milliarden Anfragen monatlich. In Deutschland hat die Suchmaschine einen Marktanteil von über 90 Prozent; rund die Hälfte aller Bundesbürger nutzen Google mindestens einmal im Monat, um Daten aus dem Netz zu filtern. Dabei sitzen sie 75 Minuten lang vor der Eingabemaske unter den bunten Buchstaben und suchen nach Produkten oder Personen, nach Zitaten oder Gerüchten, nach Dienstleistungen oder Reisezielen. In nicht einmal 1½ Jahrzehnten hat sich diese Kulturtechnik fest in der Gesellschaft verankert. Darauf hat schon der Duden reagiert und seit seiner Ausgabe 2004 das Verb »googeln« aufgenommen. Diese Entwicklung ist den Google-Firmeninhabern gar nicht recht. Sie fürchten, dass sich der Begriff verselbstständigt und sich mit dem allgemeinen Gebrauch auch der Markencharakter verflüchtigt. Im Informationsmeer der endlosen Daten soll schließlich Google einzigartig sein.

So kam den Google-Managern auch nicht gelegen, dass es zum Börsengang des Konzerns 2004 Ärger mit dem Namen gab. Eine Großnichte des Mathematikers Edward Kasner wollte von den zu erwartenden Dollar-Einnahmen der Aktien-Ausgabe profitieren und drohte, das Unternehmen wegen der Urheberrechte an dem Begriff Googol zu verklagen. Wie man sich einigte, ist nicht bekannt, aber den großen Prozess Google gegen Googol hat es bislang noch nicht gegeben.

Quellen: Zahlwörter, Namen großer Zahlen, unter: arndt-bruenner.de; Keine Angst vor großen Zahlen!, unter: mathe-abakus.fraedrich.de; Hilmar Schmundt: 10Hoch10. Das Googol, unter: morgenwelt.de; Google, unter: Wikipedia.de; Verrückte Namen und neue Technik im Internet-Suchgeschäft, in: Frankfurter Allgemeine Zeitung vom 13.7.2000; Googol vs. Google, unter: dirksteins.de; Astrid Herbold: Tor zur Welt, in: Der Tagesspiegel vom 9.1.2013; Thomas Schulz: Larry und die Mondfahrer. Google – von der Suchmaschine zum globalen Hightech-Konzern, in: Der Spiegel vom 1.3.2014.

Erstaunliches über (fast) alle Körperfunktionen

Hilary Jones
HERZ, NIEREN UND
DER GANZE REST
Ein Tag im Leben
deines Körpers
Aus dem Englischen
von Wolfdietrich Müller
400 Seiten
ISBN 978-3-404-60828-7

Warum müssen wir uns morgens immer aus dem Bett quälen, was passiert eigentlich mit dem Mittagessen, sobald es in unserem Mund verschwunden ist, und warum können wir manchmal nachts partout nicht einschlafen? Diese und Hunderte weitere Fragen beantwortet Dr. Hilary Jones in *Herz, Nieren und der ganze Rest*. Er begleitet einen Tag im Leben einer vollkommen normalen Durchschnittsfamilie, nimmt den Leser mit auf eine faszinierende Reise durch den menschlichen Körper und erklärt, was uns im Innersten zusammenhält.
Mit vielen praktischen Gesundheitstipps!

Bastei Lübbe

Die spinnen, die bei der EU, die spinnen!

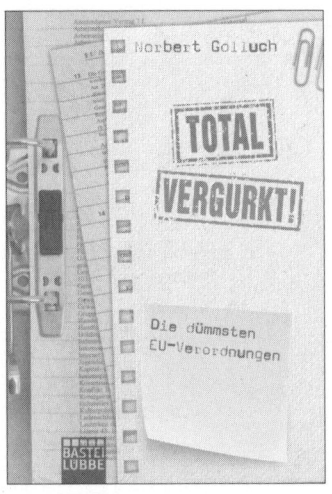

Norbert Golluch
TOTAL VERGURKT!
Die dümmsten
EU-Verordnungen
256 Seiten
ISBN 978-3-404-60805-8

Wie krumm darf eine Gurke sein? Wie lang eine Schnullerkette? Was ist ein Schlafanzug? Und wie lautet die korrekte Bezeichnung einer Tagesmutter? Norbert Golluch präsentiert die unsinnigsten Gesetze und Richtlinien aus Brüssel. Ein unerschöpfliches Kompendium technokratischer Regulierungswut. Und ein Fest für alle Freunde von Realsatiren. Denn zum Glück gibt es keine EU-Verordnung fürs Lachen. Zumindest noch nicht …

Bastei Lübbe